图 2-68　运行环境中读取到的水泵运行时间设定值

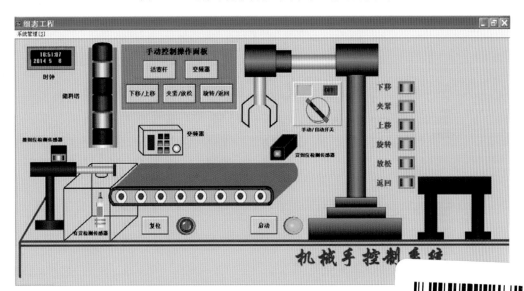

图 2-152　手动控制活塞杆动作的运行效果

U0230068

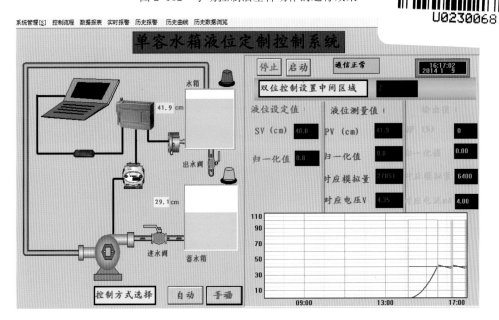

图 2-273　输入设定液位、中间区域以后的系统控制流程画面

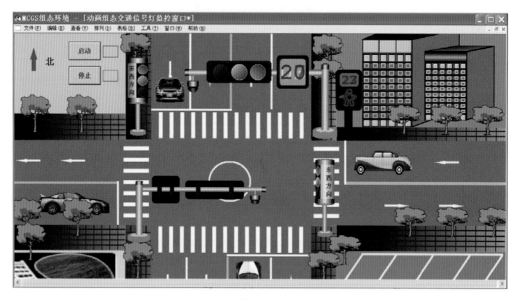

图 3-1　交通灯监控系统参考组态画面

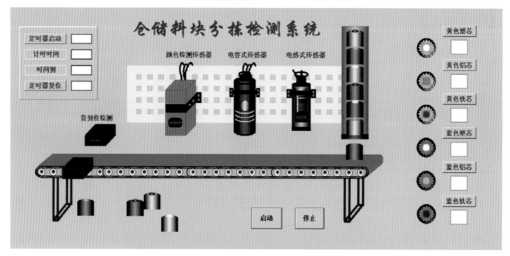

图 3-26　仓储料块分拣检测监控系统参考组态画面

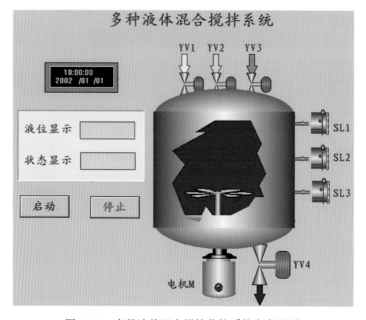

图 3-37　多种液体混合搅拌监控系统参考画面

图 4-1 竞赛抢答器监控系统参考组态画面

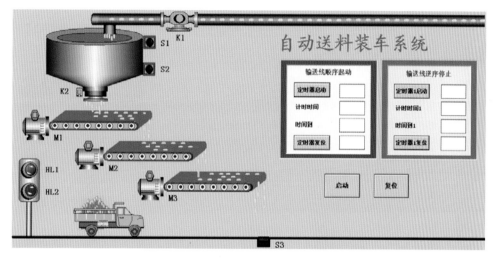

图 4-2 自动送料装车监控系统参考组态画面

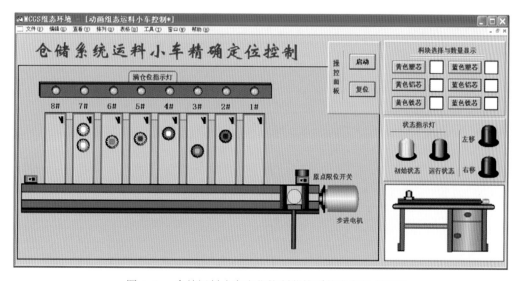

图 4-4 仓储运料小车定位控制监控系统参考组态画面

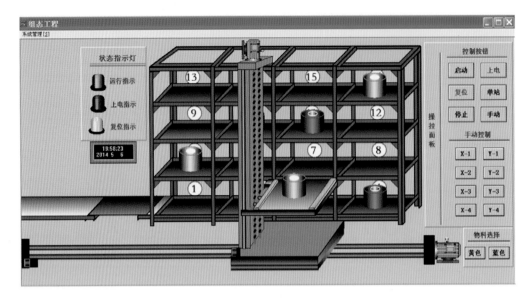

图 4-6　立体仓库监控系统运行效果参考图

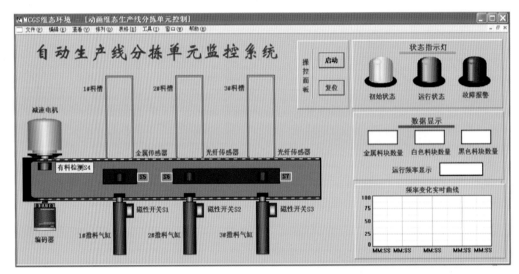

图 4-8　自动生产线分拣单元监控系统参考组态画面

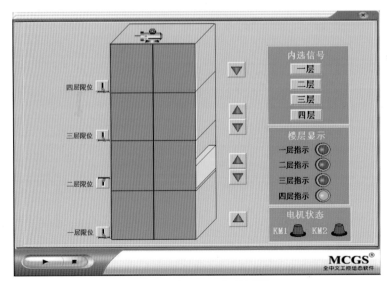

图 5-4　主画面运行效果图

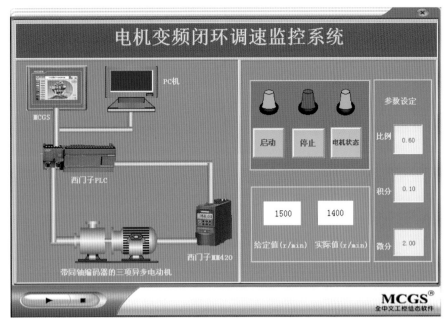

图 6-18　系统运行效果

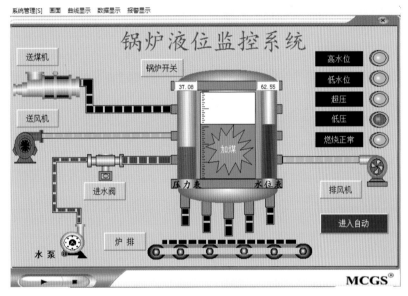

图 6-27　手动控制

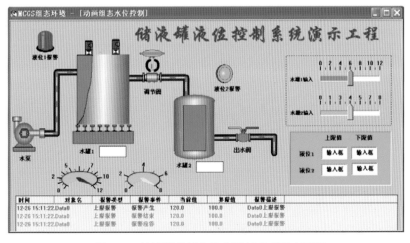

图 7-1　储液罐的液位控制系统参考组态画面

高职高专机电一体化专业规划教材

组态控制技术及应用

李 宁 主 编

边娟鸽 张 芬 副主编

清华大学出版社

北 京

内 容 简 介

本书是以昆仑通态的 MCGS 组态软件为例，介绍组态技术在工业监控系统中的具体应用。全书分成两部分，即通用版 MCGS 组态技术和嵌入版 MCGS 组态技术。书中提供 10 个案例工程和 10 个挑战项目。在内容编排时，将组态知识融入工程案例的设计与制作过程中，体现了做中学、学中做的教学特点。两部分内容均设置成工程案例学习→工程案例模仿实训→工程实战的递进结构。案例工程中详细介绍了组态工程人机界面的制作细节与技巧、从模拟仿真到联机调试的方法与过程、PLC 控制系统设计及触摸屏等关键技术，内容涵盖 MCGS 组态控制技术的各个环节，具有案例典型、丰富且贴近实际的特点。

本书可作为高职高专院校以及应用型本科院校的机电一体化技术、电气自动化技术、过程控制技术、计算机控制技术等专业相关课程的教学与学习用书，也可作为自动化技术人员的参考资料和实训教材。

图书在版编目(CIP)数据

组态控制技术及应用/李宁主编. --北京：清华大学出版社，2015（2022.8重印）
(高职高专机电一体化专业规划教材)
ISBN 978-7-302-38994-1

Ⅰ.①组… Ⅱ.①李… Ⅲ.①自动控制—高等职业教育—教材 Ⅳ.①TP273

中国版本图书馆 CIP 数据核字(2015)第 008664 号

责任编辑：李春明
装帧设计：杨玉兰
责任校对：周剑云
责任印制：刘海龙

出版发行：清华大学出版社
        网　　址：http://www.tup.com.cn, http://www.wqbook.com
        地　　址：北京清华大学学研大厦 A 座　　　　**邮　　编：**100084
        社 总 机：010-83470000　　　　　　　　　**邮　　购：**010-62786544
        投稿与读者服务：010-62776969, c-service@tup.tsinghua.edu.cn
        质量反馈：010-62772015, zhiliang@tup.tsinghua.edu.cn
        课件下载：http://www.tup.com.cn, 010-62791865
印　刷　者：北京富博印刷有限公司
装 订 者：北京市密云县京文制本装订厂
经　　销：全国新华书店
开　　本：185mm×260mm　　**印　张：**19.75　　**插页：**3　　**字　数：**474 千字
版　　次：2015 年 2 月第 1 版　　　　　　　　　　**印　次：**2022 年 8 月第 9 次印刷
定　　价：49.90元

产品编号：047284-03

前　　言

随着计算机信息技术、网络技术的快速发展，以及工业自动化水平的迅速提高，组态控制技术作为自动化技术中一个极其重要的组成部分，正突飞猛进地发展着。近几年，组态新技术、新产品层出不穷。组态、触摸屏与 PLC 在工业生产应用中已占据了非常重要的地位。尤其是在流程工业控制中，智能仪表、组态控制软件、PLC 控制器以及现场总线等更是构成其核心技术。因此，在组态控制技术飞速发展的今天，作为从事自动化相关技术行业的技术人员，掌握组态控制技术是必要的。

目前，组态软件市场上产品多样，北京昆仑通态自动化软件科技有限公司的 MCGS 组态软件作为国内主流工控产品之一，是企业实现管控一体化的理想选择。本书是以 MCGS 通用版组态软件和 MCGS 嵌入版组态软件为例，介绍组态软件在工业监控中的应用及组态监控工程的设计与制作方法。

组态控制技术的相关教材很多，但大多数教材以理论知识的介绍为侧重点，案例少，且理论介绍和组态工程案例的制作不为一个整体，使读者在学习理论部分时感到枯燥、抽象，在做工程案例时，又无法将理论正确地应用其中。而基于工作过程导向的项目化教学法作为一种新的、更有效的教学和学习方法，也已迅速在各高职高专院校乃至本科院校中广泛应用。以工程导入、任务驱动，服务于"做、学、教"一体的项目式教学的配套教材的需求量也日益增大。

作为西安航空职业技术学院规划教材建设基金资助项目，本书在编写中，旨在将典型、实用的工程项目引入课堂，并将理论知识融入组态工程设计与制作过程中，激发学生的学习兴趣和积极主动性。通过对书中工程的制作与学习，使学生在实践中获取知识，做到真正的理论与实践一体化(即理实一体)。

本书是我院两个国家级示范建设专业，即机电一体化技术专业和电气自动化技术专业的相关课程的配套教材。

本书是由参与编写的教师根据多年的教学、实践以及实验项目开发等的经验总结编撰而成的。本书在力图做到教学内容实用性的同时，更是实现了工作任务的完整性。在内容设置上，以 MCGS 工程的开发与设计过程为主体，将软件技术与操作融入其中，并强调方法、细节与制作技巧等。具体特点如下。

(1) 案例丰富。本书共提供了 20 个工程，每个工程各有特色。工程的选取，考虑到了典型、实用、难易适中、示范性强且富有趣味性等特点，使读者在轻松愉快的环境中获取知识。

(2) 工程真实。每个工程都是由参与编写的教师编辑整理控制要求，用心完成设计与制作，在调试运行好后，再整理成文档的形式。教材内容凝结了教师们的经验、智慧和劳动成果，展现出教师严谨的态度。

(3) 理实一体。本书以组态工程案例为载体，将理论知识的介绍融入每个工程的设计制作过程中，使读者真正体会到"理论得于实践，用于实践"。

(4) 注重细节。本书不但在内容编写上详细到位，而且在每个模块教学内容前，均给出了内容简介、教学知识点(包括重点、难点)提示、建议教学方法等；每个工程结尾都为读者提供了思路拓展，做了温馨提示，还给出了自我检测的思考题。

(5) 结构鲜明。本书是以"教与学、学与练"的思想为指导，在结构上以"工程案例学习→工程案例模仿训练→工程实战"3个递进层次为主线，教学内容设置由浅入深，由点到面，使教学与学习按照认知(初次见面)→学习(刨根问底)→案例(照猫画虎)→实战(挑战自我)的递进过程进行。

(6) 软硬兼顾。针对每个工程，不但介绍组态监控系统设计制作(软件部分)，还详细地介绍了 PLC 系统硬件电路与程序的设计与调试，可谓是综合全面、软硬兼顾。

(7) 图文并茂。教材融丰富的图、文、表于一体，清晰、形象、生动地表现出工程设计制作的每个细节，使之一目了然。

全书共分成两大部分：通用版 MCGS 组态软件部分和嵌入版 MCGS 组态软件部分。这两部分的结构相同，均是以"工程案例学习→工程案例模仿训练→工程实战"3个递进层次为主线设置案例教学。

本书由西安航空职业技术学院的李宁担任主编，负责部分内容的编写以及全书内容结构安排、工作协调及统稿、校稿等工作；由西安航空职业技术学院的边娟鸽和张芬担任副主编，负责部分内容的编写；由哈尔滨职业技术学院的戚本志参与编写部分内容。具体的任务分工详见编写任务分工表。

教材编写任务分工表

内　　容	章	编者	内　　容	章	编　者
通用版 MCGS 组态软件认知	1	李宁	单容水箱液位组态监控系统	2	边娟鸽
水泵运行组态监控系统	2		多种液体混合搅拌组态监控系统	3	
分拣单元的搬运机械手组态监控系统	2		双容水箱液位定值控制监控系统	7	
交通信号灯组态监控系统	3		嵌入版 MCGS 组态软件认知	5	张芬
仓储料块分拣检测组态监控系统	3		四层升降电梯组态监控系统	5	
多组竞赛抢答器组态监控系统	4		喷泉运行组态监控系统	6	
自动送料装车组态监控系统	4		电机变频闭环调速组态监控系统	6	
仓储运料小车定位控制组态监控系统	4		锅炉液位组态监控系统	6	戚本志
自动生产线立体仓库单元组态监控系统	4		嵌入式 TPC 与变频器的 RS485 通信与曲线控制	7	
自动化生产线分拣单元组态监控系统	4				
零件的废品检测组态监控系统	7				
自动门组态监控系统	7				
双储液罐液位组态监控系统	7				
附录、课后思考题、温馨提示、模块小结、模块内容简介、知识点提示、教学方法提示等					

　　本书在编写过程中，得到了北京昆仑通态自动化软件科技有限公司的软硬件设备支持与技术支持，在此表示衷心感谢。部分工程借助了天津源峰科技的 TVT-2000G MPS 训练装置、亚龙 YL-335B 自动化生产线、上海英集斯的 MPS 系统以及天煌科技的过程控制系统等设备，完成调试运行。在此，也衷心感谢各设备公司硬件上的支持。

　　我们为选择本书的任课教师提供配套的教学资源(工程运行演示讲解视频)，为教学与学习提供便利，需要者可到清华大学出版社网站教师服务专区下载。

　　由于水平所限，若有错误、疏漏之处，敬请谅解，同时请将错误之处反馈给编者，以便及时修正，不断提高教材出版质量。我们虚心接受您的宝贵意见和建议。反馈或留言 E-mail 地址：crystalrabbit1569@126.com。

编　者

目　　录

第一部分　通用版 MCGS 组态

第4章　通用版 MCGS 组态工程实践......227

第二部分　嵌入版 MCGS 组态

第5章　嵌入版 MCGS 组态软件认知......239

第6章　嵌入版 MCGS 组态工程案例......268

第一部分

通用版 MCGS 组态

第 1 章　通用版 MCGS 组态软件认知

内容说明

本章作为组态软件学习过程的引入，介绍 MCGS 组态软件的基本组成、软件功能等概念性常识，使读者对组态软件及组态工程有一个初步的认识。

教学知识点

学习完本章的内容，读者可以获取的教学新知识如下。

教学新知识	备　注	教学新知识	备　注
组态		MCGS 组态环境	重点
组态软件		MCGS 运行环境	重点
组态软件功能	重点	建立组态工程的步骤	重点
MCGS 组态软件	重点	MCGS 动画效果的产生	重点、难点

教学方法

良好的初步印象和开端，是激发读者学习兴趣的关键，所以，建议教师采用讲解并演示的方式进行教学，并为学生提供丰富的相关资料与视频。

随着工业自动化水平的迅速提高，计算机在工业领域的广泛应用，人们对工业自动化的要求越来越高，种类繁多的控制设备和过程监控装置在工业领域的应用，使得传统的工业控制软件已无法满足用户的各种需求。在开发传统的工业控制软件时，当工业被控对象一旦有变动，就必须修改其控制系统的源程序，导致其开发周期延长；已开发成功的工控软件又由于每个控制项目的不同而使其重复使用率很低，导致它的价格昂贵；在修改工控软件的源程序时，倘若原来的编程人员因工作变动而离去时，则必须由其他人员或新手进行源程序的修改，因而更是相当困难。通用工业自动化组态软件的出现为解决上述实际工程问题提供了一种崭新的方法，因为它能够很好地解决传统工业控制软件存在的种种问题，使用户能根据自己的控制对象和控制目的任意组态，完成最终的自动化控制工程。

1.1　组态技术概述

1. 组态与组态控制技术的概念

组态(Configuration)意思就是模块化任意组合。

组态控制技术属于一种计算机控制技术，它是利用计算机监控某种设备使其按照控制要求工作。利用组态控制技术构成的计算机组态监控系统主要由被控对象、传感器、I/O 接口、计算机及执行机构等部分组成。

在计算机控制系统中，组态可分成硬件组态和软件组态两个层面的含义。

硬件组态是指系统中大量选用各种专业设备生产厂家提供的成熟通用的硬件设备，通过对这些设备的简单组合与连接，构成自动控制系统。这些通用设备包括控制器(MUC、IPC 和 PLC 等)、各种检测设备(如传感器、变送器)、各种执行设备(如电动机、电磁阀、气缸等)、各种发出命令的输入设备(如按钮、开关、给定设备)以及各种 I/O 接口设备，这些设备可根据需要进行组合。

目前，国内外许多自动化设备厂家都生产可供组态的自动化产品。例如，德国西门子公司，三菱、日本欧姆龙、松下电工等公司，法国施耐德公司，美国 AB 公司，台湾地区的研华公司，中国浙大中控等公司。这些厂家可提供各种工控机、I/O 板卡、I/O 模块、PLC 等硬件产品。

软件组态是指利用专业软件公司提供的专业工控软件进行控制系统工程的设计。例如，使用 MCGS 组态软件的工具包，可以完成组态监控系统人机界面制作和程序的设计。

2. 组态软件

组态软件又称组态监控系统软件(Supervisory Control and Data Acquisition，数据采集与监视控制)。它是指一些数据采集与过程控制的专用软件。它们处在自动控制系统监控层一级的软件平台和开发环境，使用灵活的组态方式，为用户提供快速构建工业自动控制系统监控功能的、通用层次的软件工具。组态软件的应用领域很广，可以应用于电力系统、给水系统、石油、化工等领域的数据采集与监视控制，以及过程控制等诸多领域。在电力系统以及电气化铁道上又称远动系统(RTU System、Remote Terminal Unit)。

市场上使用的组态软件可分为通用型和专用型。

通用型组态软件可适用于不同厂家的硬件设备，如常见的国产通用型组态软件有北京昆仑通态的 MCGS 组态软件、北京亚控科技的组态王 KingView 软件等。每个用户根据工程实际情况，利用通用组态软件提供的底层设备(PLC、智能仪表、智能模块、板卡、变频器等)的 I/O 驱动器、开放式的数据库和画面制作工具，就能完成一个具有动画效果、实时数据处理、历史数据和曲线并存、具有多媒体功能和网络功能的工程，不受行业限制。

专用型组态软件只针对特定的硬件产品，如德国西门子的 WINCC 软件只能与西门子的硬件产品配合使用。

3. 组态软件的功能

组态软件通常有以下几个方面的功能。

(1) 具有强大的界面显示组态功能。目前，工控组态软件大都运行于 Windows 环境下，充分利用 Windows 的图形功能完善、界面美观的特点。可视化的风格界面，丰富的工具栏，操作人员可以直接进入开发状态，节省时间；丰富的图形控件和工控图库，既提供所需的组件，又是界面制作向导；提供给用户丰富的作图工具，可随心所欲地绘制出各种工业界面，并可任意编辑，从而将开发人员从繁重的界面设计中解放出来；丰富的动画连接方式，如隐含、闪烁、移动等，使界面生动、直观。

(2) 具有良好的开放性。社会化的大生产，使得系统构成的全部软硬件不可能出自一家公司的产品，"异构"是当今控制系统的主要特点之一。开放性是指组态软件能与多种通信协议互联，支持多种硬件设备。开放性是衡量一个组态软件好坏的重要指标。组态软件向下应能与低层的数据采集设备通信，向上能与管理层通信，实现上位机与下位机的双向通信。

(3) 提供丰富的功能模块，满足用户的测控要求和现场需求。利用各种功能模块完成实时监控、产生功能报表、显示历史曲线、实时曲线和提供报警等功能，使系统具有良好的人机界面，易于操作，系统既适用于单机集中式控制、DCS 分布式控制，也可以是带远程通信能力的远程测控系统。

(4) 配有强大的实时数据库，可存储各种数据，如模拟量、开关量、字符型数据等，实现与外部设备的数据交换。

(5) 有可编程的命令语言，使用户可根据自己的需要编撰程序，增强图形界面交互能力。

(6) 周密的系统安全防范，对不同的操作者赋予不同的操作权限，保证整个系统的安全、可靠运行。

(7) 提供强大的仿真功能，使系统并行设计，从而缩短开发周期。

4. MCGS 组态软件

MCGS(Monitor and Control Generated System，通用监控系统)组态软件是北京昆仑通态自动化软件科技有限公司研发的一套基于 Windows 平台的，用于快速构造和生成上位机监控系统的组态软件系统。通过对现场数据的采集处理，以动画显示、报警处理、流程控制、报表输出及企业监控网络等功能和多种方式向用户提供解决实际工程问题的开发平台。它具有通用性和易学易用等特点，在自动化领域有着更广泛的应用。

MCGS 组态软件分成 MCGS 通用版(MCGS 单机版)、MCGS 网络版和 MCGS 嵌入版。

MCGS 通用版组态软件具备以下功能特点，它是一款全中文可视化组态软件，界面简洁、大方，使用方便灵活。MCGS 通用版组态软件提供近百种绘图工具和基本图符，快速构造图形界面。此外还提供上千个精美的图库元件以及渐进色、旋转动画、透明位图、流动块等多种动画方式，可以保证快速地构建精美的动画，达到良好的动画效果。它支持数据采集板卡、智能模块、智能仪表、PLC、变频器、网络设备等 700 多种国内外众多常用设备；支持温控曲线、计划曲线、实时曲线、历史曲线、XY 曲线等多种工控曲线；支持 ODBC 接口，可与 SQL Server、Oracle、Access 等关系型数据库互联；支持 OPC 接口、DDE 接口和 OLE 技术，可方便地与其他各种程序和设备互联。它还有功能强大的网络数据同步、网络数据库同步构建等功能，完善的网络体系结构可以支持最新流行的各种通信方式，包括电话通信网，宽带通信网、ISDN 通信网、GPRS 通信网和无线通信网。支持设备包括采集板(如研华、中泰、研祥、同维、华控等)、PLC(如三菱、松下、欧姆龙、西门子、台达和利时等)、智能仪表(如浙大中控、昆仑天辰、厦门宇光、欧姆龙、横河等)、智能模块(如研华、研祥、中泰、研发等)及变频器(如伦茨、西门子、AB、华为、台达等)。

使用 MCGS 软件可以在短时间内轻而易举地完成一个运行稳定、功能成熟、维护量小并且具备专业水准的计算机监控系统的开发工作。它具有功能完善、操作简单、可视性好、可维护性强等突出特点，已成功地应用于石油化工、钢铁行业、水处理、环境监测、机械制造、交通运输、电力系统、能源原材料和航空航天等领域。

1.2 MCGS 通用版组态软件的安装

1. MCGS 组态软件的系统要求

MCGS 组态软件是专为标准 Microsoft Windows 系统设计的 32 位应用软件，可运行于 Microsoft Windows 98、Windows NT4.0 或 Windows 2000 Professional、Windows XP 或以上版本且内存在超过 32MB 以上的操作系统中。

2. MCGS 组态软件的安装过程

MCGS 组态软件可使用安装光盘或使用网购的组态软件安装包进行安装，具体安装步骤如下。

(1) 在光盘驱动器中插入 MCGS 软件的安装光盘，在 Windows 桌面上双击"我的电脑"图标，打开光盘驱动器，如图 1-1 所示(也可打开 MCGS 通用版 6.2 安装包操作)。

(2) 双击"mcgs 通用版"文件夹图标，打开"mcgs 通用版"文件夹，如图 1-2 所示。

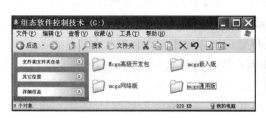

图 1-1 MCGS 光盘内容   图 1-2 通用版 MCGS 安装包内容

(3) 双击 McgsSetup 图标，弹出"MCGS 通用版组态软件"安装对话框，如图 1-3 所示。

(4) 单击"下一步"按钮，会弹出 MCGS"自述文件"对话框，如图 1-4 所示。

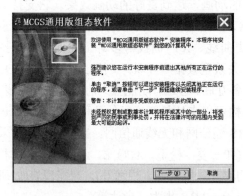
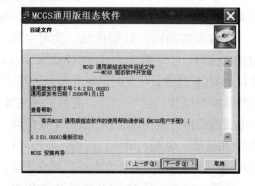

图 1-3 通用版 MCGS 安装向导   图 1-4 通用版 MCGS 自述文件对话框

(5) 再单击"下一步"按钮，弹出设置安装路径的界面，如图 1-5 所示。系统默认的安装路径为"D:\MCGS"。用户可自行设置安装路径，也可选择系统默认安装路径。安装路径设置好后，再单击"下一步"按钮，系统会自动进入软件安装过程。安装完成后，安装程序将自动弹出安装结束提示对话框，如图 1-6 所示。

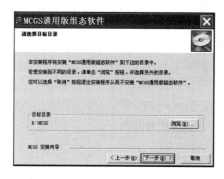

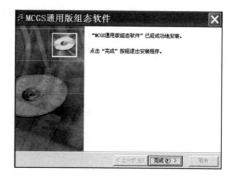

图 1-5　设置通用版 MCGS 安装路径的界面　　　图 1-6　通用版 MCGS 安装结束提示对话框

（6）在如图 1-6 所示的对话框中，单击"完成"按钮，MCGS 主程序安装结束。

（7）再次进入图 1-2 所示窗口中，双击 SetupDriver 图标，安装驱动程序。

注意： 一般初次安装完成后，还需要选择重新启动计算机，以保证系统的成功安装。

安装完成后，Windows 操作系统的桌面上添加了两个快捷图标，如图 1-7 所示。同时 Windows "开始"菜单中也添加了相应的 MCGS 程序组，如图 1-8 所示，包括 MCGS 电子文档、MCGS 运行环境、MCGS 自述文档、MCGS 组态环境以及卸载 MCGS 组态软件。其中，运行环境和组态环境为软件的主体，自述文档则描述软件发行时的最后信息，电子文档则包含了有关 MCGS 最新的帮助信息。

图 1-7　快捷图标

图 1-8　MCGS 程序组

1.3　MCGS 组态软件系统的组成

1. MCGS 组态环境和运行环境

MCGS 组态软件系统包括组态环境和运行环境两部分。

组态环境相当于一套完整的工具软件，用来帮助用户设计和构造自己的应用系统；运行环境则按照组态环境中构造的组态工程，以用户指定的方式运行，并进行各种处理，完成用户组态设计的目标和功能。

组态环境和运行环境两部分既互相独立又紧密相关，组态环境和运行环境的关系如

图 1-9 所示。使用 MCGS 通用版软件完成一个实际工程设计，必须先在 MCGS 软件的组态环境下编辑生成组态工程，然后将组态工程放入运行环境下运行。

组态环境与运行环境的功能如图 1-10 所示。

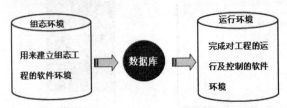

图 1-9　组态环境与运行环境的关系

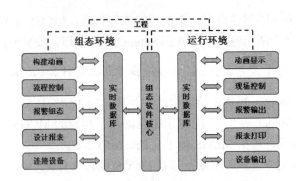

图 1-10　组态环境与运行环境的功能

MCGS 组态环境是生成用户应用系统的工作环境。用户在组态环境中完成动画设计、设备连接、编写控制流程、编制工程打印报表等全部组态工作后，生成默认名为"新建工程 X.MCG"的工程文件。默认情况下，所有的工程文件都存放在安装 MCGS 时指定路径的 Work 文件夹里，当然，文件名和保存路径也可由用户通过"工程另存为"命令进行修改。开发好的工程文件再由 MCGS 运行环境来执行，其与 MCGS 运行环境一起构成了用户应用系统，统称为"工程"。创建一个新工程就是创建一个新的用户应用系统。

2. MCGS 组态软件的五大组成部分

MCGS 组态软件生成的应用系统由主控窗口、设备窗口、用户窗口、实时数据库和运行策略五大部分构成。如图 1-11 所示，MCGS 软件用"工作台"窗口来管理这 5 个部分。工作台上的 5 个标签对应了 5 个不同的选项卡，每个选项卡负责管理用户应用系统的一个部分，每一部分可分别进行组态操作，完成不同的工作，具有不同的特性。在 MCGS 通用版软件中，每个应用系统只能有一个主控窗口和一个设备窗口，但可以有多个用户窗口和多个运行策略，实时数据库也可以有多个数据对象。

(1) 主控窗口是工程的主窗口，它确定了工业控制中工程作业的总体轮廓、运行流程、菜单命令、特性参数和启动命令等参数，是工程的主框架。

在主控窗口中可以放置一个设备窗口和多个用户窗口，负责调度和管理这些窗口的打开或关闭。主要的组态操作包括定义工程的名称、编制工程菜单、设计封面图形、确定自动启动的窗口、设定动画刷新周期、指定数据库存盘文件名称及存盘时间等，如图 1-12 和图 1-13 所示。

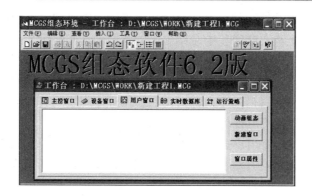

图 1-11　"MCGS 组态环境-工作台"窗口

图 1-12　"主控窗口"选项卡

图 1-13　"主控窗口属性设置"对话框

(2) 设备窗口是连接和驱动外部设备的工作环境。它是 MCGS 系统与外部设备联系的媒介。

设备窗口专门用来放置不同类型和功能的设备构件,如图 1-14 和图 1-15 所示。通过设备构件把外部设备的数据采集进来,送入实时数据库;或把实时数据库中的数据输出到外部设备。在窗口内可配置数据采集、控制输出设备、注册设备驱动程序、定义连接与驱动设备用的数据变量。运行时,系统自动打开设备窗口,管理和调度所有设备构件正常工作。但要注意,对用户来说,设备窗口在运行时是不可见的。

图 1-14　"设备窗口"选项卡

图 1-15　添加硬件设备

(3) 用户窗口主要用于生成工程中人机交互的图形界面,如生成各种动画显示画面、报警输出、数据与曲线图表等,由用户自己定义。

用户窗口中有 3 种不同类型的图形对象,即图元、图符和动画构件。图元和图符对象为用户提供了一套完善的设计制作图形画面和定义动画的方法。动画构件则对应于不同的动画功能，它们是从工程实践经验中总结出来的常用的动画显示与操作模块，用户可以直接使用。

通过搭建多个用户窗口、在用户窗口内放置不同的图形对象等操作，用户可以构造各种复杂的图形界面，然后再借助于内部命令和脚本程序来实现其工艺流程和画面的调用，从而实现现场工艺流程的"可视化"。

组态工程中可定义多个用户窗口，如图1-16所示，但最多不超过512个。所有用户窗口均位于主控窗口内，其打开时窗口可见，关闭时窗口不可见。允许多个用户窗口同时处于打开状态。

图1-16　"用户窗口"选项卡

(4) 实时数据库是工程各个部分的数据交换与处理中心，它将 MCGS 工程的各个部分连接成有机的整体，是 MCGS 系统的核心。

在数据库中，可定义不同类型和名称的变量，作为数据采集、处理、输出控制、动画连接及设备驱动的对象，如图1-17所示。实时数据库用来管理所有的实时数据，将实时数据在系统中进行交换处理，自动完成对实时数据的报警处理和存盘处理等，有时还可处理相关信息。因此，实时数据库中的数据不同于传统意义上的数据或变量，它不仅包含了变量的数值特征，还将与数据相关的其他属性(如数据的状态、报警限值等)以及对数据的操作方法(如存盘处理、报警处理等)封装在一起，作为一个整体，以对象的形式提供服务。这种把数值、属性和方法定义成一体的数据称为数据对象。

图1-17　"实时数据库"选项卡

(5) 运行策略是指用户为实现对系统运行流程自由控制所组态而成的一系列功能模块的总称，主要用于完成工程运行流程的控制，包括编写控制程序(if…then 脚本程序)、选用各种功能构件，如数据提取、历史曲线、定时器、配方操作、多媒体输出等。通过对运行策略的定义，使系统能够按照设定的顺序和条件操作实时数据库，控制用户窗口的打开、关闭并确定设备构件的工作状态等，从而实现对外部设备工作过程的精确控制。

一个应用系统有 3 个固定的运行策略：启动策略、循环策略和退出策略，如图1-18所示。用户还可根据具体需要创建新的用户策略、报警策略、事件策略等，如图 1-19 所示。但要注意：用户最多可创建 512 个用户策略。

图 1-18　"运行策略"选项卡　　　　图 1-19　"选择策略的类型"对话框

1.4　MCGS 组建新工程的步骤

1. 工程系统分析

在使用组态软件新建工程前，首先要熟悉工程的技术要求，分析工程项目的系统构成、工艺流程，确定监控系统的控制流程和被监控对象的特征等问题。在此基础上，拟定组建工程的总体规划和设想，主要包括用户窗口界面、动画效果以及需要在实时数据库中定义哪些数据对象等，同时还要分析工程中的设备采集及输出通道与软件中实时数据库数据对象的对应关系，确定哪些数据对象是要求与设备连接的，哪些数据对象是软件内部用来传递数据及动画显示的。

2. 建立新工程

新工程建立主要包括：定义工程名称；封面窗口(系统进入运行状态，第一个显示的图形界面)名称；启动窗口名称；系统默认存盘数据库或指定存盘数据库文件的名称及存盘数据库；设定动画刷新的周期。经过上述操作，即在 MCGS 组态环境中建立了由主控窗口、设备窗口、用户窗口、实时数据库和运行策略 5 个部分组成的工程结构框架。

3. 设计用户操作菜单基本体系

在系统运行的过程中，为了便于画面的切换和变量的提取，通常用户需要建立自己的菜单，建立菜单分两步进行，第一步是建立菜单的框架，第二步是对菜单进行功能组态。在组态过程中，用户可以根据实际需要，随时对菜单的内容进行增加或删减，不断完善，最终确定工程的菜单。

4. 完成动态监控画面的制作

监控画面的制作分为静态图形设计和动态属性设置两个过程。首先是建立静态画面。静态画面是指利用系统提供的绘图工具绘制出监控画面的效果图，也可以是一些通过数码相机、扫描仪、专用绘图软件等手段创建的图片。其次，通过设置图形的动画属性，建立其与实时数据库变量的连接关系，从而完成静态画面的动画设计，实现颜色的变化、形状大小的变化及位置的变化等功能。

5. 编写控制流程程序

在运行策略窗口内,需要从策略构建箱中选择所需功能策略构件,构成各种功能模块(称为策略块),由这些模块实现各种人机交互操作。在窗口动画制作过程中,除了一些简单的动画是由图形语言定义外,大部分较复杂的动画效果和数据之间的链接都是通过一些程序命令来实现的,MCGS 软件为用户提供了大量的系统内部命令。其语句形式兼容于 VB、VC 语言的格式。另外,MCGS 软件还为用户提供了编程用的功能构件(称为"脚本程序"功能构件),这样就可以通过简单的编程语言来编写工程控制程序。

6. 完善菜单按钮功能

虽然用户在工程中建立了自己的操作菜单,但对于一些功能比较强大的控制系统,有时还需通过对菜单命令、监控器件、操作按钮的功能组态,来实现与一些数据变量和画面的链接;实现历史数据、实时数据、各种曲线、数据报表、报警信息输出等功能;建立工程安全机制等。

7. 编写程序完成工程调试

用户可以通过编写脚本程序或系统控制器程序(如 PLC 程序)等进行工程的调试运行。首先可利用调试程序产生的模拟数据,初检动画显示和控制流程是否合理。再进行现场在线调试,进一步完善动画效果和控制流程,以确定最优方案,实现监控系统可靠运行。

8. 连接设备驱动程序

在实现 MCGS 组态监控系统与外部设备连接前,应在设备窗口中选定与设备相匹配的设备构件,设置通信协议,连接设备通道,确定数据变量的数据处理方式,完成设备属性的设置。

9. 工程的综合测试

工程整体制作结束,进入最后测试过程,该过程将完成整个工程的组态工作,顺利实施工程的交接。为了保障工程技术人员的劳动成果,MCGS 软件为用户提供了完善的保护措施,如工程密码的分级建立、系统登录的权限及软件狗的单片机锁定等,充分保护了知识产权的合法权益。

上述 9 个步骤可归类并简化成 4 步骤,即工程系统分析、监控画面制作、实时数据库的建立及动画连接(此步中包含图符构件属性设置、运行策略选择、菜单按钮功能完善及设备组态等)。

值得注意的是,以上步骤只是按照组态工程的一般思路列出的,在实际组态中,对步骤的划分没有严格的限制与规定,甚至有些步骤是交织在一起进行的,用户可根据工程的实际需要,调整步骤的先后顺序。

1.5 MCGS 组态软件的工作方式

1. 利用 MCGS 产生动画效果

MCGS 为每一种基本图形元素定义了不同的动画属性,如一个长方形的动画属性有可见度、大小变化及水平移动等,每一种动画属性都会产生一定的动画效果。

动画属性是反映图形大小、颜色、位置、可见度、闪烁性等状态的特征参数。

产生动画效果的方法:在组态环境中生成的画面都是静止的,图形的每一种动画属性中都有一个"表达式"设定栏,在该栏中设定一个与图形状态相联系的数据变量,连接到实时数据库中,以此建立相应的对应关系,MCGS 称之为动画连接。当工业现场中测控对象的状态(如储油罐的液面高度等)发生变化时,通过设备驱动程序将变化的数据采集到实时数据库的变量中,该变量是与动画属性相关的变量,数值的变化使图形的状态产生相应的变化(如大小变化)。现场的数据是连续被采集进来的,这样就会产生逼真的动画效果(如储油罐液面的升高和降低)。用户也可编写程序来控制动画界面,以达到满意的效果。

2. 对工程运行流程实施有效控制

利用 MCGS 开辟的专用的"运行策略"窗口,建立用户运行策略。

MCGS 提供了丰富的功能构件,供用户选用,通过构件配置和属性设置两项组态操作,生成各种功能模块(称为"用户策略"),使系统能够按照设定的顺序和条件,操作实时数据库,实现对动画窗口的任意切换,控制系统的运行流程和设备的工作状态。所有的操作均采用面向对象的直观方式,避免了烦琐的编程工作。

3. MCGS 与设备进行通信

MCGS 通过设备驱动程序与外部设备进行数据交换,包括数据采集和发送设备指令。设备驱动程序是由 VB 程序设计语言编写的 DLL(动态链接库)文件,设备驱动程序中包含符合各种设备通信协议的处理程序,将设备运行状态的特征数据采集进来或发送出去。MCGS 负责在运行环境中调用相应的设备驱动程序,将数据传送到工程中各个部分,完成整个系统的通信过程。每个驱动程序独占一个线程,以达到互不干扰的目的。

本 章 小 结

本章介绍了组态的概念,组态软件的功能及应用,同时重点介绍了北京昆仑通态自动化软件科技有限公司研发的一套基于 Windows 平台的,用于快速构造和生成上位机监控系统的组态软件系统,即 MCGS 组态软件,内容包括:MCGS 组态软件的安装,组态软件的组成及功能,组态环境的五大组成部分及功能,建立组态工程的一般步骤和 MCGS 动画效果产生的实质等。

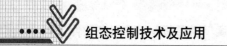

思 考 题

1. 什么是组态？它包括哪些内容？
2. 组态软件由几部分组成？各组成部分有何特点？功能是什么？
3. 组态环境由几部分组成？各组成部分的功能是什么？
4. 组态软件的安装注意事项有哪些？
5. MCGS组态动画效果产生的实质是什么？

第 2 章　通用版 MCGS 组态软件学习

内容说明

本章选取了两个"开关量信号控制"的组态工程案例和一个"模拟量信号控制"的组态工程案例，案例典型且具趣味性。内容上主要针对每个组态工程的设计与制作过程进行详尽描述，并将与 MCGS 组态软件相关知识点融入其中。通过本模块内容的学习，读者不但可以了解组态工程的设计与制作步骤，掌握组态工程制作的技巧与方法，深刻领悟组态软件的功能与应用，同时还能体会到"做中学"的乐趣。

教学知识点

通过对本章内容的学习，读者可以获取的教学新知识如下。

教学新知识	备　注	教学新知识	备　注
新工程的建立与保存	重点	实时数据报表与历史数据报表的制作与功能	重点、难点
数据对象的类型	重点	实时曲线与历史曲线的制作与功能	重点、难点
数据库中数据对象的建立	重点	主控窗口属性设置，菜单组态	重点
组态软件中各工具箱及工具的功能	重点	工程安全设置	重点
用户窗口图符的构成、编辑与使用	重点	用户操作权限的配置	重点
图符的属性设置与动画效果	重点、难点	组态中的数据采集与处理(数据前处理和数据提取)	重点、难点
运行策略的类型、选择与应用	重点、难点	设备窗口组态(添加设备、属性设置、通道连接)	重点、难点
定时器策略构件的应用及属性设置	重点	通用串口父设备与西门子 S7-200PPI 子设备的功能及通信参数设置	重点、难点
脚本程序构件及脚本程序编辑	重点、难点	组态工程与 PLC 硬件系统联机统调	重点、难点
数据对象的存盘属性与报警属性	重点、难点	模拟设备组态(属性设置、通道连接)	重点
实时报警与历史报警的制作与功能	重点、难点	组态工程制作方法与技巧	重点、难点

教学方法

本章能帮助读者深入了解组态软件的功能与组态工程制作过程，因此学习过程和学习效果尤为重要，而且为读者后续自主完成任务奠定坚实的基础。建议可选取下列教学方法，进行教学与学习。

(1) 一体化教学方法。教师为主导，提出任务，分解知识点；学生为主体，制订计划，自主学习，完成任务，学生体验"做中学，学中做"的乐趣。

(2) 过程教学法。将工程制作过程作为教学重点，将知识融入工程制作过程中，由教师带领学生边讲、边做、边学，使学生得到全面的指导和帮助，体会到从实践中获取知识的乐趣。

2.1 水泵运行组态监控系统

【工程目标】

(1) 掌握 MCGS 组建工程的一般步骤。

(2) 掌握简单组态界面设计，图符和按钮的组态，完成水泵控制系统演示工程的制作。

(3) 掌握 PLC 硬件设备的连接与调试运行，MCGS 的设备组态方法，实现 PLC 控制系统和 MCGS 组态工程的联机调试，完成水泵监控系统制作。

【工程要求】

1. PLC 控制的技术要求

用西门子 S7-200 系列的 PLC 控制一台水泵，采用断续运行的方式工作，即：运行 5s，暂停 5s，如此交替；直到按下停止按钮，水泵停止工作。

2. MCGS 组态工程的技术要求

(1) 水泵的运行和暂停时间，可在上位机的组态监控工程运行环境中显示和调整。

(2) 可通过上位机组态工程中的启动和停止按钮，实现水泵硬件系统的运行和停止控制。

【工程制作】

使用 MCGS 软件完成一个实际工程设计，必须先在 MCGS 软件的组态环境下编辑生成组态工程，然后将组态工程放入运行环境下运行。下面将逐步介绍在 MCGS 通用版组态环境下构造并生成组态工程的过程。

2.1.1 工程系统分析

使用 MCGS 构造应用系统之前，首先需要了解整个工程的系统构成和工艺流程，熟悉监控对象的特征，明确主要的监控要求和技术要求，系统所需的软件和硬件设备等问题，初步确定监控系统框架及设计思路。

控制系统要求用一台 PLC 控制水泵的运行，通过 MCGS 组态软件实现监控。

1. 系统的硬件组成

(1) 硬件输入设备：启动按钮、停止按钮。

(2) 硬件输出设备：水泵、接触器；或水泵控制集成电路单元模块。

(3) 控制单元：西门子 S7-200CPU226 PLC 及 PC/PPI 电缆一根。

(4) 监控单元：计算机及 MCGS 组态软件环境。

2．初步确定组态监控工程的框架

(1) 需要一个用户窗口、一个设备窗口及实时数据库。

(2) 需要一个循环策略。

(3) 循环策略中使用定时器构件和脚本程序构件。

3．工程设计思路

工程制作→模拟运行(演示工程)→PLC 系统设计→MCGS 设备组态→工程改进→联机调试→工程完善

2.1.2　新建工程

MCGS 组态软件用"工程"来表示组态生成的应用系统，创建一个新的用户应用系统就是创建一个新工程，打开工程就是打开一个已经存在的应用系统。生成的工程文件名会自动加上后缀".MCG"。

首先启动计算机，若计算机上已安装有"MCGS 通用版组态软件"，则双击 Windows 桌面上的"MCGS 组态环境"的快捷图标，即可进入 MCGS 通用版的组态环境界面，如图 2-1 所示。

选择"文件"→"新建工程"菜单命令，如图 2-2 所示，可创建一个新工程。如果 MCGS 安装在 D 盘根目录下，则会在"D:\MCGS\WORK\"下自动生成新工程文件，默认工程名为"新建工程 X.MCG"(其中 X 表示新建工程的序号，如 0,1,2,3,…)。

选择"文件"→"工程另存为"菜单命令，保存工程。保存时可以选择系统默认的工程文件名，也可选择更改工程文件名为"水泵控制"，默认保存路径为"D:\MCGS\WORK\水泵控制"，如图 2-3 所示。用户也可以自行指定存放工程文件的路径。

💡 **注意：** 保存 MCGS 工程时，不允许工程文件名有空格或保存路径中有空格；否则无法运行。所以，工程不能保存到 Windows 桌面上。

图 2-1　MCGS 通用版组态环境界面

图 2-2　选择"新建工程"命令

图 2-3　新建工程保存路径

2.1.3　定义数据对象

实时数据库是 MCGS 组态软件的数据交换和数据处理中心，数据对象则是构成实时数据库的基本单元。

数据对象也叫数据变量(或称为变量)。数据对象有开关型、数值型、字符型、事件型和组对象 5 种类型。

(1) 开关型数据对象：MCGS 中开关型数据对象主要是指那些具有开关特性的数字量。它们的数值只有两种形式，即"1"或"0"。用来表征或控制如按钮、水泵、指示灯、传感器等的状态。

(2) 数值型数据对象：MCGS 中的数值型数据对象主要是指那些模拟量或数值量。它可以存储模拟量的现行参数，还可以存储运算的中间值或运算结果。

(3) 字符型数据对象：MCGS 中的字符型数据对象是用来存放文字信息的单元。它的组成特征是由多个字符组成的字符串，用来描述其他变量的特征。例如，在描述水泵的运行状态时，可用变化的说明性文字来表示。即水泵正常运行时，说明文字为"运行"，水泵停止运行时，说明文字为"停止"，而水泵出故障时，说明文字为"故障"等。那么"运行"、"停止"、"故障"就是系统针对不同现象对字符型变量"水泵状态"的赋值。由此可见，字符型变量"水泵状态"并不存在数值大小、开关状态、报警参数等定义，它的字符串长度最长可达 64KB。

(4) 事件型数据对象：MCGS 中的事件型数据对象用来记录和标识某种事件产生或状态改变的时间信息。例如，开关量的状态发生变化、用户操作事件、有报警信息产生等，都可以看作是一种事件的发生。它精确地记录着系统在运行过程中所发生事件的具体时刻。事件的发生既可以来自外部设备，也可以有内部某种功能构件。事件型数据对象的值是由 19 个字符组成的定长字符串，用来保留当前最近一次事件产生的时间。年用 4 位数字表示，而月、日、时、分、秒则分别用两位数字表示，数字之间用逗号分隔，如"2010，06，23，10，30，45"，即表示该事件产生于 2010 年 6 月 23 日 10 时 30 分 45 秒。事件型数据对象不存在数值大小、开关状态、报警参数等定义。事件型数据对象是系统实现自诊断和数据库管理的有力助手。

(5) 组对象：MCGS 引入了一种特殊类型的数据对象，即组对象。组对象是多个数据对象的集合，用于把相关的多个数据对象集合在一起，作为一个整体来定义和处理。组对象的成员可以是各种数据对象。在对组对象进行处理时，只需指定组对象的名称，就包括了对其所有成员的处理。组对象没有工程单位、最大值/最小值属性。组对象只是在组态时对某一类对象的整体表示方法，应包含两个以上的数据对象，但不能包含其他数据组对象。一个数据对象可以是多个不同组对象的成员。组对象的实际操作是针对每一个成员进行的。

在 MCGS 系统内部，数据对象有用户自定义的，也有 MCGS 内部自建的。内部自建的数据对象用于读取系统内部设定的参数，称为内部数据对象。显然，不同类型的数据对象，其实际用途和属性各不相同。

构造实时数据库的过程，就是定义数据对象的过程。定义数据对象主要包括设置数据变量的名称、类型、初始值、数据范围、确定与数据变量存储相关的参数、存盘周期、存盘的时间范围和保存期限等。

要建立一个合理的实时数据库，在建立数据库之前，首先应了解整个工程的系统结构和工艺流程，熟悉被控对象的特征，明确主要的监控要求和技术要求等。将代表工程特征的所有物理量，作为数据对象加以定义，然后根据需要对定义的数据对象的属性进行设置。

1. 系统数据对象的初步确定

通过分析水泵控制系统的要求，初步确定系统所需数据对象，如表 2-1 所示。

表 2-1　水泵控制系统数据变量表

数据变量名称	类　型	注　释
启动	开关型	水泵启动控制信号。1 有效，0 无效
停止	开关型	水泵停止控制信号。1 有效，0 无效

2. 实时数据库中数据对象的定义过程

实时数据库中数据对象的定义过程包括在实时数据库中添加数据对象和数据对象属性设置两项内容。

1) 在实时数据库中添加数据对象

(1) 单击"动画组态工具条"中的"工作台"按钮，如图 2-4 所示。打开"工作台"窗口。

图 2-4　动画组态工具条

(2) 打开"工作台"窗口的"实时数据库"选项卡，如图 2-5 所示。数据库中列出了系统已有数据对象，这些是系统内部建立的数据对象。

图 2-5　"实时数据库"选项卡

(3) 单击选项卡右侧的"新增对象"按钮，在数据库的数据对象列表中即可增加新的数据对象。多次单击该按钮，则可增加多个数据对象，如图 2-6 所示。

图 2-6　新增数据对象

2) 数据对象的属性设置

数据对象属性设置的方法是：在建好的实时数据库中选中相应的数据对象，通过单击选项卡右侧"对象属性"按钮或直接双击该数据对象均可打开"数据对象属性设置"对话框，即可对数据对象的属性进行设置。

水泵控制系统的数据对象均为开关型，如表 2-1 所示。

(1)"启动"变量的属性设置。双击"实时数据库"选项卡中的新增数据对象"Data1"，在弹出的"数据对象属性设置"对话框中，将"对象名称"更改为"启动"；"对象初值"设为"0"；在"对象类型"选项组中选中"开关"单选按钮；在"对象内容注释"文本框中输入"水泵启动控制，1 有效"，单击"确认"按钮，如图 2-7 所示。注意，注释内容由用户自行选择添加，仅为说明性文字。

(2)"停止"变量的属性设置。双击"实时数据库"选项卡中的新增数据对象"Data2"，弹出"数据对象属性设置"对话框，具体设置内容如图 2-8 所示。

图 2-7　"启动"变量的属性设置　　　　图 2-8　"停止"变量的属性设置

(3)"水泵"变量的属性设置同"启动"变量属性设置过程相似。但在"对象名称"文本框中输入"水泵"。

"实时数据库"选项卡中所有相关数据对象的属性设置好后，单击工具栏的"保存"按钮进行存盘操作。本系统建立好的实时数据库如图 2-9 所示。

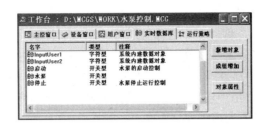

图 2-9 水泵控制系统实时数据库中的数据对象

2.1.4 制作组态工程画面

工程画面需要在用户窗口中编辑。用户窗口是由用户来定义的、用来构成 MCGS 图形界面的窗口。它可以比喻为一个"容器"，可以用来放置图元、图符和动画构件等各种图形对象，不同的图形对象对应不同的功能。通过对用户窗口内多个图形对象的组态，可以生成漂亮的图形界面，为实现动画显示效果做准备。

用户窗口是组成 MCGS 图形界面的基本单位，所有的图形界面都是由一个或多个用户窗口组合而成的，它的显示和关闭由各种策略构件和菜单命令来控制。

初步设计的水泵监控系统组态工程参考画面如图 2-10 所示，画面中设计了一个启动运行指示灯，一个停止运行指示灯，分别表示启动和复位的状态；一台水泵；一组定时器图符构件，用来控制和表示定时器的运行状态。

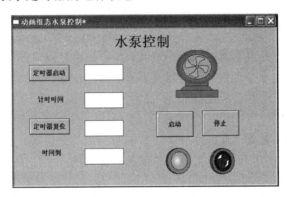

图 2-10 水泵组态监控参考画面

1. 用户窗口的建立

(1) 进入 MCGS 组态工作台后，单击"用户窗口"标签，打开"用户窗口"选项卡，单击右侧的"新建窗口"按钮，即可创建一个名为"窗口 0"的用户窗口，如图 2-11 所示。

图 2-11 新建用户窗口

(2) 选中"窗口0"图标,单击"窗口属性"按钮,弹出"用户窗口属性设置"对话框,在"基本属性"选项卡中,将"窗口名称"更改为"水泵控制";"窗口位置"选中"最大化显示"单选按钮,其他属性设置不变,如图2-12所示,单击"确认"按钮。返回"用户窗口"选项卡,"窗口0"的名称改成了"水泵控制"。

(3) 在"工作台"的"用户窗口"选项卡中,选中"水泵控制"窗口图标并右击,在弹出的快捷菜单中选择"设置为启动窗口"命令,如图2-13所示。这样,该窗口被设置成了启动窗口,再进入MCGS运行环境时,将自动加载该窗口。一个标准的用户窗口就创建成功了。

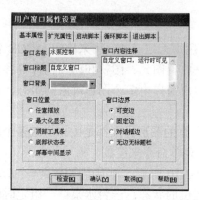

图2-12 "用户窗口属性设置"对话框

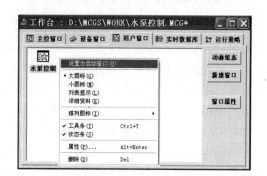

图2-13 启动窗口设置

2. 组态工程画面的编辑

MCGS软件为用户提供了丰富的组态资源,其中在用户窗口的动画组态界面中,MCGS组态软件将一些常用的命令汇集成了快捷工具条,另外,把一些常用的绘图工具和编辑方式定义成"绘图工具箱"和"绘图编辑条"。绘图工具箱为用户提供了各种图元、图符、组合图形及动画构件的位图图符;绘图编辑条为用户提供了编辑画面所需要的一些快捷操作方式,如对齐方式、宽窄设置、叠放顺序、图符构成与分解等。

利用这些最基本的图形元素,可以制作出各种复杂的、常用的元件图形。

1) 制作文字标签

(1) 打开工作台的"用户窗口"选项卡,选中"水泵控制"图标,单击右侧的"动画组态"按钮,或直接双击"水泵控制"图标,均可进入其"动画组态水泵控制"窗口,进行画面编辑。

(2) 单击工具条中的"工具箱"按钮🛠,打开绘图工具箱如图2-14所示。单击"工具箱"中的"标签"按钮**A**,移动鼠标,在窗口中出现十字光标,将光标移动至合适位置,按住鼠标左键并拖曳出现一定大小的矩形,松开鼠标。一个文本框绘制完成。

(3) 在文本框内光标闪烁位置输入文字"水泵控制",然后将鼠标移至文本框外空白处,单击鼠标左键,即完成文本框的文字输入。添加了文字的文本框可以称为"文字标签"。

(4) 文字的编辑与修改。如果需要更改文本框中的文字,或对文字的大小、颜色、位置、色彩等进行编辑,或对文本框其他属性进行编辑,则可按以下步骤进行。

① 单击文本框,文本框边线出现小方块(控制块),表明此时文本框中的文字可以进行

编辑，如图 2-15 所示。

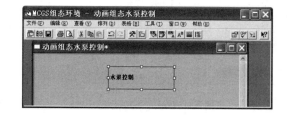

图 2-14　工具箱　　　　　　图 2-15　组态工程画面编辑环境及文字编辑

② 在文本框可编辑的状态下右击，在弹出的快捷菜单中选择"改字符"命令，即可进行文字内容的修改。单击工具条中的按钮，如"字符色"按钮、"字符字体"按钮、"线型"按钮、"对齐"按钮，可以对文本框中文字的颜色、字体、大小、文本框的边线线型以及文本框中文字的位置等进行设置，如图 2-16 所示。

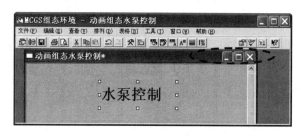

图 2-16　编辑文字的快捷工具

③ 在文本框可编辑状态下，单击工具条中的按钮，如"填充色"按钮和"线色"按钮，可以对文本框的填充颜色和边线颜色进行设置。

④ 可根据需要对文本框的大小和位置进行设置。即在文本框可编辑状态下，将光标移至文本框上，按住鼠标左键并移动，可直接将文本框拖曳至理想位置；或者通过按下键盘上的→、←、↑、↓键进行小幅移动。将光标放到"控制块"上，通过鼠标操作，可调整大小。

2) 绘制水泵

在 MCGS 组态软件中，为用户提供了一个"对象元件库"，库中已经为用户准备了一些常用的图元和图符对象，供用户编辑组态画面时使用。用户还可以把组态完好的图元和图符对象、动画构件对象以及整个用户窗口存入到对象元件库中，不断积累和增加图库中的内容。在需要时直接使用。

下面使用对象元件库提供的图形对象完成水泵画面的编辑。

(1) 单击绘图工具箱中的"插入元件"按钮，弹出"对象元件库管理"对话框。

(2) 在该对话框左侧的"对象元件列表"中双击 "泵"选项，如图 2-17 所示。在右侧列表框中单击"泵 30"图符，再单击"确定"按钮，水泵图符就出现在水泵控制动画组态窗口中。单击选中水泵图形，可以调整位置和大小至满意效果，如图 2-18 所示。

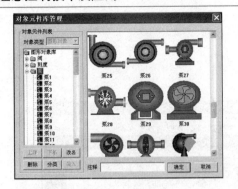

图 2-17 "对象元件库管理"对话框

图 2-18 动画组态窗口中的水泵

3) 绘制按钮

在水泵控制系统中，需要一个"启动"按钮和一个"停止"按钮分别控制水泵的启动运行和停止。

(1) 单击绘图工具箱中的"标准按钮" ⬜ ，在画面中出现十字光标，按住鼠标左键并拖动，出现一定大小的矩形，松开鼠标左键，即出现按钮图符。如果按钮的大小或位置不合适，还可进行适当调整。

标准按钮构件用于命令操作或链接，用它可以实现画面的操作、窗口的调用及脚本程序的运行等。它的属性设置可分为 4 项：基本属性、操作属性、脚本程序、可见度属性。

(2) 设置按钮的基本属性。双击按钮图符，弹出"标准按钮构件属性设置"对话框，如图 2-19 所示。在"基本属性"选项卡中，将"按钮标题"更改为"启动"；对齐方式选择"中对齐"；"按钮类型"选中"标准 3D 按钮"单选按钮；并可根据个人喜好对字体及字体颜色进行设置，单击"确认"按钮。

(3) 使用同样的方法绘制"停止"按钮，或者对已画好的"启动"按钮采用"复制→粘贴→修改按钮标题"的方式也可以。然后调整其摆放位置。

4) 绘制指示灯

系统动画组态窗口需要一个"启动状态"指示灯和一个"停止状态"指示灯。

单击绘图工具箱中的"插入元件"按钮，打开"对象元件库管理"对话框，在"对象元件列表"中，双击"指示灯"选项，然后在右侧的列表框中选择"指示灯 3"和"指示灯 14"到动画组态窗口中。 将两个指示灯摆放整齐，并放到两个按钮的下方，如图 2-20 所示。

指示灯还可用工具箱中的"椭圆"工具自行编辑制作。

图 2-19 "标准按钮构件属性设置"对话框

图 2-20 指示灯的绘制

2.1.5　动画连接

仅由图形对象搭建而成的画面是静止不动的，为了使画面获得动画效果，从而模拟或真实地描述外界对象的状态变化，达到过程实时监控的目的。在 MCGS 组态软件中，实现图形动画设计的主要方法是将用户窗口中的图形对象与实时数据库中的数据对象建立相关性连接，并设置相应的动画属性，而这个过程也称为动画连接。在系统运行过程中，图形对象的外观和动态特征，由实时数据库中数据对象值的实时变化来驱动，从而实现图形的动画效果。

1. 按钮的动画连接

(1) "启动"按钮的动画连接。

① 在水泵控制动画组态窗口中，双击"启动"按钮图符，弹出"标准按钮构件属性设置"对话框。单击"操作属性"标签，打开"操作属性"选项卡，如图 2-21 所示。从可定义按钮所对应的各项操作，如执行运行策略、窗口的进入、退出、隐藏、打印操作、退出系统操作、数据对象值操作等。

② 在该选项卡中，选中"数据对象值操作"复选框，并在右侧下拉列表框中单击下拉按钮"▼"，选择"取反"选项。

③ 单击右侧文本框的"？"按钮，在实时数据库中双击"启动"变量。单击"确认"按钮退出。动画连接完成。

(2) "停止"按钮的动画连接。

打开"停止"按钮图符的"标准按钮构件属性设置"对话框，进入其"操作属性"选项卡，选中"数据对象值操作"复选框，在右侧下拉列表框中选择"取反"选项。单击文本框右侧的"？"按钮，在实时数据库中选择"停止"变量，再单击"确认"按钮，完成设置，如图 2-22 所示。

这样设置的结果是：画面中的启动按钮和停止按钮分别与实时数据库中的"启动"和"停止"变量建立了关系。　系统在运行时，如果每单击一次动画组态窗口中的"启动"按钮，实时数据库中的"启动"变量的值就会完成一次取反操作，即：若"启动"变量的初始值为 0，第一次单击"启动"按钮后，"启动"变量的值就会变为 1；再次单击"启动"按钮，"启动"变量的值又会变为 0。而实时数据库中的"停止"变量的值，则通过单击"停止"按钮来改变。

2. 指示灯的动画连接

(1) 启动指示灯的动画连接。

① 双击启动指示灯图符，弹出"单元属性设置"对话框。

② 单击"动画连接"标签，打开"动画连接"选项卡，如图 2-23 所示。

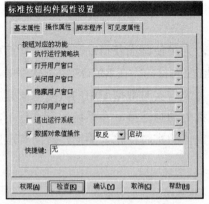

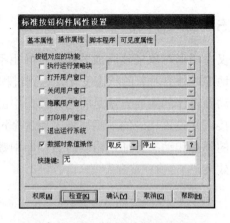

图 2-21 "启动"按钮操作属性设置　　　　图 2-22 "停止"按钮操作属性设置

启动指示灯是一个组合图符构件，组合图符是由两个或两个以上图形对象组合而成。启动指示灯是由一个红灯图符和一个绿灯图符叠加而成的(绿灯图符在上层)，在进行动画连接时，构成组合图符的每个图形对象都要设置。

③ 单击"动画连接"选项卡中的第一个图元名"组合图符"(红灯图符)，其右侧出现"？"和"＞"扩展按钮。

④ 单击"＞"按钮，弹出"动画组态属性设置"对话框，单击"可见度"标签，打开"可见度"选项卡。

⑤ 单击表达式文本框右侧的"？"按钮，弹出"实时数据库"对话框，选择"启动"变量；当表达式非零时选中"对应图符不可见"单选按钮，如图 2-24 所示。单击"确认"按钮，返回到"动画连接"选项卡。

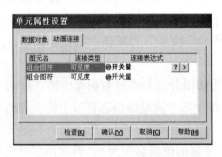

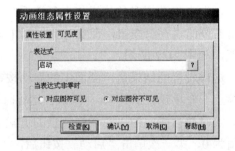

图 2-23 启动指示灯"动画连接"选项卡　　　图 2-24 "可见度"选项卡

⑥ 单击第二个图元名"组合图符"(绿灯图符)，打开其"可见度"选项卡，"表达式"选择数据对象"启动"；当表达式非零时选中"对应图符可见"单选按钮。单击"确认"按钮，返回到"动画连接"选项卡，如图 2-25 所示。启动指示灯动画连接完成，单击"确认"按钮退出。

单击动画组态窗口的工具条中的"保存"按钮 🖫，对设置结果进行阶段性保存。

(2) 停止指示灯的动画连接。

组态画面中的停止指示灯也是一个组合图符，它的动画连接方法与启动指示灯的动画连接方法相似。但要注意：该组合图符"可见度"选项卡中，表达式选择数据对象为"停止"。且在第一个"组合图符"(绿灯图符)的"可见度"选项卡中，当"表达式"非零时选中"对应图符可见"单选按钮；在第二个"组合图符"(红灯图符)的"可见度"选项卡中，当表达式非零时选中"对应图符不可见"单选按钮。设置完成后，其"动画连接"选项卡如图 2-26 所示。

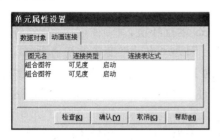

图 2-25　启动指示灯动画连接结果

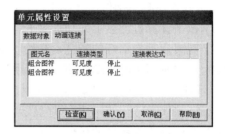

图 2-26　停止指示灯动画连接结果

3. 水泵的动画连接

对水泵的动画设计主要是采用不同颜色来表示水泵的运行和停止的状态。

(1) 在水泵控制动画组态窗口中，双击水泵图符，弹出"单元属性设置"对话框，打开"动画连接"选项卡，单击第一行图元名"椭圆"，其右侧出现"？"和"＞"扩展按钮，如图 2-27 所示。

填充颜色是指图形对象在实时数据库中所关联的数据对象值变化时，图形对象内部填充不同的颜色。用此来描述图形对象与数据变量之间的动态对应关系。

(2) 单击"＞"按钮，打开"填充颜色"选项卡，单击"表达式"文本框右侧的"？"按钮，弹出"实时数据库"对话框，双击"水泵"变量，则实现了画面中的水泵图符与"水泵"变量的连接。最终结果如图 2-28 所示。

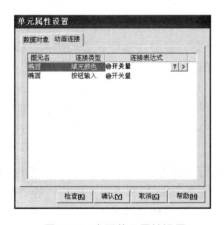

图 2-27　水泵单元属性设置

图 2-28　填充颜色属性设置

(3) 在"填充颜色"选项卡中，系统已经设置好填充颜色的"分段点"和"对应颜色"，若对颜色设置不满意，用户可自行调整各分段点对应的颜色。在图 2-28 所示界面中，分段点填充颜色设置为：分段点 0 对应黄色，分段点 1 对应绿色。设置完成，单击"确认"按钮退出。

这样设置的结果是：当"水泵"变量的值为"1"时，水泵显示绿色，表示运行状态；

当"水泵"变量值为"0"时,水泵显示黄色,表示停止状态。

4. 动画连接效果检查

经过上述连接后,可以将工程进行阶段性保存,然后放入 MCGS 的运行环境中运行,观察动画效果。具体操作步骤如下。

(1) 按下计算机键盘上的功能键 F5,进入 MCGS 运行环境。

(2) 观察启动指示灯的颜色,初始状态为红色,因为"启动"变量的初值为 0。

(3) 单击画面中的启动按钮,"启动"变量值为 1,组合图符中的绿灯可见,红灯隐藏,启动指示灯显示为绿色;当再次单击"启动"按钮时,"启动"变量值为 0,组合图符中的绿灯隐藏,红灯可见,启动指示灯显示为红色。

(4) 观察停止指示灯的颜色,初始状态为红色,因为"停止"变量的初值为 0。

(5) 单击画面中的停止按钮,"停止"变量值为 1,组合图符中的绿灯可见,红灯隐藏,停止指示灯显示绿色;当再次单击"停止"按钮时,"停止"变量值为 0,组合图符中的绿灯隐藏,红灯可见,停止指示灯显示红色。

通过调试,可以观察到,当按钮动作时,仅仅是与其相对应的指示灯的状态在变化,而水泵的状态却没有受到丝毫影响。这是什么原因呢?

主要是因为,与画面中水泵图符构件所关联的数据对象为"水泵",而只有当"水泵"变量的值为"1"时,水泵才会运行;"水泵"变量的值为"0"时,水泵则停止运行。那么,"水泵"变量的值何时为"1"?何时为"0"?再者,控制系统需要水泵以运行 5s、暂停 5s 的方式交替工作,也就意味着"水泵"变量的值,必须以 5s 为"1"、5s 为"0"的方式交替变化,这又如何实现呢?显然,这是后续要解决的关键问题。

2.1.6 控制流程程序设计

一般对于图符构件简单的动画,可以利用 MCGS 中的图符与相关变量之间的关联来完成。但对于复杂的工程,监控系统必须设计成多分支、多层次循环嵌套式结构,按照预定的条件,对系统的运行流程及设备的运行状态进行有针对性的选择和精确的控制。为此,MGGS 引入运行策略的概念,用以解决上述问题。运行策略是指用户为实现系统运行流程自由控制所组态生成的一系列功能模块的总称。运行策略的建立,使系统能够按照设定的顺序和条件操作实时数据库,控制用户窗口的打开和关闭,以及设备构件的工作状态,从而实现对系统工作过程的精确控制及有序调度管理。

根据运行策略的作用和功能不同,MCGS 把运行策略分为"启动策略"、"退出策略"、"循环策略"、"报警策略"、"事件策略"、"热键策略"和"用户策略"等 7 种,每种策略都由一系列功能模块组成,每一种策略都在特定的环境下有其独特的功能。用户可以编写不同的策略,通过不同形式、不同方式、不同手段、不同时间等达到不同目的。

MCGS 为用户提供了进行策略组态的专用窗口和工具箱。策略工具箱提供了许多"策略构件",如定时器、计数器、脚本程序等供工程设计人员使用。

1. 定时器

定时器是在工程运行过程中经常用到的一种编程方式,利用定时器功能可以实现定时存盘、定时切换画面、定时打印等定时控制功能。运行策略中的"定时器"构件包含 5 个参数。

(1) 定时器设定值。定时器的设定值是由用户规定的定时时间范围。它可以是一个具体的数值，也可以是一个运算表达式。

(2) 定时器当前值。定时器的当前值是定时器在计时过程中，实时输出的一个具体数值。可以利用定时器的当前值作为编程时的控制条件来完成不同需求的延时控制。

(3) 计时条件。计时条件是指定时器工作的启/停控制条件。计时条件可以是开关量或数值量，也可以是一个运算表达式，当其值为"1"时，定时器启动计时；当其值为"0"时，定时器停止计时。如果没有建立连接，则认为计时条件永远成立。

(4) 复位条件。复位条件是使定时器复位的控制条件。复位条件可以是开关量或数值量，也可以是一个运算表达式，只有当其值为"1"时定时器才复位，定时器的当前值清 0；而当其值为"0"时，定时器状态不变。

(5) 计时状态。计时状态用来描述定时器是否计时结束。当定时器的当前值大于等于设定值时，定时器的计时状态为"1"，表示计时结束。但如果复位条件未出现，则定时器当前值还会继续累加，直至累加到最大值，定时器会一直保持该数值不变。一旦复位条件为"1"，定时器复位，当前值清 0，计时状态变为"0"。

2. 定时器的组态过程

1) 在实时数据库中添加与定时器工作相关的数据对象

为了方便地控制定时器的工作，在原先所建立的数据对象的基础上，在实时数据库中再添加 4 个数据对象，即"定时器启动"、"定时器复位"、"计时时间"和"时间到"，如图 2-29 所示。这 4 个数据对象中，只有"计时时间"是"数值型"，它表示的是定时器的当前值，在定时器工作时，是实时变化的。其他 3 个数据对象均为"开关型"。

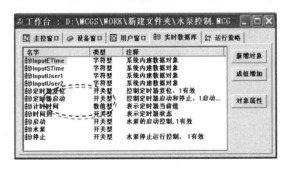

图 2-29　实时数据库中添加 4 个数据对象

2) 在循环策略中添加定时器构件

(1) 单击动画组态窗口工具条中的"工作台"按钮，打开系统的"工作台"窗口。单击"运行策略"标签，打开"运行策略"选项卡，如图 2-30 所示。

在"运行策略"选项卡中，列出了系统 3 个基本策略，即启动策略、退出策略和循环策略。

启动策略是在进入运行环境后首先运行的策略，且只执行一次，一般完成系统初始化的工作。该策略由 MCGS 自动生成，具体处理的内容由用户填充。

退出策略是退出运行环境时执行的策略。该策略由 MCGS 自动生成、自动调用，一般由该策略模块完成系统结束运行前的善后处理任务。

循环策略是系统运行时，按照用户指定的周期时间，循环执行策略块内的内容，通常用来完成流程控制任务。可以把主要策略放在这里。

用户还可根据工程的具体需求，在窗口中增加新的策略。其方法是通过单击选项卡右侧的"新建策略"按钮，在弹出的"选择策略的类型"对话框中选择所需的策略，如图 2-31 所示。

图 2-30 "运行策略"选项卡

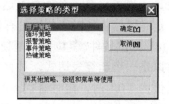

图 2-31 "选择策略的类型"对话框

(2) 设定"循环策略"循环执行周期时间为"200ms"。

在"运行策略"选项卡中，选中"循环策略"，单击右侧的"策略属性"按钮，或者单击鼠标右键，在弹出的快捷菜单中选择"属性"命令，即可进入"策略属性设置"对话框。在该对话框中，系统默认循环策略的定时循环执行周期时间为 60000ms，即 1min 执行一次，对于一般的监控系统，这个周期时间太长了，所以需要修改。将定时循环执行周期时间更改为"200ms"，如图 2-32 所示。

(3) 在循环策略"策略组态"窗口中添加定时器构件。

① 双击"运行策略"选项卡中的"循环策略"选项；或单击选中"循环策略"选项，再单击右侧的"策略组态"按钮，即可进入循环策略的"策略组态"窗口，如图 2-33 所示。

图 2-32 "循环策略属性设置"对话框

图 2-33 "策略组态"窗口

② 在"策略组态"窗口中，单击鼠标右键，在弹出的快捷菜单中选择"新增策略行"命令，或者单击窗口工具条中的"新增策略行"按钮 ，在"策略组态"窗口中可添加一个新的策略行。

每一个策略行中都有一个条件部分和一个功能部分，构成了"条件–功能"的结构。

③ 单击鼠标右键，在弹出的快捷菜单中选择"策略工具箱"命令，或者单击窗口工具

条中的"策略工具箱"按钮 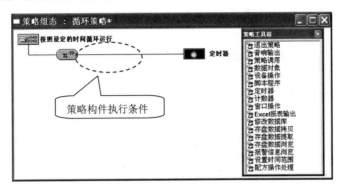，弹出"策略工具箱"对话框。在"策略工具箱"对话框中单击"定时器"选项，光标呈小手形，将光标移动到策略行末端的灰色方块上并单击，定时器构件添加成功，如图 2-34 所示。

图 2-34　添加定时器构件

每一个策略构件都有一个执行条件，当策略行的执行条件成立时，策略行中的策略构件才会被调用。策略行的条件设置方法是：双击策略行左侧的策略构件条件图标，进入"表达式条件"对话框，可以设定执行策略构件的条件以及选择条件成立的方式，还可在注释文本框中添加说明性文字。

此工程中，定时器构件的执行是无条件的。所以不需要设置执行条件。

3) 定时器属性设置

定时器属性设置的任务是将定时器的参数与实时数据库中的相关变量建立连接，从而控制定时器的工作。

(1) 在循环策略的"策略组态"窗口中，双击策略行末端的"定时器"，打开"定时器"的基本属性对话框。

(2) 在"定时器"的基本属性对话框中，"设定值"设置为"35"，表示设置定时器的定时时间为 35s。

(3) 单击"当前值"文本框右侧的"？"按钮，在实时数据库中选择"计时时间"变量。使用同样的方法对剩下的 3 个参数进行关联设置，设置结果如图 2-35 所示。单击"确认"按钮退出，并保存设置。

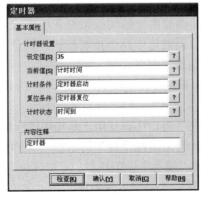

图 2-35　定时器属性设置

这样，当"定时器启动"变量值为"1"时，定时器启动运行；当"定时器启动"变量值为"0"时，定时器停止运行。当"定时器复位"变量值为"1"时，定时器复位；当"定时器复位"变量值为"0"时，定时器状态保持不变。当定时器当前值大于等于设定值时，则"时间到"变量值为"1"，表示计时结束；否则为"0"。

4) 在用户窗口中添加与定时器相关的图符

系统运行时，为了能够在动画组态窗口中随时观察到定时器运行时的时间变化及定时器的状态，需要在 "水泵控制动画组态"窗口中添加实现定时器运行控制的按钮和能够显示定时器运行参数变化的文本框。

(1) 添加控制按钮。在"水泵控制动画组态"窗口中添加两个控制按钮，按钮标题分别为"定时器启动"和"定时器复位"，打开两个按钮的"标准按钮构件属性设置"对话框的"操作属性"选项卡，选中"数据对象值操作"复选框，操作方式选择"取反"，关联的数据对象分别对应为"定时器启动"和"定时器复位"，如图2-36和图2-37所示。

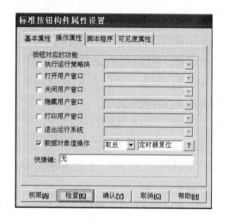

图2-36　定时器启动按钮的操作属性　　　图2-37　定时器复位按钮的操作属性

(2) 添加标题文字标签。在"水泵控制动画组态"窗口中，使用工具箱中"标签"工具 **A**，画出一个文本框，输入文字"计时时间"。使用工具条中的"对齐"按钮，将文字居中设置，且在该文本框的"属性设置"对话框中，将静态属性的边线颜色选择为"无边线颜色"。再画一个文本框，输入文字"时间到"，并居中设置，设置该文本框为"无边线颜色"。

将这两个文字标签与定时器的两个控制按钮整齐地排成一列。具体方法：按住键盘上的 Shift 键，用鼠标逐个单击，同时选中两个控制按钮和两个文字标签，如图2-38所示，然后使用如图2-39所示的绘图编辑工具条中的 "左对齐"、"等高宽"、"等间距"等的工具进行编辑。注意，编辑时，系统将以边线为"黑色小正方形"框图为基准。

(3) 添加用于显示输出的文本框。

① 在"水泵控制动画组态"窗口中，使用工具箱中"标签"工具 **A**，画出一个文本框，双击"文本框"，弹出"动画组态属性设置"对话框。"静态属性"的"填充颜色"选择"白色"；"字符颜色"选择"黑色"。

② 在此对话框中，再选择输入输出连接中的"显示输出"选项，窗口的左上角就出现了"显示输出"标签，如图2-40所示。这样，文本框图符就有了"显示输出"功能。

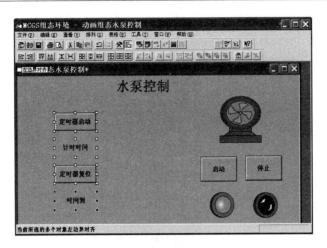

图 2-38　框图的排列

图 2-39　绘图编辑工具条

③ 单击 "显示输出" 标签，打开 "显示输出" 选项卡。单击 "表达式" 文本框右侧的 "？" 按钮，在实时数据库中选择 "定时器启动" 变量；"输出值类型" 选中 "数值量输出" 单选按钮；"输出格式" 选中 "向中对齐" 单选按钮，如图 2-41 所示。单击 "确认" 按钮退出。

图 2-40　文本框属性设置

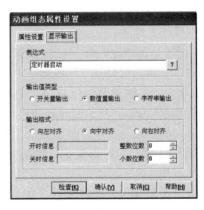

图 2-41　文本框的显示输出属性设置

④ 采用 "复制" 和 "粘贴" 的方式即可再添加 3 个类似的用于显示输出的文本框。将 4 个文本框排成一列，再使用 "绘图编辑条" 中的工具将其编辑排列整齐，如图 2-42 所示。

⑤ 按顺序，在新添加的 3 个文本框的 "显示输出" 选项卡中，将表达式分别更改为 "计时时间"、"定时器复位"、"时间到" 3 个变量。

这样，系统在运行时，第 1 个文本框将显示 "定时器启动" 变量的具体数值，第 2 个文本框将显示 "计时时间" 变量的具体数值，即定时器的当前值。第 3 个文本框将显示 "定时器复位" 变量的具体数值，第 4 个文本框将显示 "时间到" 变量的具体数值。

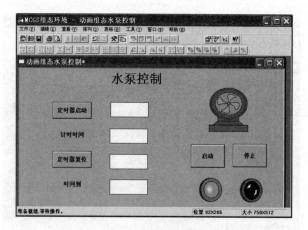

图 2-42　排列整齐的文本框

3．定时器的运行调试

(1) 按下键盘上的功能键 F5，进入组态运行环境。

(2) 观察发现 4 个文本框中显示的 4 个变量的初始值均为"0"。

(3) 单击画面中的"定时器启动"按钮，则其旁边的文本框将显示"1"，这表示此时"定时器启动"变量的值是 1，定时器启动运行。

(4) 定时器启动运行后，可观察到定时器的"计时时间"文本框的值在不断变化，每隔 1s 加 1，这实际上是定时器的计时当前值。

(5) 只要定时器当前值 < 35，"时间到"文本框中就显示"0"，表示未到定时时间。当定时器当前值≥35 时，"时间到"文本框中将显示"1"，表示定时时间到；但"计时时间"会继续向上累加。

(6) 再次单击"定时器启动"按钮，则其旁边的文本框将显示"0"，这表示此时"定时器启动"变量的值是 0，定时器停止运行。"计时时间"不再向上累加，而是保持不变。

(7) 单击"定时器复位"按钮，则其旁边的文本框将显示"1"，此时，"计时时间"文本框将显示"0"，表示定时器的当前值被清 0。

观察到的结果是："定时器启动"=1 且"定时器复位"=0 时，定时器启动运行；"定时器复位"=1 时，定时器复位，当前值清 0；"定时器启动"=0 时，定时器停止工作，当前值保持不变。

通过前边的实践，已经掌握了如何控制定时器工作，下面将利用定时器和脚本程序实现对水泵的定时运行模拟控制。

4．脚本程序

脚本程序是组态软件中的一种内置编程语言引擎。使用脚本语言，可以有效地编制各种特定的流程控制程序和操作处理程序，程序被封装在一个功能构件里(称为脚本程序功能构件)，用来解决常规组态方法难以解决的问题。

在 MCGS 中，脚本语言是一种语法上类似 Basic 的编程语言。可以应用在运行策略中，把整个脚本程序作为一个策略功能块执行，也可以在菜单组态中作为菜单的一个辅助功能运行，更常见的用法是应用在动画界面的事件中。MCGS 引入的事件驱动机制，与 VB 或

VC 中的事件驱动机制类似。比如：对用户窗口，有装载、卸载事件；对窗口中的控件，有鼠标单击事件、键盘按键事件等。这些事件发生时，就会触发一个脚本程序，执行脚本程序中的操作。

1) 脚本语言编辑环境

脚本程序编辑环境是用户书写脚本语句的地方。脚本程序编辑环境主要由脚本程序编辑窗口、编辑功能按钮、MCGS 操作对象列表和函数列表、脚本语句和表达式 4 个部分构成，如图 2-43 所示。

2) 脚本程序的语言要素

在 MCGS 组态软件中，对脚本程序语言的要素做了具体的规定，包括数据类型、变量及常量、MCGS 对象、表达式、运算符、基本辅助函数、功能函数等。

(1) 数据类型。包括开关型、数值型、字符型 3 种。开关型数据的取值只有两种，即"1"或者"0"。数值型数据的取值范围在 3.4E±38 内。字符型数据可以是最多由 512 个字符组成的字符串。

(2) 变量及常量。

① 变量，即数据对象。脚本程序中，用户不能定义子程序和子函数，只能对实时数据库中的数据对象进行操作，可以用数据对象的名称来读写数据对象的值，也可以对数据对象的属性进行操作。数据对象可以看作是脚本程序中的全局变量，在所有的程序段中共用。

值得注意的是，在脚本程序中不能对组对象和事件型数据对象进行读写操作，但可以对组对象进行存盘处理。

② 常量。常量是已经赋了值的数据对象。例如，开关型常量的 0 或 1，数值型常量 12.45、100 等，字符型常量"OK"、"正常"等。

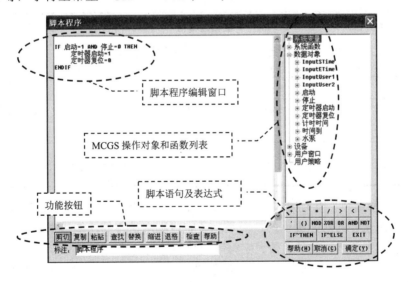

图 2-43 脚本语言编辑环境

③ 系统内部变量。MCGS 系统定义的内部数据对象作为系统内部变量，在脚本程序中可自由使用，在使用系统变量时，变量的前面必须加"$"符号，如 $Date。

④ 系统函数是 MCGS 系统定义的内部函数。在脚本程序中可自由使用，在使用系统函数时，函数的前面必须加"!"符号，如!abs( )。

(3) MCGS 脚本的操作对象。

MCGS 的对象形成一个对象树，树根从 MCGS 开始，MCGS 对象的属性就是系统变量，MCGS 对象的方法就是系统函数。MCGS 对象下面有"用户窗口"对象、"设备"对象、"数据对象"等子对象。"用户窗口"以各个用户窗口作为子对象，每个用户窗口对象以这个窗口里的动画构件作为子对象。

使用对象的方法和属性，必须要引用对象，然后使用"点操作"来调用这个对象的方法或属性。为了引用一个对象，需要从对象根部开始引用，这里的对象根部是指可以公开使用的对象。MCGS 对象、用户窗口、设备和数据等对象都是公开对象。因此，调用函数!Beep()时，也可以采用 MCGS.!Beep()的形式。窗口 0.Open()也可以写为 MCGS.用户窗口.窗口 0.Open()，还可以写为：用户窗口.窗口 0.Open()。

总之，MCGS 脚本的操作对象包括工程中的用户窗口、用户策略、设备构件等。MCGS 操作对象在脚本程序中不能当作变量和表达式使用，但可以当作系统函数的参数使用，如：! SetDevice(设备 0,1,…)。

(4) 表达式。表达式是构成脚本程序的最基本元素，在 MCGS 其他部分的组态中，也常常需要通过表达式来建立实时数据库与其他对象的连接关系，正确输入和构造表达式是 MCGS 的一项重要工作。

表达式是由数据对象(用户在实时数据库中定义的数据对象、系统内部数据对象和系统内部函数)、括号和运算符组成的运算式。表达式的计算结果称为表达式的值。

(5) 运算符。MCGS 支持的运算符如表 2-2 所示。

表 2-2　运算符

算术运算符		逻辑运算符		比较运算符	
乘方	∧	逻辑与	AND	大于	>
乘法	*	逻辑非	NOT	大于等于	> =
除法	/	逻辑或	OR	等于	=
整除	\	逻辑异或	XOR	小于等于	< =
加法	+			小于	<
减法	−			不等于	< >
取模运算	Mod				

(6) 基本辅助函数。作为脚本语言的一部分，MCGS 提供了基本辅助函数，这些函数主要不是作为组态软件的功能提供的，而是为了完成脚本语言的功能提供的。这些函数包括以下几类：位操作函数、数学函数、字符串函数和时间函数。

① 位操作函数提供了对整型数据中的位进行操作的功能。可以用开关型变量来提供这里的整型数据。在脚本程序编辑器里，位操作函数都列在数学函数中。例如，按位与(!BitAnd)，按位或(!BitOr)，按位异或(!BitXor)，按位取反(!BitNot)，清除数据中的某一位或把某一位置 0(!BitClear)，设置数据中的某一位或把某一位置 1(!BitSet)，检查数据中某一位是否为 1(!BitTest)，左移和右移(!BitLShift,!BitRShift)。

② 数学函数提供了常见的数学操作，包括开方、随机数生成及三角函数等。

③ 字符串函数提供了与字符串相关的操作，包括字符串比较、截取、搜索及格式化等。

④ 时间函数提供了和时间计算相关的函数。

(7) 功能函数。MCGS 系统提供的功能函数主要包括运行环境函数、数据对象函数、系统函数、用户登录函数、定时器操作、文件操作、ODBC 函数及配方操作函数等。

① 运行环境函数和数据对象函数主要提供了对 MCGS 内部各个对象操作的方法。

② 系统函数提供了系统功能，包括播放声音、启动程序、发出按键信息等。

③ 用户登录函数提供了用户登录和管理的功能，包括打开登录对话框、打开用户管理对话框等。

④ 定时器提供了 MCGS 内建定时器的操作，包括对内建时钟的启动、停止、复位、时间读取等操作。

具体使用方法可参阅《MCGS 参考手册》。

3) 脚本程序基本语句

脚本程序包括几种简单的语句：赋值语句、条件语句、退出语句和注释语句，同时，为了满足一些高级的循环功能，还提供了循环语句。所有脚本程序都由这 5 种语句组成。当需要一个程序行中包含多条语句时，各条语句之间须用"："分开。程序行也可以是没有任何语句的空行。大多数情况下，一个程序行只包含一条语句，赋值程序行中根据需要可在一行中放置多条语句。

(1) 赋值语句。赋值语句的形式为：数据对象=表达式。它的具体含义是：把"="右边表达式的运算值赋给左边的数据对象。赋值号左边必须是能够读写的数据对象。如开关型数据、数值型数据以及能进行写操作的内部数据对象，而组对象、事件型数据对象、只读的内部数据对象、系统函数及常量，均不能出现在赋值号的左边，因为不能对这些对象进行写操作。

赋值号的右边为一表达式，表达式的类型必须与左边数据对象值的类型相符；否则系统会提示"赋值语句类型不匹配"的错误信息。

(2) 条件语句。条件语句有以下 3 种形式。

① 　If 　[表达式] 　Then 　[赋值语句或退出语句]

② 　If 　[表达式] 　Then
　　　　　　　　[语句]

　　　EndIf

③ 　If 　[表达式] Then
　　　　　　　[语句]

　　　Else
　　　　　　　[语句]

　　　EndIf

条件语句中的 4 个关键字"If"、"Then"、"Else"、"EndIf"不分大小写。如拼写不正确，检查程序会提示出错信息。

条件语句允许多级嵌套，即条件语句中可以包含新的条件语句，MCGS 脚本程序的条件语句最多可以有 8 级嵌套，为编制多分支流程的控制程序提供了可能。

"If"语句的表达式一般为逻辑表达式，也可以是值为数值型的表达式，当表达式的值为非 0 时，条件成立，执行"Then"后的语句；否则，条件不成立，将不执行该条件块中包含的语句，开始执行该条件块后面的语句。注意：值为字符型的表达式不能作为"IF"语句中的表达式。

(3) 退出语句。退出语句为"Exit"，用于中断脚本程序的运行，停止执行其后面的语句。一般在条件语句中使用退出语句，以便在某种条件下，停止并退出脚本程序的执行。

(4) 注释语句。以单引号"'"开头的语句称为注释语句，注释语句在脚本程序中只起到注释说明的作用，实际运行时，系统不对注释语句做任何处理。

(5) 循环语句。循环语句为 While 和 EndWhile，其结构为：

```
While [条件表达式]
…
EndWhile
```

该语句的功能是：当表达式条件成立时(非零)，循环执行 While 和 EndWhile 之间的语句，直到条件表达式不成立(为零)时，退出。

4) 脚本程序编辑注意事项

(1) 要按照 MCGS 的语法规范编辑程序，如该加空格的地方要加空格；否则语法检查通不过。

(2) 可以利用剪切、复制、粘贴等功能键，提高程序编辑速度。

5) 脚本程序的应用场合

脚本程序在 MCGS 组态软件中有 4 种应用场合，分别为：在"运行策略"的脚本程序构件中使用；在窗口中的"标准按钮"属性设置中的"脚本程序"中使用；在菜单属性设置的"脚本程序"中使用；还可以在"用户窗口"属性设置中的"启动脚本"、"循环脚本"和"退出脚本"中使用。

本案例是在"运行策略"的脚本程序构件中使用。

6) 脚本程序的查错与运行

脚本程序编制完成后，系统首先对程序代码进行检查，以确认脚本程序的编写是否正确。检查过程中，如果发现脚本程序有错误，则会返回相应的信息，以提示可能的出错原因，帮助用户查找和排除错误。根据系统提供的错误信息，做出相应的改正，系统检查通过，就可以在运行环境中运行。

5. 利用定时器和脚本程序实现对水泵运行的模拟控制

前边已经实现了使用画面中的"定时器启动"按钮和"定时器复位"按钮控制定时器工作。但是，根据工程控制要求，目前要解决的问题是如何用画面中启动按钮和停止按钮同时控制定时器和水泵的工作。

1) 使用组态画面中的启动按钮和停止按钮控制定时器的工作状态

(1) 添加脚本程序策略行。

① 在"工作台"窗口单击"运行策略"标签，打开"运行策略"选项卡，双击"循环策略"选项，进入循环策略的"策略组态"窗口中，单击鼠标右键，在弹出的快捷菜单中

选择"新增策略行"命令，即可在定时器策略行的下方增加一个新的策略行。

② 单击新增策略行末端的小方块，其变成蓝色，表示被选中，然后在"策略工具箱"中双击"脚本程序"选项，脚本程序就被成功地添加到新策略行上，如图 2-44 所示。双击新增策略行末端的"脚本程序"，即可打开脚本程序编辑环境，在其中可编辑脚本程序。

图 2-44   添加脚本程序策略

(2) 编辑脚本程序。用启动按钮和停止按钮控制定时器工作状态的参考脚本程序清单如下：

```
IF  启动=1  AND  停止=0  THEN
    定时器启动=1              '定时器启动运行'
    定时器复位=0
ENDIF
IF  启动=0  THEN
    定时器启动=0              '定时器停止运行'
ENDIF
IF  停止=1  THEN
    定时器启动=0
    定时器复位=1              '定时器复位'
ENDIF
```

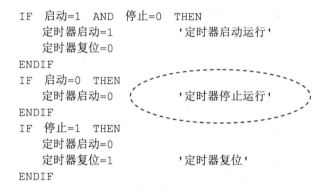

💡 **注意：** 脚本程序中单引号'……'中的内容是对该程序段功能的解释，输入程序时，可以添加，也可以不要。脚本程序编辑结束，单击脚本程序编辑环境中的"检查"按钮，进行语法检查，如提示有错误，更改至无语法错误为止。单击"确定"按钮，退出脚本程序编辑环境。在"策略组态"窗口中单击工具条中的"保存"按钮，保存设置。

(3) 调试运行。

① 按功能键 F5，进入组态运行环境，单击画面中的启动按钮，观察到 "定时器启动"变量的值为"1"，"计时时间"开始以秒为单位向上递增。再次单击启动按钮，观察到 "定时器启动"变量的值为"0"，"计时时间"停止递增。

② 单击画面中的停止按钮，观察到"定时器复位"变量的值为"1"，"计时时间"的值清 0。

如果观察到的结果与上述不符，请分析错误原因并修改，继续调试，直到结果满意为止。

由上面的调试结果可以看出，实际上是用画面中的启动按钮和停止按钮，分别控制实时数据库中"启动"和"停止"两个变量的值，再借助脚本程序，实现利用"启动"和"停止"两个变量的值的变化，控制实时数据库中"定时器启动"和"定时器复位"两个变量的值的变化。从而达到了用画面中的启动按钮和停止按钮控制定时器工作的目的。

既然"定时器启动"和"定时器复位"变量的值受控于"启动"和"停止"这两个变量的值，那么，画面中的定时器启动按钮和定时器复位按钮就不再需要了，可以保留，也可以删掉。

2) 利用定时器当前值和脚本程序实现对水泵运行的控制

工程要求水泵采用间断运行的方式，即运行 5s、暂停 5s。可以假设一个运行周期为 35s。显然，可以将一个运行周期分为 7 个阶段，即 0～5s 运行、6～10s 暂停、11～15s 运行、……，如此交替。

下面将借助脚本程序，利用定时器"计时时间"的变化，控制"水泵"变量值的变化，从而控制水泵实现间断运行。

(1) 编辑和调试程序。

对初学者来说，编辑脚本程序，应当采用循序渐进，即一边编辑、一边调试的方法更合适。

① 在已编辑好的 3 段"定时器运行控制"脚本程序的基础上，先添加第一个 5s 时间段的 "水泵运行控制"脚本程序段。

```
IF 定时器启动=1 THEN        '定时器启动运行'
IF 计时时间 < 5 THEN
    水泵=1                 '水泵运行 5s'
ENDIF
ENDIF
```

因为定时器启动运行是决定水泵是否间断运行的"先决条件"，所以，这里是由两个条件语句的嵌套构成的程序段。它表示在定时器启动运行时，如果"计时时间"< 5s，则"水泵"变量的值为 1，水泵运行。

编辑完成，单击"保存"按钮，保存操作。再按下键盘上的 F5 键，进入组态运行环境观察水泵的状态。在运行环境中，单击画面中的启动按钮，观察水泵变为绿色，表示水泵在运行。若结果不符，检查脚本程序，分析原因，修改后继续运行，直到结果正确。

② 在编辑好的脚本程序的基础上，再添加第二个 5s 时间段的脚本程序段。

💡 **注意：** 输入该段程序时，一定要将这个程序段插入到上面编辑好的"水泵运行控制"程序段的最后一个"ENDIF"之前，即将这个程序段继续嵌套到"先决条件"的里边。

添加后的"水泵运行控制"脚本程序如下。

```
IF 计时时间 < 5 THEN
  水泵=1               '水泵运行 5s'
  ENDIF
IF 计时时间 < 10 THEN
  水泵=0               '水泵暂停 5s'
  ENDIF
ENDIF
```

保存操作。再按下键盘上的 F5 键，进入组态运行环境观察水泵的状态。在运行环境中，单击画面中的"启动"按钮，观察到水泵的颜色没有变成绿色，即表示水泵没有运行。

为什么会出现这种现象？

下面一起来分析这两段程序。从程序中不难看出，"计时时间"＜5s 的时间段是包含在"计时时间"＜10s 的时间段内的，显然，水泵变量的值只能为 0 了。看来，直接这样设置脚本语句是矛盾的。

如何解决这个矛盾？

只需要在每个 5s 时间段的条件语句结束前，即每个条件语句的"ENDIF"之前，插入一个退出语句"EXIT"，就可以解决上述矛盾。"EXIT"语句的功能是：当该语句段的条件成立时，就此中断后边脚本程序的运行，返回到脚本程序第一条语句重新开始循环执行。

③ 重新编辑上两段脚本程序，每段条件语句中都添加"EXIT"语句。程序清单如下。

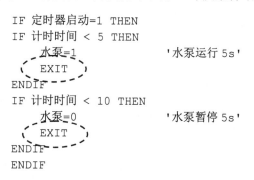

```
IF 定时器启动=1 THEN
IF 计时时间 < 5 THEN
    水泵=1              '水泵运行 5s'
    EXIT
ENDIF
IF 计时时间 < 10 THEN
    水泵=0              '水泵暂停 5s'
    EXIT
ENDIF
ENDIF
```

这样处理后，当满足"计时时间"＜5s 时，"水泵运行 5s"的条件语句程序段是有效的；"水泵暂停 5s"的条件语句程序段是无效的。当满足"计时时间"＜10s 时，则"水泵暂停 5s"的条件语句程序段就是有效的。可以看出，这实际是借助"EXIT"语句，将时间划分成了 0～5s 和 6～10s 两段。

当然，这并不是唯一的方法，如果还有其他的有效途径，也可以试试。

编辑完成，保存操作。再按下键盘上的 F5 键，进入组态运行环境观察水泵的状态。

在运行环境中，单击画面中的"启动"按钮，观察到水泵的颜色变成绿色，水泵启动运行。当"计时时间"＞5s 时，水泵的颜色变为黄色，水泵停止运行。若结果不符，请检查并修改，直到结果正确为止。

④ 后续的脚本程序编辑，只需采用复制、粘贴并修改的方式，不断在"定时器启动=1"的条件语句中添加"水泵运行控制"条件语句程序段即可。

(2) 完善的脚本程序清单。调试运行结束后，最终获得的完整的脚本程序分为两部分，即"定时器运行控制"脚本程序段和"水泵运行控制"脚本程序段。

① 定时器运行控制脚本程序清单。

```
IF  启动=1  AND  停止=0  THEN
    定时器启动=1           '定时器启动运行'
    定时器复位=0
ENDIF
IF  启动=0  THEN
    定时器启动=0           '定时器停止运行'
```

```
        ENDIF
    IF  停止=1  THEN
        定时器启动=0
        定时器复位=1              '定时器复位'
        水泵=0                    '停止按钮控制水泵停止运行'
    ENDIF
```

② 水泵运行控制脚本程序清单。

```
    IF  定时器启动=1  THEN
        IF  计时时间 < 5  THEN
            水泵=1                '水泵运行 5s'
        EXIT
        ENDIF
        IF  计时时间 < 10  THEN
            水泵=0                '水泵暂停 5s'
            EXIT
        ENDIF
        IF  计时时间 < 15  THEN
            水泵=1                '水泵运行 5s'
            EXIT
        ENDIF
        IF  计时时间 < 20  THEN
            水泵=0                '水泵暂停 5s'
        EXIT
    ENDIF
    IF  计时时间 < 25  THEN
        水泵=1                    '水泵运行 5 秒'
        EXIT
    ENDIF
    IF  计时时间 < 30  THEN
        水泵=0                    '水泵暂停 5 秒'
        EXIT
    ENDIF
    IF  计时时间 < 35  THEN
        水泵=1
        EXIT                      '水泵运行 5 秒'
    ENDIF
    IF  计时时间 >= 35  THEN
        水泵=0
        定时器启动=0
        定时器复位=1              '定时器复位, 准备重新开始计时'
        ENDIF
    ENDIF
```

3) 运行环境中模拟运行

在运行环境中，仔细观察水泵的运行规律以及定时器的工作过程，体会组态工程设计中各环节的功能。运行效果如图 2-45 所示。

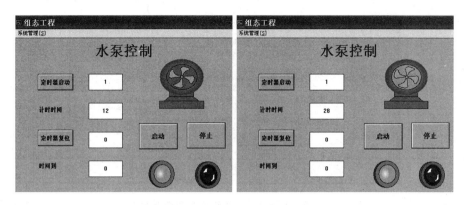

图 2-45　模拟运行效果截图

2.1.7　软硬件联机调试运行

前期仅是利用 MCGS 系统的"设备无关性"，在水泵控制组态工程中借助定时器和脚本策略，初步实现了水泵控制系统的模拟运行，并未达到实时监控的目的。如何利用 MCGS 组态软件实现对水泵运行的实时监控？

根据工程的技术要求可知，水泵的运行控制主要是由 PLC 完成的，而 MCGS 系统，一方面需要从 PLC 采集相关数据，改变实时数据库中对应变量的值，然后以画面中图符构件的动画形式显示出来，从而达到监视运行的目的；另一方面，还需要将上位机组态环境中设置的暂停和运行时间写入 PLC 中，实现对水泵运行时间的调整，以及通过上位机启动和停止按钮实现对水泵硬件系统的运行和停止的控制。

1.　组态工程动画及属性设置改进

1) 删除定时器策略及脚本程序策略

在联机统调时，PLC 完成控制任务，所以组态工程中的定时器和脚本程序就无用了。

(1) 删除定时器策略。打开运行策略的"循环策略组态"窗口，删除定时器策略行。

(2) 删除脚本程序策略。打开运行策略的"循环策略组态"窗口，删除脚本策略行。

2) 修改数据库中的数据对象

(1) 删除实时数据库中与定时器相关的 4 个数据对象，即定时器启动、定时器复位、计时时间和时间到，以提高运行环境效率。

(2) 实时数据库中添加 4 个新的数据对象。数据对象名称分别为"运行时间显示"、"运行时间调整"、"暂停时间显示"和"暂停时间调整"。这 4 个数据对象的初值均为"0"；对象类型均为"数值型"。

3) 修改水泵控制动画组态窗口画面

为了能显示水泵的运行和暂停时间，以及能在"动画组态水泵控制"窗口中，调整水泵的运行和暂停时间，需要对"动画组态水泵控制"窗口进行设计改进，如图 2-46 所示。

(1) 在"动画组态水泵控制"窗口中删除与定时器相关的图符。包括"定时器启动"按钮、"定时器复位"按钮、文字标签以及能够显示定时器运行参数的文本框。

(2) 制作 6 个新的文字标签。

① 使用工具箱中"标签"工具，画出一个文本框，输入文字"时间显示"。

图2-46　改进后的动画组态水泵控制窗口

② 双击"文本框"，弹出"动画组态属性设置"对话框。"静态属性"中的"填充颜色"选择"无填充色"；"边线颜色"选择"无边线颜色"；"字符颜色"选择"黑色"；字型及大小选择"宋体、小四"，其他静态属性不变。单击"确认"按钮退出。

③ 对上边制作好的文本框，采用"复制"→"粘贴"→"修改字符"的方法，制作出其余6个文本框，文本框中的文字分别为"运行时间"、"暂停时间"、"时间显示"、"运行时间调整"、"暂停时间调整"、"调整时间"。

④ 将制作好的6个标签分类摆放到水泵的左、右两侧合适的位置，如图2-46所示。

(3) 制作用于显示时间的文本框。

① 使用工具箱中"标签"工具，画出一个文本框，摆放到文字标签"运行时间"的右侧。

② 双击"文本框"，弹出"动画组态属性设置"对话框，打开"属性设置"选项卡，选择输入输出连接中的"显示输出"选项。再单击出现的"显示输出"标签，打开"显示输出"选项卡。单击"表达式"文本框右侧的"？"按钮，在实时数据库中选择"运行时间显示"变量；在"输出值类型"选项组中选中"数值量输出"单选按钮；在"输出格式"选项组中选中"向中对齐"单选按钮，如图2-47所示。单击"确认"按钮，退出对话框。

③ 采用"复制"→"粘贴"的方式，再制作一个用于显示输出的文本框，摆放到文字标签"暂停时间"的右侧，并将其"显示输出"选项卡中的"表达式"更改为"暂停时间显示"。

④ 单击工具箱的"常用符号"按钮，打开常用符号工具箱，选择"凹槽平面"工具，绘制一个面板。双击"面板"图符，打开"属性设置"选项卡，静态属性中的填充颜色选择"粉色"。

⑤ 右击选中"面板"图符，弹出快捷菜单，选择"排列"子菜单中的"最后面"命令。然后将该"面板"图符移动到水泵左侧的标签及文本框的后面，调整好位置。

(4) 添加用于调整时间的输入框。

① 使用工具箱中"输入框"工具**abl**，画一个输入框，摆放到"运行时间调整"文字标签的右侧。

② 双击输入框图符，在弹出的"输入框构件属性设置"对话框中，打开"操作属性"选项卡。在"对应数据对象的名称"文本框中选择"运行时间调整"；"数值输入的取值范围"文本框中的"最小值"为"0"，"最大值"为"32767"，如图2-48所示。单击"确认"按钮退出。

图 2-47　标签框显示输出属性设置　　　　图 2-48　输入框操作属性设置

③ 对制作好的输入框，采用"复制"→"粘贴"的方式，再制作一个输入框，摆放到"暂停时间调整"文字标签的右侧。并将"操作属性"选项卡中的"对应数据对象的名称"更改为"暂停时间调整"。

④ 使用常用符号工具箱中的"凹槽平面"工具，绘制一个面板，双击"面板"图符，打开"属性设置"选项卡。静态属性的填充颜色选择"淡蓝色"。将该"面板"图符叠放到水泵右侧标签及输入框的后面，调整好位置。

单击工具条中的"保存"按钮，对窗口中的所有设置进行阶段性保存。

2．PLC 系统设计与联调

(1) 西门子 S7-200 CPU226 型 PLC 的 I/O 硬件电路连接。

本系统选择的控制单元是西门子 S7-200CPU226 型 PLC，其 I/O 硬件接线如图 2-49 所示。图中水泵控制实训模块为集成电路单元板。

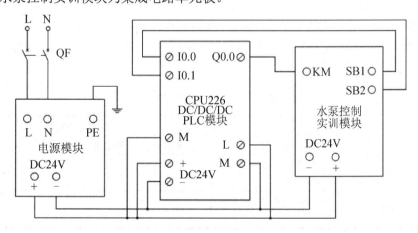

图 2-49　PLC 模块与水泵控制实训模块的硬件电路连接

(2) PLC 与计算机的连接与通信。

使用 PC/PPI 电缆连接计算机的 COM 口和 PLC 的通信端口，并进行通信设置。

① 打开 Step7-Micro/Win32 编程软件，进入编程环境。单击程序编辑窗口左侧的"浏览条"中的"通信"图标，弹出"通信"对话框，如图 2-50 所示。

② 通信参数的设置如下。在"通信"对话框中，双击 PC/PPI 电缆的图标，将出现"PG/PC接口"设置对话框，单击 Properties 按钮，在接口属性设置对话框中，检查各参数的属性是

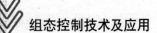

否正确。可使用默认的通信参数，其方法是在 PC/PPI 性能设置的对话框中单击 Default 按钮，获得默认的的参数。默认站地址为 2，波特率为 9600b/s。

③ 通信参数设置完成，重新回到"通信"对话框，双击"双击刷新"图标 ⟳，Step7-Micro/Win32 编程软件将自动检测所连接的 PLC 主机。如图 2-50 所示，右侧显示的即为检测到的 PLC 实际型号及地址。

在图中，所显示的参数配置如下。

远程设备地址(Remote Address)：2。

本地设备地址(Local Address)：0。

图 2-50　PLC 的"通信"对话框

接口(Connection)：　PC/PPI 电缆(计算机通信端口为 COM1)。

通信协议(Protocol)：PPI。

传送速率(Transmission Rate)：9.6kbps。

模式(Mode)：11 位。

记住这些参数，以便于在 MCGS 系统中进行相应的通信设置。

(3) PLC 程序的编辑与调试。编辑 PLC 控制程序，并调试运行，直到结果正确。

① I/O 分配如表 2-3 所示。

表 2-3　水泵的 PLC 控制 I/O 分配

输入设备			输出设备		
设备名称	PLC 端子	注　释	设备名称	PLC 端子	注　释
启动按钮	I0.0	控制机械手系统启动运行	水泵	Q0.0	被控制设备
停止按钮	I0.1	控制机械手系统停止运行			

② PLC 程序的符号表如图 2-51 所示。

			符号	地址	注释
1			startup_button	I0.0	水泵硬件系统启动按钮
2			stop_button	I0.1	水泵硬件系统停止按钮
3			water_pump	Q0.0	水泵
4			上位机启动	M0.0	组态工程中的启动按钮
5			上位机停止	M0.1	组态工程中的停止按钮

图 2-51　PLC 参考程序中符号表

③ 参考 PLC 程序如图 2-52 所示。

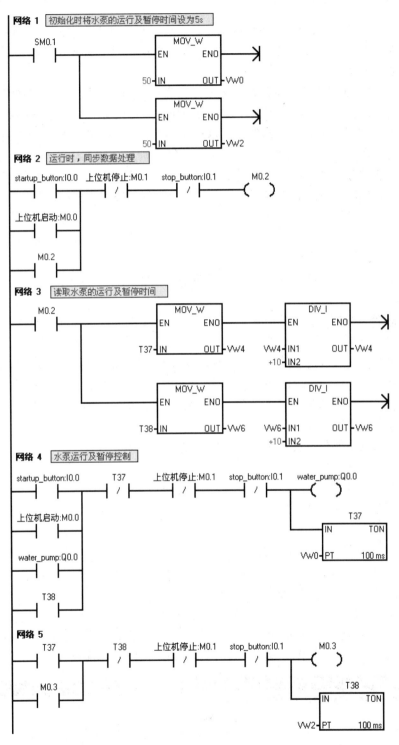

图 2-52　水泵控制 PLC 参考程序

3. MCGS 系统的设备窗口组态

设备窗口是 MCGS 系统的重要组成部分，是连接和驱动外部设备的工作环境。在设备窗口中建立系统与外部硬件设备的连接关系，使系统能够从外部设备读取数据并监控外部设备的工作状态，实现对工业过程的实时监控。

在 MCGS 中，实现设备驱动的基本方法是：在设备窗口内配置不同类型和功能的设备构件，并根据外部设备的类型和特征设置相关的属性，将设备的操作方法如硬件参数配置、数据转换、设备调试等都封装在构件中，以对象的形式与外部设备建立数据的传输通道连接。系统运行过程中，设备构件由设备窗口统一调度管理，通过通道连接，向实时数据库提供从外部设备采集到的数据，从实时数据库查询控制参数，发送给系统其他部分，进行控制运算和流程调度，实现对设备工作状态的实时检测和过程的自动控制。

在 MCGS 单机版中，一个用户工程只允许有一个设备窗口。运行时，由主控窗口负责打开设备窗口，而设备窗口是不可见的，在后台独立运行，负责管理和调度设备构件的运行。

MCGS 提供了一个高级开发向导，自动生成设备驱动程序的框架，给用户的开发工作提供帮助。

MCGS 软件还为用户提供了许多已经编好的设备驱动程序，如通用设备、PLC 设备、采集板卡、智能仪表、智能模块等，MCGS 使用设备构件管理工具进行管理。在设备管理窗口中即可快速找到适合自己的设备驱动程序，而且还可以完成所选设备在 Windows 中的登记和删除登记等工作。MCGS 设备驱动程序的登记、删除登记工作是非常重要的，在初次使用设备或用户自己新加的设备之前，必须完成设备驱动程序的登记工作；否则，可能会出现不可预测的错误。

设备窗口组态主要包括设备构件的选择、设备构件属性设置、设备构件通道连接和设备在线调试 4 个部分。

1) 设备构件的选择

选择添加设备构件的目的是告诉 MCGS 系统通过什么接口设备与按钮、继电器等外部输入输出设备进行沟通。本系统中，所有外部设备都连接在了 S7-200CPU226 型的 PLC 上，PLC 再通过 PC/PPI 电缆与计算机进行通信。

MCGS 系统内部设有"设备工具箱"，工具箱内提供了与常用外部设备相匹配的设备构件。在设备窗口中添加设备构件的操作方法如下。

(1) 打开"工作台"窗口的"设备窗口"选项卡，如图 2-53 所示。

(2) 双击"设备窗口"图标，或选中"设备窗口"后单击窗口右侧的"设备组态"按钮，打开"设备组态"窗口，如图 2-54 所示。目前，窗口内没有任何设备。

图 2-53　"设备窗口"选项卡

图 2-54　"设备组态"窗口

(3) 单击设备窗口工具条上的"工具箱"按钮 🔨，弹出"设备工具箱"对话框，如图 2-55 所示。初次使用，设备工具箱中没有任何设备构件，需要先从设备管理中选择添加到设备工具箱。

(4) 单击设备工具箱中的"设备管理"按钮，打开"设备管理"对话框，可选设备列表如图 2-56 所示。

图 2-55　"设备工具箱"对话框

计算机串行口是计算机和其他设备通信时最常用的一种通信接口，一个串行口可以挂接多个通信设备，为适应计算机串行口的多种操作方式，MCGS 组态软件特采用在串行口通信父设备下挂接多个通信子设备的一种通信设备处理机制，各个子设备继承一些父设备的公有属性，同时又具有自己的私有属性。

在 MCGS 中，凡是使用计算机串行口采集数据的设备(如 PLC、仪表、变频器、智能模块等)都必须挂在父设备下面，统一由父设备来管理通信。

在实际操作时，MCGS 提供一个串口通信父设备构件和多个通信子设备构件，串行口通信父设备构件完成对串行口的基本操作和参数设置，通信子设备构件则为串行口实际挂接设备的驱动程序。

S7-200PLC 的串行口父设备可以用"串口通信父设备"，也可以使用"通用串口父设备"。

这里选择"通用串口父设备"。

(5) 选中"可选设备"列表中的"通用串口父设备"项，单击"增加"按钮；或者直接双击"通用串口父设备"，该设备将被成功地添加到右侧的"选定设备"列表框中。

(6) 展开"可选设备"列表框中的"PLC 设备"，双击"西门子_S7200PPI"图标，该设备也被添加到右侧的"选定设备"列表框中，如图 2-57 所示。单击"确认"按钮退出。

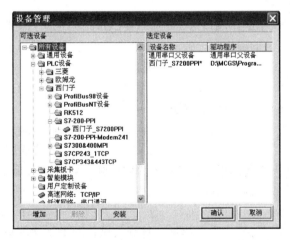

图 2-56　"设备管理"列表框　　图 2-57　选定设备中添加通用串口父设备和西门子_S7200PPI

(7) 在"设备工具箱"中，找到添加成功的"通用串口父设备"和"西门子_S7200PPI"，然后按照先"父设备"后"子设备"的顺序，将其添加到设备组态窗口中，如图 2-58 所示。

2) 设备构件属性设置

设备选择好后，就可对设备进行属性设置，以便设备与 MCGS 系统能实现正常通信。

组态控制技术及应用

属性设置的任务主要有两项，即对"通用串口父设备"的属性设置和"西门子_S7200PPI"的属性设置。

图 2-58　在"设备组态"窗口中添加设备

(1) 通用串口父设备属性设置。

在"设备组态"窗口中，双击"通用串口父设备 0-[通用串口父设备]"，打开"通用串口设备属性编辑"对话框的"基本属性"选项卡，如图 2-59 所示。注意：父设备下的所有子设备的通信参数(波特率、数据位、停止位、校验方式)必须和父设备完全相同。

在"基本属性"选项卡中做以下设置。

① "最小采集周期"设置为 200ms。最小采集周期为系统运行时，MCGS 对设备进行定时操作的时间周期，单位为毫秒(ms)。一般在静态测量时设为 1000ms，在快速测量时可设为 200ms。

② "初始工作状态"设置为"1-启动"。

这里用于设置设备的起始工作状态，设置为 1 时，表示启动该设备，即进入 MCGS 运行环境时，MCGS 自动开始对设备进行操作，即工程数据库开始与外部设备进行实时的数据交换。若设置为停止时，MCGS 不对设备进行操作，即工程数据库停止与外部设备进行实时的数据交换，但可以用 MCGS 的设备操作函数和策略在 MCGS 运行环境中启动或停止设备。

③ "串口端口号"选择"0-COM1"。用于设置需要使用的串口号，必须和通信设备实际所接的串口号一致。本系统中，PLC 与计算机通信使用的是 COM1，所以这里也必须选择 COM1，否则不能正常通信。

④ "通信波特率"选择"6-9600"。因为 PLC 的通信波特率为 9.6kbps，所以要和通讯设备实际支持的通信速率一致。

⑤ "数据位位数"为"1-8 位"。表示设置通信串口的数据位位数为 8 位。

⑥ "停止位位数"为"0-1 位"。表示设置通信串口的停止位位数为 1 位。

⑦ "数据校验方式"为"偶校验"。采用的通信协议是西门子 PPI 协议，此协议数据校验固定为偶校验。

⑧ "数据采集方式"为"同步采集"。当设置为同步采集时，此父设备下的所有子设备以相同的频率采集数据，且各子设备的采集周期自动地设置成父设备的采集周期；当设置为异步采集时，此父设备下的各子设备以各自的频率采集数据，父设备的采集周期不起作用。

设置完成，单击"确认"按钮，回到"设备组态"窗口。

(2) 西门子_S7200PPI 设备的属性设置。

在"设备组态"窗口中，双击"设备 0-[西门子_S7200PPI]"，弹出"设备属性设置"对话框，打开"基本属性"选项卡，具体设置内容如图 2-60 所示。

 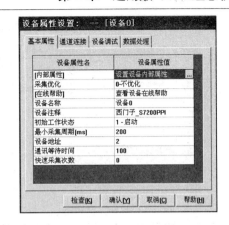

图 2-59　"通用串口设备"的"基本属性"选项卡　　图 2-60　西门子_S7200PPI 的基本属性选项卡

💡 **注意：**　"设备地址"号必须和图 2-50 所示的 PLC 通信窗口中的远程设备地址号相同。

3) 设备构件通道连接

MCGS 设备中一般都包含一个或多个用来读取或者输出数据的物理通道，MCGS 把这样的物理通道称为设备通道。例如，模拟量输入装置的输入通道、模拟量输出装置的输出通道、开关量输入输出装置的输入输出通道等。

设备通道只是数据交换用的通路，而数据输入到哪儿，从哪儿读取数据以供输出(即进行数据交换的对象)，必须由用户指定和配置。

在 MCGS 系统中，实时数据库是 MCGS 的核心，各部分之间的数据交换均需通过该实时数据库。因此，所有的设备通道都必须与实时数据库连接。通道连接也即由用户指定设备通道与数据对象之间的对应关系。这是设备组态的一项重要工作，如不进行通道连接组态，MCGS 则无法对设备进行操作。

(1) 增加 PLC 输入输出通道。

① 增加 Q 寄存器通道。在如图 2-60 所示的西门子_S7200PPI 属性设置选项卡中，单击设备属性值列表中的"设置设备内容属性"，其右侧出现扩展按钮**…**，单击该按钮，打开"西门子_S7200PPI 通道属性设置"对话框，如图 2-61 所示。

该对话框中只列出了 PLC 的部分 I 寄存器通道。例如，I000.0 代表 PLC 的 I0.0，通道类型为"只读"型，表示只能读取 PLC 的 I0.0 寄存器的内容。现在需要增加一些 PLC 的 Q 寄存器通道。在如图 2-61 所示的对话框中，单击"增加通道"按钮，弹出"增加通道"对话框。选择"寄存器类型"为"Q 寄存器"，"数据类型"为"通道的第 00 位"，"寄存器地址"为"0"，"通道数量"为"1"，选择"操作方式"为"读写"型，如图 2-62 所示。

数据类型为"读写"型，表示既可以将 MCGS 中的数据写入 PLC 的 Q0.0 寄存器中去，也可以将 PLC 的 Q0.0 寄存器中的数据读进 MCGS 中。

然后，保留 I000.0 和 I000.1 输入通道，删除多余的输入通道。

② 增加 V 寄存器通道。在"西门子_S7200PPI 通道属性设置"对话框中，单击"增加通道"按钮，打开"增加通道"对话框。选择"寄存器类型"为"V 寄存器"；"数据类型"为"16 位无符号二进制数"；"寄存器地址"为"0"；"通道数量"为"4"；选择"操作方式"为"读写"型，如图 2-63 所示。

组态控制技术及应用

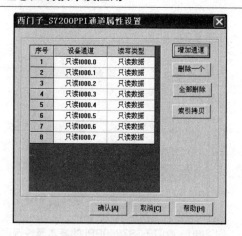

图 2-61   "西门子_S7200PPI 通道属性设置"对话框

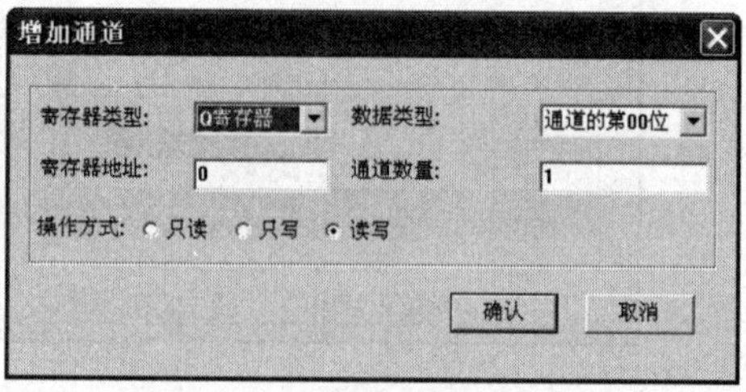

图 2-62   "增加通道"对话框

③ 增加 M 寄存器通道。使用同样的方法，再增加两个"M 寄存器"。"数据类型"为"通道第 00 位"；"寄存器地址"为"0"；"通道数量"为"2"；选择"操作方式"为"读写"型。

设置结束，单击"确认"按钮，回到"西门子_ S7200PPI 通道属性设置"对话框，可以看到增加的 PLC 通道，如图 2-64 所示。

图 2-63   增加 V 寄存器

图 2-64   增加的 PLC 通道

(2) 通道连接。打开"通道连接"选项卡，建立各通道与实时数据库中相关数据对象的连接，如图 2-65 所示。

4) 设备在线调试

当通道连接完成后，就可以进行设备在线调试了。在线调试的目的是检查设备组态设置是否正确、硬件是否处于正常工作状态，确定所有 PLC 的输入信号是否能经过输入通道正确送入 MCGS，MCGS 的信号能否经过输出通道正确送出。具体操作步骤如下。

(1) 接通所有相关设备电源，并将 S7-200PLC 设置为"STOP"模式，或者停止正在运行的程序，以防止

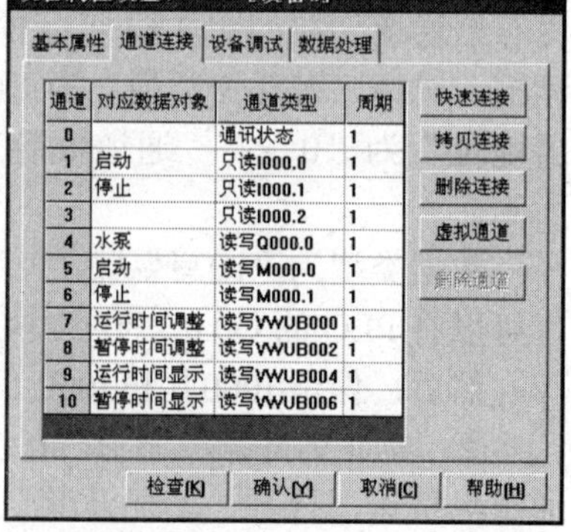

图 2-65   "通道连接"选项卡

PLC 程序的干扰。

(2) 关闭正在运行的西门子 STEP7_Micro/Win32 编程软件；否则，MCGS 系统将无法与 PLC 通信。

(3) 在如图 2-65 所示的"设备属性设置"对话框中，单击"设备调试"标签，打开"设备调试"选项卡。在对话框中会实时反映 PLC 通道参数的状态和数值，如图 2-66 所示。最重要的一点是，当系统通信成功后，窗口最上边的"通信状态"标志应为"0"，任何非"0"的数值均表示连接失败。

(4) 按下水泵控制实训模板上硬件启动按钮 SB1，观察"设备调试"选项卡中"启动"变量对应的"通道值"一格数据是否为"1"，如果是则说明该输入通道连接成功，已经可以实现读取 PLC 的 I0.0 端子的状态，如图 2-67 所示。使用同样的方法，再测试其他输入信号的连接状态是否正常。

图 2-66　"设备调试"选项卡　　　　图 2-67　输入通道连接测试

💡 注意：　对于 PLC 的读写通道，在设备调试时不能向 PLC 进行写操作。

(5) 测试结束，单击"确认"按钮，结束设备在线调试。

4．联机统调

(1) 将前期调试好的 PLC 控制程序下载到 PLC 中，并将 PLC 设置为"RUN"模式。

(2) 关闭正在运行的西门子 STEP7_Micro/Win32 编程软件。

(3) 打开水泵控制组态工程，按下功能键 F5，进入运行环境，观察运行时间和暂停时间的时间显示文本框，其显示的数据均为"0"；"运行时间调整"输入框和"暂停时间调整"输入框中显示的数据均为"50"，如图 2-68 所示。

(4) 按下水泵控制系统硬件启动按钮，水泵启动运行，同时组态环境中的"泵体"填充色为绿色，运行时间按照每秒加 1 的速率开始递增。当到达设定值 5s 时，运行时间清零，同时，水泵停止运行，组态环境中的"泵体"填充色为黄色，而暂停时间按照每秒加 1 的速率开始递增。当到达设定值 5s 时，暂停时间清零，水泵又开始启动运行，如此交替循环。

(5) 按下水泵控制系统硬件停止按钮，水泵停止运行。

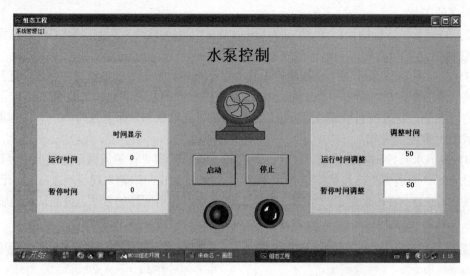

图 2-68   运行环境中读取到的水泵运行时间设定值

(6) 单击上位机组态运行环境中的"启动"按钮，观察水泵是否启动运行，组态环境中的"泵体"颜色是否变化？"运行时间"和"暂停时间"能否正常显示？单击上位机"停止"按钮，水泵是否停止运行？

💡 **注意：** 上位机组态环境中的"启动"和"停止"按钮，每次单击两下。因为只需要一个由"0→1 的上升沿" 触发信号。

(7) 控制水泵处于停止运行状态，在上位机的"运行时间调整"输入框和"暂停时间调整"输入框中，将水泵的运行时间和暂停时间均改为"80"，即 8s，再启动水泵运行，观察运行时间和暂停时间是否各为 8s？

也可尝试在水泵运行时，对暂停时间进行更改；或在水泵暂停时，对运行时间进行更改，且运行和暂停时间长短可以不一致，继续观察运行效果是否达到要求。

联机运行效果如图 2-69 和图 2-70 所示。

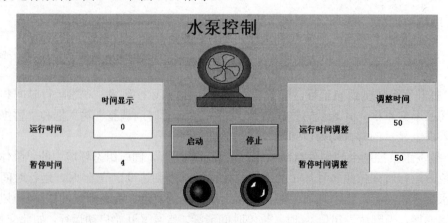

图 2-69   时间为 5s 的运行效果(暂停状态)

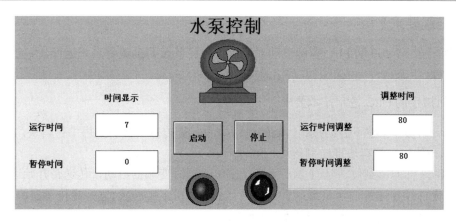

图 2-70　时间为 8s 的运行效果(运行状态)

思路拓展：在设备组态过程中，为了能够显示水泵运行和暂停的"秒数"，在 PLC 程序里做了数据处理。请读者想一想，能否将这个数据处理的工作交给 MCGS 软件去完成？如果可以，组态工程中应如何修改？

温馨提示

归纳总结是学习的一个重要环节，它是对知识进行梳理、整合的过程，有助于把零碎的内容整理有序。可以加深理解，查漏补缺，使读者的学习更有效率和条理。读者通过对水泵运行组态监控工程的学习，掌握了哪些细节？对组态软件的使用和组态工程的设计制作过程了解多少？哪些地方清楚了？哪些地方还不明白？通过归纳总结就可以一目了然。归纳总结还有助于提高观察、判断能力以及对知识的组织能力和语言表达能力。

这么多好处，我们何乐而不为？！

行动起来吧！参考模块前的新知识点提示，请读者归纳总结每个新知识点下的细节。顺便再做一做模块后的思考题，检测你对知识点的掌握情况。

2.2　分拣单元的搬运机械手组态监控系统

【工程目标】

(1) 掌握 MCGS 组建工程的一般步骤。

(2) 掌握组态界面设计，新图符的编辑、构成与分解；图符、按钮的组态。

(3) 掌握运行策略选择及应用；完成分拣单元搬运机械手控制系统组态演示工程的设计制作。

(4) 掌握 PLC 硬件设备的连接与调试运行；MCGS 的设备窗口组态，实现 PLC 控制系统和 MCGS 组态工程的联机调试，完成搬运机械手监控工程设计制作。

【工程要求】

用西门子 S7-200 的 PLC 控制自动线上货物分拣单元的机械手系统运行，并能使用上位机的 MCGS 组态软件完成机械手系统的实时监控。

1. 机械手的 PLC 控制技术要求

(1) 启动操作。按下启动按钮，若储料塔中的有货传感器检测到塔中有料块，则推料气缸的活塞杆伸出，将料块推送到传送带上。

(2) 活塞杆伸出到位，延时 2s，活塞杆复位。同时变频器启动，传送带开始运行。

(3) 货物经传送带送至机械手的下方，当机械手下方的货到位检测传感器检测到料块时，变频器停止运行，同时机械手启动(下降)。

(4) 机械手启动后的连续工作流程如图 2-71 所示。

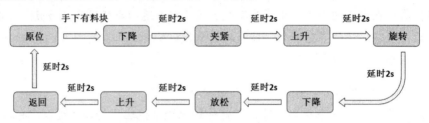

图 2-71　机械手动作流程图

(5) 机械手返回到原位后，再延时 2s 后，若塔中有料块，再次启动送料柱，开始新的一个周期的工作。

(6) 停止操作。按下停止按钮，待整个操作周期动作结束后，回到初始状态(即机械手系统在一个连续工作过程结束后回到原位)。

2. 机械手的 MCGS 组态监控工程技术要求

(1) 可通过上位机组态工程中的启动和停止按钮，实现机械手系统硬件设备的运行和停止控制。

(2) 通过上位机组态工程，实现对机械手系统设备运行的实时监控。

【工程制作】

2.2.1　工程系统分析

控制系统要求用一台 PLC 控制机械手的运行，通过 MCGS 组态软件完成实时监控。

1. 系统的硬件组成

系统主要硬件设备包括天津源峰科技的 TVT-2000G 训练装置，西门子 S7-200CPU226 PLC 一台、PC 机一台、PC/PPI 电缆一根、气源装置和气动元件等，如图 2-72 所示。

1) 硬件输入设备

(1) 按钮。硬件启动按钮和停止按钮各一个，接线方式采用二线式，一根为信号线，另一根为公共端。公共端接电源负极。

(2) 传感器。传感器有 3 个，即有货检测传感器、货到位检测传感器和推到位检测传感器。其中，前两个为光电式接近开关；后者为磁性开关，安装在推料气缸上，用于检测推料气缸活塞杆的位置。这些传感器均采用三线式接线方式，其中两根电源线分别接 24V 直流电源的正、负极端子，信号线与 PLC 的输入端子相连。

图 2-72　货物分拣系统

2) 硬件输出设备

(1) 气缸及电磁换向阀。气动单元中的气缸包括推料气缸、机械手升/降气缸、夹紧/放松气缸、旋转/返回气缸等，这些气缸均采用韩国三和的二位五通单电控电磁换向阀进行控制。单电控电磁阀只有一个控制线圈，当电磁阀线圈通电触发后，气缸运行到工作点；当电磁阀线圈断电时，靠复位弹簧作用使气缸返回到原始位置。所以，单电控阀线圈控制信号必须保持到动作结束，而不能是短脉冲信号。在接线方式上，采用二线式接线，即一端为控制信号、一端为公共端。公共端与电源负极相连，控制端则与 PLC 的输出端子相连。

(2) 机械手。气动机械手由升降机构、夹紧机构、旋转机构和安装支架等部件组成。其中，机械手的上升/下降、夹紧/放松、旋转/返回等动作由相应的气缸动作驱动。气动机械手用于实现料块的搬运。

(3) 变频器及输送线设备。其包括松下 VF0 系列 BFV00042GK 变频器、单相交流异步电机、传送带机构等。使用变频器控制电动机的转速及运行，从而控制传送带的运行。但需要注意：设置变频器参数 P08=3 或 P08=5。

3) 控制与监控设备

控制器使用的是西门子 S7-200CPU226 型 PLC 以及 PC/PPI 通信电缆，监控设备主要是安装有 MCGS 组态软件的计算机。机械手控制系统的输入输出设备名称及功能详见表 2-4。

表 2-4　输入输出设备

输入设备		输出设备	
名　称	备　注	名　称	备　注
启动按钮	控制机械手系统启动运行	变频器	控制单相交流电动机及传送带运行
停止按钮	控制机械手停止运行	机械手上升/下降气缸	控制机械手上移/下移
有货检测传感器	检测储料塔中是否有料块	机械手夹紧/放松气缸	控制机械手夹紧/放松
推到位检测传感器	检测推料气缸活塞杆的位置	机械手旋转/返回气缸	控制机械手旋转/返回
货到位检测传感器	检测料块是否到达机械手下方	推料气缸	推料气缸活塞杆伸出/缩回

2．初步确定组态监控工程的框架

(1) 需要一个用户窗口、一个设备窗口及实时数据库。

(2) 需要一个循环策略。

(3) 循环策略中使用定时器构件和脚本程序构件。

3．工程设计思路

工程制作→模拟运行→PLC 系统设计→MCGS 设备组态→工程改进→联机调试→监控
工程完善

2.2.2 新建工程

在已安装有"MCGS 通用版组态软件"的计算机桌面上，双击 "MCGS 组态环境"的
快捷图标，进入 MCGS 通用版的组态环境界面。

选择"文件"→"新建工程"菜单命令，创建一个新工程。再单击"文件"→"工程
另存为"菜单命令，对工程进行保存，更改工程文件名为"机械手监控系统"，保存路径
为"D:\MCGS\WORK\机械手监控系统"，如图 2-73 所示。

图 2-73 新建"机械手监控系统"组态工程

2.2.3 定义数据对象

1．系统数据对象的初步确定

通过分析机械手监控系统的控制要求，初步确定系统所需数据对象，如表 2-5 所示。

表 2-5　机械手监控系统数据对象

序　号	数据对象	类　型	初　值	注　释
1	启动	开关型	0	机械手系统启动运行控制信号。1 有效，0 无效
2	复位	开关型	0	机械手系统停止运行控制信号。1 有效，0 无效
3	下移	开关型	0	控制机械手下移。1 有效
4	上移	开关型	0	控制机械手上移。1 有效
5	夹紧	开关型	0	控制机械手夹紧。1 有效
6	放松	开关型	0	控制机械手放松。1 有效

续表

序 号	数据对象	类 型	初 值	注 释
7	旋转	开关型	0	控制机械手旋转。1 有效
8	返回	开关型	0	控制机械手返回。1 有效
9	有货	开关型	0	检测储料塔中是否有料块。1 表示有，0 表示没有
10	推到位	开关型	0	检测推料气缸的活塞杆是否伸出到位。1 伸出到位，0 未到位
11	货到位	开关型	0	检测料块是否到达机械手下方。1 到达，0 未到达
12	变频器启动	开关型	0	控制变频器的启动运行和停止。1 启动，0 停止
13	推料气缸	开关型	0	控制推料气缸的活塞杆的伸出和缩回。1 伸出，0 缩回

2. 实时数据库中添加数据对象

(1) 实时数据库中添加数据对象。打开"工作台"的"实时数据库"选项卡。单击"新增对象"按钮，在数据对象列表中，增加新的数据变量，如图 2-74 所示。

(2) 数据对象的属性设置。

① 选中实时数据库中的新增数据对象"Data1"，单击"对象属性"按钮，或直接双击"Data1"，打开"数据对象属性设置"对话框。将"对象名称"更改为"启动"；"对象初值"设为"0"；"对象类型"选为"开关"型；在"对象内容注释"文本框中输入"控制机械手启动，1 有效"，单击"确认"按钮，如图 2-75 所示。

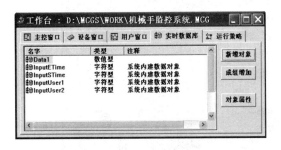

图 2-74　新增数据对象

图 2-75　"数据对象属性设置"对话框

② 按照上述方法，将机械手监控系统数据对象(表 2-5)中列出的所有变量，添加到实时数据库中。并按照表中所给的对象名称、数据对象类型、对象初值等对每个数据对象进行属性设置。定义好的实时数据库如图 2-76 所示。

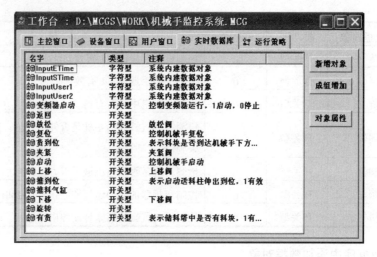

图 2-76　实时数据库中初步定义的数据对象

2.2.4　制作组态工程画面

机械手监控系统参考画面如图 2-77 所示，画面中包含变频器单元、储料塔单元和机械手单元。

变频器单元：一台变频器，一个传送带，传送带末端安装有一个货到位检测传感器。

储料塔单元：一个装有料块的储料塔，储料塔工作台，工作台下方安装有货检测传感器，一个推料气缸，以及推料气缸上方安装的推到位检测传感器。

机械手单元：机械手，6 盏机械手运行状态指示灯。

同时画面中还设计了一个启动按钮，一个复位按钮，分别控制机械手监控系统的启动和复位；启动、复位指示灯；一个时钟，用于显示当前运行时间。

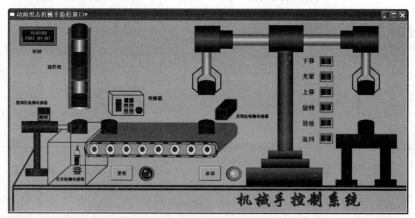

图 2-77　机械手监控系统参考组态画面

1. 用户窗口的建立

(1) 新建用户窗口。打开 MCGS 组态环境工作台的 "用户窗口"选项卡，单击"新建窗口"按钮，新建一个名为"窗口 0"的用户窗口。

(2) 窗口属性设置。选中"窗口 0"图标，单击"窗口属性"按钮，弹出"用户窗口属性设置"对话框。在"基本属性"选项卡中，将"窗口名称"改为"机械手监控窗口"；"窗口位置"选中"最大化显示"单选按钮，其他属性设置不变，如图 2-78 所示。单击"确认"按钮，返回到"用户窗口"选项卡中，"窗口 0"图标已变为"机械手监控窗口"，如图 2-79 所示。

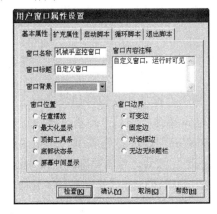

图 2-78　新建用户窗口属性设置

图 2-79　设置后的用户窗口图标

(3) 设置为启动窗口。在"用户窗口"选项卡中，选中"机械手监控窗口"图标并右击，在弹出的快捷菜单中选择"设置为启动窗口"命令，将该窗口设置为启动窗口。当进入 MCGS 运行环境时，系统将自动加载该窗口。

2. 组态工程画面的编辑

MCGS 为用户提供了基本绘图工具以及丰富的图形对象元件库，利用这些可以制作出复杂的、常用的元件图符，实现组态画面的设计与编辑。

1) 制作文字标签

(1) 在工作台的"用户窗口"选项卡中，双击"机械手监控窗口"图标，打开"动画组态机械手监控窗口"，如图 2-80 所示。

(2) 单击工具条中的"工具箱"按钮，打开绘图工具箱。单击"工具箱"中的"标签"按钮，在窗口中出现"＋"光标，将光标移动至合适位置，按住鼠标左键并拖动出现一定大小的矩形，松开鼠标。一个文本框绘制完成。

(3) 在文本框内光标闪烁位置，输入文字"机械手控制系统"，按下键盘上的 Enter 键，即完成文字输入。添加了文字的文本框可以称为"文字标签"。

(4) 依次单击工具条中的"字符色"按钮 ，"字符字体"按钮 和"对齐"按钮 ，将文本框中文字的颜色设置为"绿色"；字体选择"华文行楷"、"粗体"；字号选择"初号"；文字居中。单击工具条中的"线色"按钮 ，设置文本框为"无边线颜色"。编辑结果如图 2-81 所示。

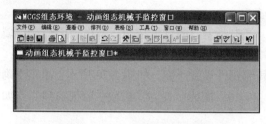

图 2-80　组态工程画面编辑环境

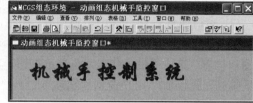

图 2-81　文本框文字编辑效果

2) 按钮和指示灯的绘制与编辑

(1) 启动按钮的绘制与编辑。使用工具箱中的"标准按钮"工具，在窗口中画一个大小合适的按钮图符。

(2) 设置启动按钮的基本属性。双击该按钮图符，弹出"标准按钮构件属性设置"对话框，如图 2-82 所示。单击"基本属性"标签，打开"基本属性"选项卡，将"按钮标题"文本框的内容更改为"启动"；"对齐方式"选择"中对齐"；"按钮类型"选中"标准3D 按钮"单选按钮；并根据个人喜好对字体及字体颜色进行设置，单击"确认"按钮退出。

(3) 用同样的方法绘制停止按钮。或者对已画好的启动按钮进行"复制"→"粘贴"，然后将"基本属性"选项卡中的"按钮标题"更改为"停止"。再将它移动到窗口合适的位置。单击工具条中的"保存"按钮，对设置结果进行保存。

(4) 指示灯的绘制与编辑。系统的动画组态窗口需要一个"启动状态"指示灯和一个"停止状态"指示灯。可利用对象元件库提供的"图形对象"完成指示灯画面的编辑。

单击绘图工具箱中的"插入元件"按钮，打开"对象元件库管理"对话框，在"对象元件列表"中双击"指示灯"选项，在右边列表框中选择"指示灯 3"和"指示灯 14"到动画组态窗口中。将两个指示灯分别摆放到两个按钮的右侧，如图 2-83 所示。保存设置。

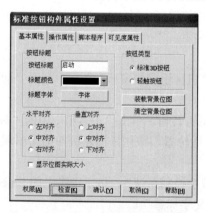

图 2-82　"标准按钮构件属性设置"对话框

图 2-83　指示灯的绘制

3) 传送带的绘制与编辑

使用"对象元件库"中提供的"图形对象"完成传送带画面的编辑。

(1) 单击绘图工具箱中的"插入元件"工具，弹出"对象元件库管理"对话框。

(2) 在"对象元件列表"中双击"传送带"选项，在右侧列表框中选择"传输带 5"到动画组态窗口中，调整位置和大小至满意效果，如图 2-84 所示。

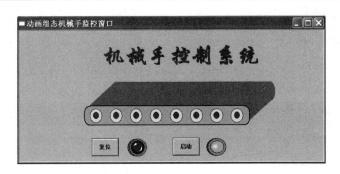

图 2-84　传送带的绘制

(3) 为了能形象地看到传送带的运行，还可以对传送带进行"装饰"。

① 单击绘图工具箱中的"流动块"工具 ![ ]，画一条与传送带长度相同的流动块图符，如图 2-85 所示。

② 双击流动块图符，打开"基本属性"选项卡进行属性设置。"管道外观"选择为"3D"；"管道宽度"设置为"8"；"填充颜色"为"绿色"；"边线颜色"为"黑色"；"流动块颜色"为"黄色"；"流动块长度"为"6"；"流动块宽度"为"3"；"流动块间隔"为"4"；"流动方向"选中"从左[上]到右[下]"单选按钮；"流动速度"选中"中"单选按钮，如图 2-86 所示。

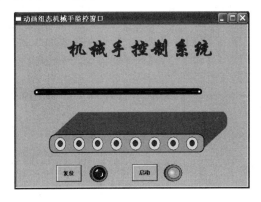

图 2-85　绘制流动块

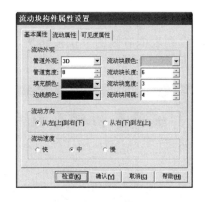

图 2-86　流动块的属性设置

③ 采用"复制"→"粘贴"的方法，再画一条相同的流动块。将两条流动块摆放到传送带的上下两条边线的内侧，如图 2-87 所示，并将摆放在传送带下边线的流动块"基本属性"选项卡中的"流动方向"更改为"从右[下]到左[上]"。

④ 使用同样的方法，绘制沿着传送带两个"弧形边线"摆放的流动块，并将其摆放好位置。属性设置与图 2-86 所示的基本相同，仅对"流动方向"进行更改，即：传送带左"弧形边线"处摆放的流动块的流动方向为"从下到上"；右"弧形边线"处摆放的流动块的流动方向为"从上到下"。

传送带绘制好的效果如图 2-88 所示。单击工具条中的"保存"按钮，保存设置。

按下键盘上的功能键 F5，进入 MCGS 运行环境，观察流动块，是否沿"顺时针"方向流动，如果不是则退出运行环境，重新回到组态环境中进行编辑、修改，直到正确为止。

组态控制技术及应用

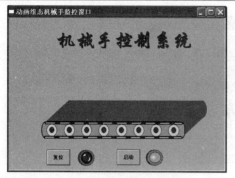 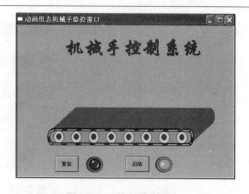

图 2-87　"流动块"的摆放　　　　图 2-88　传送带效果

4) 料块的绘制与编辑

MCGS 的"对象元件库"中没有料块图符，可以借助绘图工具箱的"椭圆"工具和"矩形"工具进行编辑制作。

(1) 先使用绘图工具箱的"矩形"工具 ▭，在窗口中画一个大小适中的矩形；再使用"椭圆"工具 ⬭，画一个与矩形宽度相同的椭圆。将椭圆图符调整位置并叠放到矩形图符的上方，如图 2-89 所示。

(2) 为了使料块看起来更立体、更美观，可以对叠放好的图符采用填充颜色的方法进行装饰。

① 双击矩形图符，在弹出的"动画组态属性设置"对话框中，单击"静态属性"的"填充颜色"列表框右侧的下拉按钮▼，在弹出的下拉列表框中选择"填充效果"选项，如图 2-90 所示。

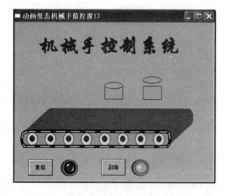 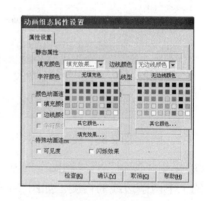

图 2-89　绘制料块　　　　图 2-90　料块属性设置

② 在弹出的"填充效果"对话框中，"颜色"选择"单色"；"颜色 1"选择"深蓝"；"底纹样式"选择"纵向"；"变形"选择"亮度居中"，如图 2-91 所示。单击"确认"按钮，返回到"动画组态属性设置"对话框。

③ 在"动画组态属性设置"对话框中，再将填充好颜色的矩形图符设置为"无边线"，如图 2-90 所示。

④ 按照上述方法，对组成料块的椭圆图符的颜色和边线进行设置。注意："填充效果"对话框中的"底纹样式"选择"横向"；"变形"选择"上深下浅"。具体设置如图 2-92 所示。

 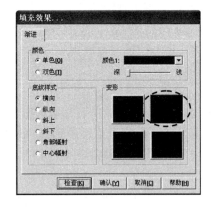

图 2-91　组成料块的矩形图符填充效果设置　　图 2-92　组成料块的椭圆图符填充效果设置

(3) 同时选中编辑好的椭圆图符和矩形图符并右击，弹出快捷菜单，将光标移动至"排列"子菜单，在弹出的子菜单中，选择"构成图符"命令，如图 2-93 所示。这样，一个完整的料块图符就编辑完成了。单击工具条中的"保存"按钮，保存设置。

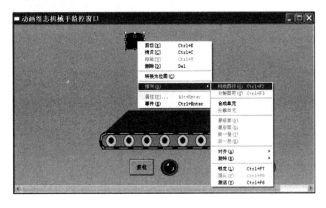

图 2-93　组合"图符"操作

(4) 对编辑好的料块图符，按照"复制"→"粘贴"→"分解图符"→"更改填充效果中的颜色"→"重新组合构成图符"的步骤，就可以编辑出大小相同、颜色不同的黄色料块和绿色料块。

单击工具条中的"保存"按钮，保存设置。

5) 储料塔的绘制与编辑

(1) 储料塔的绘制与编辑。使用绘图工具箱的"插入元件"工具，从对象元件库中选择"管道 95"图符到动画组态窗口中，并调整合适的大小和位置，即为储料塔。选中储料塔图符并右击，光标移至快捷菜单的"排列"子菜单，在弹出的子菜单中选择"最后面"命令。然后将编辑好的料块按照"从下到上"的顺序叠放到储料塔中。注意叠放的前后顺序。装有料块的储料塔编辑完成，效果如图 2-94 所示。

使用工具箱中的"标签"工具，添加一个文本框，输入文字"储料塔"，调整字体大小至满意效果。

(2) 储料塔底座的绘制与编辑。底座位于储料塔的正下方，且在底座的上表面开有一椭圆形的小孔。

组态控制技术及应用

① 单击绘图工具箱的"常用符号"按钮，打开常用符号工具箱，单击"立方体"按钮，在窗口中画一个大小适中的立方体。再使用绘图工具箱中的"椭圆"工具，画一个椭圆，将椭圆图符调整位置并叠放到立方体的上表面上。

② 同时选中两个图符，单击动画组态窗口"排列"菜单中的"构成图符"命令进行组合。

③ 选中编辑好的储料塔底座图符并右击，弹出快捷菜单，光标移至快捷菜单的"排列"子菜单上，在弹出的子菜单中选择"最后面"命令，可将其叠放层次设置为最底层。

④ 移动该图符到储料塔的正下方。单击工具条中"保存"按钮，保存设置。

6) 推料气缸的绘制与编辑

(1) 推料气缸的机械支撑部分和气缸的绘制方法，与料块的绘制方法相似，通过"画矩形"→"填充颜色"的方式即可实现。在组成推料气缸的各个图符的"填充效果"对话框中，"颜色1"选择"棕色"；"变形"选择"亮度居中"。但是底纹样式有区别，如图2-95和图2-96所示。

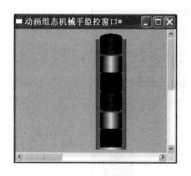

图2-94　装有料块的储料塔效果

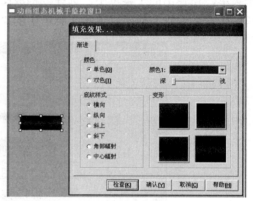

图2-95　推料气缸图符填充效果

(2) 推料气缸的活塞杆部分，可以使用对象元件库中的"管道95"图符表示。将"管道95"图符添加到窗口中，并调整至合适的大小。

(3) 推料气缸的活塞杆顶端的"撞块"，采用"画矩形"→"填充颜色"的方法绘制。

(4) 将编辑好的推料气缸的各部分图符调整好位置，即可组成一个推料气缸，如图2-97所示。注意：不能对各部分图符使用"构成图符"命令进行组合。

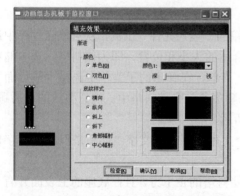

图2-96　推料气缸机械支撑部分填充色效果

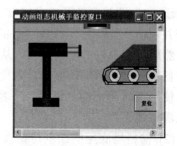

图2-97　"推料气缸"效果

7)　变频器的绘制与编辑

(1) 变频器外形的绘制与编辑。先使用常用符号工具箱中的"立方体"工具，在窗口中画一个立方体，调整大小和外形至满意效果。再使用画"矩形"→"填充颜色"的方法，在立方体正面装饰一个"显示窗口"和 6 个"按键"。然后选中这些图符，单击"动画组态窗口"的"排列"菜单中的"构成图符"命令进行组合。

(2) 变频器状态指示灯的绘制与编辑。变频器上有一个运行状态指示灯，用来显示其工作状态。可以使用对象元件库中的"指示灯"图符表示，也可以自行编辑新的指示灯图符。下面介绍自行编辑制作指示灯图符的方法。

① 使用绘图工具箱中"椭圆"工具，画一个大小适中的圆形。双击图符打开"属性设置"选项卡，先调整边线线型，然后在静态属性的填充颜色下拉列表框中单击"填充效果"选项，打开"填充效果"对话框，做以下设置："颜色"选择"单色"；"颜色 1"选择"白色"，且选择"深浅居中"；"底纹样式"选择"中心辐射"；"变形"选择"外深中浅"，单击"确认"按钮退出，重新回到"属性设置"选项卡。

② 在"属性设置"选项卡中，选择特殊动画连接中的"可见度"选项，选项卡中出现"可见度"标签，如图 2-98 所示。单击"可见度"标签，打开"可见度"选项卡，在表达式"文本框中输入文字"@开关量"，如图 2-99 所示。单击"确认"按钮退出。一个白色灯体图符编辑完成了。

因为要使用指示灯的不同颜色分别表示变频器的运行和停止工作状态，所以还需要编辑一个大小相同、颜色不同的灯体图符。

③ 对白色灯体图符，使用"复制"→"粘贴"→"修改填充效果"的方法，可编辑一个新的灯体。注意：将新编辑的灯体的"填充效果"对话框中的"颜色 1"更改为"绿色"，并调整颜色为"最深"。这样新编辑的灯体为绿色。

图 2-98　对图符添加"可见度"属性

图 2-99　"可见度"选项卡设置

④ 同时选中两个编辑好的灯体图符，单击绘图编辑条中的"中心对齐"按钮，使其完全重合叠放到一起。注意：叠放层次是绿色灯体在上，白色灯体在下。

⑤ 再次同时选中两个图符，单击动画组态窗口中的"排列"菜单中的"合成单元"命令进行组合。指示灯组合图符就编辑完成了。编辑制作好的指示灯组合图符还可添加到对象元件库中，在后续的组态工程制作过程中直接使用。

注意: 在动画组态窗口中的"排列"菜单中,"构成图符"与"合成单元"、"分解图符"与"分解单元"有着本质的不同。"图符"的构成与分解是针对无属性的图元而言的,而"单元"的合成与分解是对具有一定属性的图元而实施的。一个带有属性的图元经过"构成图符"的组合后,其原有的属性便会消失;若是经过"合成单元"的组合后,其原有的属性则保持不变。

(3) 将编辑好的指示灯摆放到变频器的右下角合适位置,同时选中两个图符,单击窗口的"排列"菜单中的"合成单元"命令进行组合。变频器编辑完成。

(4) 制作一个内容为"变频器"的文字标签。放到变频器图符右侧。单击"保存"按钮,保存结果。

8) 传感器的绘制与编辑

(1) 推到位检测传感器的绘制与编辑。

① 先采用 "画矩形"→"填充黑色"的方法绘制出传感器外形,再从对象元件库中选择"指示灯 18"图符到窗口中,调整大小,并将"指示灯 18"图符叠放到传感器上面合适位置。同时选中两个图符,选择窗口"排列"菜单中的"合成单元"命令进行组合,然后将编辑好的"推到位检测传感器"移动到"推料气缸"的上方。

② 制作一个内容为"推到位检测传感器"的文字标签。

(2) 货到位检测传感器的绘制与编辑。

① 使用常用符号工具箱中的"立方体"工具,画一个大小适中的传感器外形,在其"属性设置"选项卡中,设置"静态属性"的"填充颜色"为"黑色";"边线颜色"为"深绿色"。

② 按照"变频器状态指示灯"的编辑绘制方法,为货到位检测传感器编辑绘制一个状态指示灯,或者使用对象元件库中的指示灯。

③ 选中画好的指示灯,选择窗口"排列"菜单中的"最前面"命令,设置其排列层次。再将它叠放到货到位检测传感器上,同时选中两个图符,使用"排列"菜单中的"合成单元"命令进行组合。将编辑好的货到位检测传感器摆放到传送带的右侧。

④ 制作一个内容为"货到位检测传感器"的文字标签。

(3) 有货检测传感器的绘制与编辑。

① 从对象元件库中选择"传感器 17"图符到动画组态窗口,单击绘图编辑条中的"旋转"按钮对图符进行 180° 旋转,并调整大小。

② 使用"变频器状态指示灯"的编辑绘制方法,为传感器编辑绘制一个状态指示灯,然后将编辑好的状态指示灯叠放到"传感器 17"图符的中间部位,同时选中两个图符,选择"排列"菜单中的"合成单元"命令进行组合。

③ 选中编辑好的有货检测传感器图符,使用"排列"菜单中的"最前面"命令,设置其排列层次,并将它移动到储料塔底座的下边。

④ 制作一个内容为"有货检测传感器"的标签。

绘制好的传感器效果如图 2-100 所示。

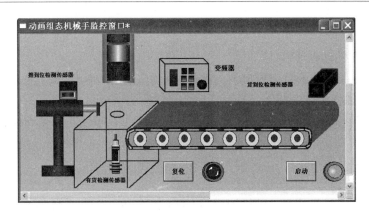

图 2-100　编辑好的部分图符

9) 机械手的编辑绘制

(1) 机械手的底座、立柱、关节的绘制方法与推料气缸的绘制方法相似，都是按照"画矩形"→"填充效果"设置→"摆放"的步骤进行。注意：关节是一个组合图符，它是将两个填充好颜色的矩形通过使用"排列"菜单中的"构成图符"命令组合而成的。

(2) 机械手的"水平臂"和"垂直臂"使用的是对象元件库中的"管道 95"图符或"管道 96"图符。

(3) "机械手"是使用绘图工具箱中"直线"工具绘制编辑而成的。注意：在对线条进行组合时，同样要使用"排列"菜单中的"构成图符"命令进行。

10) 运行状态指示灯的编辑绘制

(1) 机械手的 6 盏运行状态指示灯，使用的是对象元件库中的"指示灯 18"图符。将指示灯调整为大小相同，并纵向排列整齐。

(2) 制作 6 个文字标签，内容分别为"下移"、"上移"、"夹紧"、"放松"、"旋转"和"返回"。调整各标签的大小使之相同，并纵向排列整齐，放到 6 盏指示灯的旁边。编辑完成后保存设置。

💡 注意：　画面中机械手部分的水平臂、关节、垂直臂和机械手都是两套，且左右对称，两套机械手部件尺寸和大小也完全相同。这样设置主要是为了解决机械手的旋转问题。

11) 完善组态画面

(1) 添加工作台。在机械手立柱右侧，使用"画矩形"→"填充颜色"→"构成图符"的方法，可完成工作台的编辑。注意：工作台的高度应当和传送带表面的高度一致。

(2) 添加料块。对储料塔中的任意一个料块采用"复制"→"粘贴"→"摆放"的步骤，可在储料塔底座上、传送带左右两侧、机械手上、工作台上各摆放一料块。

编辑完成的组态画面如图 2-77 所示。画面编辑好后，可以通过使用绘图编辑条中的"锁定"工具🔒，将图符的相对位置固定。

2.2.5　动画连接

组态画面编辑完成，下面的任务是让画面中的图符"动"起来。

1. 按钮动画连接

(1) 启动按钮的动画连接。

① 在机械手监控动画组态窗口中，双击"启动"按钮，弹出"标准按钮构件属性设置"对话框，单击"操作属性"标签，打开"操作属性"选项卡。

② 在该选项卡中，选中"数据对象值操作"复选框，单击下拉列表框的下拉按钮▼，选择"取反"选项。

③ 单击文本框的"？"按钮，在打开的实时数据库中选择"启动"变量，单击"确认"按钮退出，启动按钮的动画连接完成。

(2) 复位按钮的动画连接。使用同样的方法，在复位按钮的"操作属性"选项卡中，选中"数据对象值操作"复选框，下拉列表框中选择"取反"；文本框中选择"复位"变量，单击 "确认"按钮退出。

现在，画面中的启动按钮和复位按钮分别关联了实时数据库中的"启动"变量和"复位"变量。

2. 运行状态指示灯的动画连接

(1) 启动运行指示灯的动画连接。

① 双击启动按钮右侧的指示灯，打开"单元属性设置"对话框的"动画连接"选项卡，如图2-101所示。

② 单击第一个图元名"组合图符"，其右侧出现"？"和"＞"按钮。单击"＞"按钮，打开"可见度"选项卡，单击表达式文本框右侧的"？"按钮，弹出"实时数据库"对话框，选择"启动"变量。当表达式非零时选中"对应图符不可见"单选按钮，如图2-102所示。单击"确认"按钮退出，并返回到"动画连接"选项卡。

③ 单击第二个图元名"组合图符"，进行可见度属性设置。在该图符的"可见度"选项卡中，"表达式"仍为"启动"变量；但是，当表达式非零时选中"对应图符可见"单选按钮。

设置好的"动画连接"选项卡如图2-103所示。单击"确认"按钮退出。

(2) 复位指示灯的动画连接。组态画面中的复位指示灯也是一个组合图符构件，它的动画连接方法与启动指示灯的动画连接方法基本相似。不同之处在于，该组合图符"可见度"选项卡中，表达式为"复位"。且第一个"组合图符"的"可见度"选项卡中，当"表达式"非零时选中"对应图符可见"单选按钮；第二个"组合图符"的"可见度"选项卡，当"表达式"非零时选中"对应图符不可见"单选按钮。设置好的"动画连接"选项卡如图2-104所示。

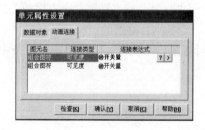

图2-101　启动指示灯"动画连接"选项卡

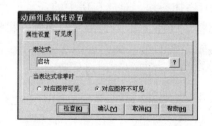

图2-102　　"可见度"选项卡设置

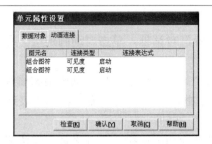

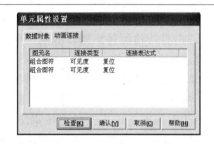

图 2-103　启动指示灯动画连接结果　　　图 2-104　复位指示灯动画连接结果

(3) 机械手工作状态指示灯的动画连接。

① 双击"下移"文字标签右侧的指示灯图符，弹出"单元属性设置"对话框。打开"动画连接"选项卡，如图 2-105 所示。

② 单击选项卡中的"图元名"为"竖管道"，其右侧出现"？"和"＞"按钮。单击"＞"按钮，打开"可见度"选项卡，单击"表达式"文本框右侧的"？"按钮，选择"下移"变量；当"表达式"非零时选中"对应图符可见"单选按钮，如图 2-106 所示。

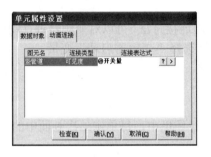

图 2-105　"下移"指示灯可见度设置　　　图 2-106　"下移"指示灯可见度设置

这样设置，使得下移状态指示灯的状态随着"下移"变量值的变化而改变。

③ 按照下移状态指示灯的动画连接步骤，依次对"夹紧"、"上移"、"旋转"、"放松"、"返回"等状态指示灯的属性做相似的设置。不同之处，其各自的"可见度"选项卡中的表达式依次为"夹紧"、"上移"、"旋转"、"放松"、"返回"。设置结束，单击窗口的"保存"按钮，保存结果。

3．传送带的动画连接

在机械手控制系统中，通过变频器控制三相交流异步电动机，实现传送带的运行。而在组态画面中，为了能形象地看到传送带的运行，在前期的画面编辑时设置了"流动块"，现在只需对"流动块"进行动画连接。

(1) 双击其中一个流动块图符，弹出"流动块构件属性设置"对话框，单击"流动属性"标签，打开"流动属性"选项卡。单击"表达式"文本框右侧的"？"按钮，在实时数据库中选择"变频器启动"变量；当"表达式"非零时选择"流动块开始流动"。

(2) 使用相同的方法，对其他 3 个"流动块"进行动画连接。

4．传感器和变频器的动画连接

在前期的画面编辑过程中，在传感器和变频器的图符中添加了"指示灯"，想通过指示灯状态的变化反映传感器和变频器状态的变化。

(1) 传感器动画连接。

① 双击有货检测传感器，弹出"单元属性设置"对话框，单击"动画连接"标签，打开"动画连接"选项卡。

② 单击图元名称"竖管道"，再单击出现的"＞"按钮，弹出"动画组态属性设置"对话框，打开"可见度"选项卡，"表达式"文本框选择"有货"变量；当"表达式"非零时选中"对应图符可见"单选按钮，单击"确认"按钮。

③ 使用相同的方法，再对推到位检测传感器进行动画连接，不同之处，该传感器关联的数据对象为"推到位"。

④ 双击货到位检测传感器，弹出"单元属性设置"对话框，打开"动画连接"选项卡。

⑤ 单击第一个图元名"椭圆"，再单击出现的"＞"按钮，打开"可见度"选项卡，"表达式"文本框选择"货到位"变量；当"表达式"非零时选中"对应图符不可见"单选按钮。单击"确认"按钮，返回"动画连接"选项卡。

⑥ 单击第二个图元名"椭圆"，打开其"可见度"选项卡，"表达式"文本框选择"货到位"变量；当"表达式"非零时选中"对应图符可见"单选按钮。单击"确认"按钮退出。保存设置。

(2) 变频器动画连接。按照货到位传感器的动画连接方法，可以对变频器进行动画连接。注意：该图符"可见度"选项卡中的表达式文本框选择"变频器启动"变量。

单击窗口工具条中的"保存"按钮，保存设置。

5. 动画连接效果检查

按下键盘上的功能键 F5，系统进入 MCGS 运行环境中，每单击一次画面中的"启动"按钮，启动指示灯的颜色就会变化一次。

(1) 观察启动指示灯的颜色，初始状态为红色，因为"启动"变量的初值为 0。

(2) 单击画面中的"启动"按钮，启动指示灯显示绿色；再次单击"启动"按钮时，"启动"指示灯显示红色。

(3) 观察停止指示灯的颜色，初始状态为红色，因为"停止"变量的初值为 0。

(4) 单击画面中的"复位"按钮，复位指示灯显示绿色；再次单击"复位"按钮时，复位指示灯变成红色。

通过调试观察到，当按钮动作时，仅仅是两盏指示灯状态在变化，而画面中其他设备的状态却没有改变。如何让系统中的设备"运行"起来？不得不借助 MGGS 运行策略中的定时器策略和脚本策略来解决上述问题。

2.2.6 控制流程程序设计

1. 添加定时器

(1) 在实时数据库中添加与定时器工作相关的数据对象。

为了方便地控制定时器的工作，在前期已建立的数据对象的基础上，在实时数据库中再添加 4 个数据对象，即"定时器启动"、"定时器复位"、"计时时间"、"时间到"。这 4 个数据对象中，只有"计时时间"是"数值型"，它表示定时器的当前值，在定时器工作时是实时变化的。其他 3 个数据对象均为"开关型"。

(2) 在循环策略中添加定时器构件。

① 在 MCGS 的工作台上，单击"运行策略"标签，打开"运行策略"选项卡。

② 双击循环策略，打开"策略组态"窗口，双击窗口中"按照设定的时间循环运行"图标，打开"策略属性设置"对话框，更改定时循环执行周期时间为"200ms"。 单击"确认"按钮退出。

③ 在循环策略的"策略组态"窗口中，单击工具条中的"新增策略行"按钮，添加一个策略行。

④ 单击策略行末端的方块，其颜色变成蓝色，单击工具条中的"工具箱"按钮，打开"策略工具箱"，双击"定时器"构件，定时器构件即被添加到策略行上，如图 2-107 所示。

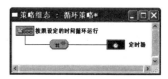

图 2-107　添加定时器构件

2. 定时器属性设置

定时器属性设置的任务是将定时器的参数与实时数据库中的相关数据对象建立连接，从而控制定时器的工作。

(1) 在循环策略的"策略组态"窗口，双击策略行上的定时器构件，打开"定时器基本属性"对话框。

(2) 在"定时器基本属性"对话框中，设定值输入"26"，表示定时器的定时时间为 26s。这个值是依据机械手系统一个操作周期所需时间而设定的。

(3) 单击"当前值"文本框右侧的"？"按钮，在实时数据库中选择"计时时间"变量。用同样的方法对剩下的 3 个参数进行关联设置，设置结果为：计时条件文本框选择 "定时器启动"变量；复位条件文本框选择"定时器复位"变量；计时状态文本框选择"时间到"变量。单击"确认"按钮退出。保存设置。

3. 添加与定时器相关的图符

系统运行时，为了能够在动画组态窗口中随时观察定时器运行时的时间变化及定时器的状态，需要在"机械手监控动画组态"窗口中添加实现定时器运行控制的按钮和能够显示定时器运行参数变化的文本框。

(1) 添加控制按钮。在"机械手监控动画组态"窗口中添加两个控制按钮，按钮标题分别为"定时器启动"和"定时器复位"。打开两个按钮各自的"操作属性"选项卡，设置内容如图 2-108 和图 2-109 所示。

图 2-108　定时器启动按钮的操作属性设置

图 2-109　定时器复位按钮的操作属性设置

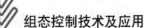

(2) 制作文字标签。在动画组态窗口中，使用工具箱中"标签"工具，分别制作两个内容为"计时时间"和"时间到"的文字标签。设置文本框中的文字"居中"，文本框为"无边线"和"无填充颜色"型，并将这两个文字标签与定时器的两个控制按钮整齐地排成一列。

(3) 添加 4 个用于显示输出的文本框。

① 使用工具箱中"标签"工具，画出一个文本框。双击文本框，弹出"动画组态属性设置"对话框，打开"属性设置"选项卡，"静态属性"的"填充颜色"选择"白色"；"字符颜色"选择"黑色"，其他静态属性不变。

② 在该选项卡中，选中"输入输出连接"的"显示输出"复选框，选项卡中出现"显示输出"标签，如图 2-110 所示。如此设置，这个文本框就成为一个具有"显示输出"功能的文本框。

③ 单击"显示输出"标签，打开"显示输出"选项卡。"表达式"文本框选择"定时器启动"变量；"输出值类型"选中"数值量输出"单选按钮；"输出格式"选中"向中对齐"单选按钮，如图 2-111 所示。

图 2-110　标签框属性设置　　　　　图 2-111　标签框的显示输出属性设置

④ 对编辑好的文本框进行"复制"→"粘贴"，即可再制作出 3 个类似的、用于显示输出的文本框。然后按顺序，在新添加的 3 个文本框各自的"显示输出"选项卡中，将表达式文本框的内容分别更改为"计时时间"、"定时器复位"、"时间到"。

将这 4 个文本框整齐地排成一列，然后保存设置。添加后的整体效果如图 2-112 所示。

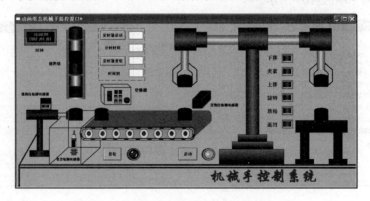

图 2-112　含有定时器相关图符的窗口效果

如此设置，系统在运行时，第一个文本框将显示"定时器启动"变量的具体数值，第 2 个文本框将显示"计时时间"变量的具体数值，即定时器的当前值。第 3 个文本框将显示"定时器复位"变量的具体数值，第 4 个文本框将显示"时间到"变量的具体数值。

4．定时器的运行调试

(1) 按下功能键 F5，进入组态运行环境。

(2) 观察到 4 个文本框中显示的 4 个变量的初始值均为"0"。

(3) 单击画面中的定时器"启动"按钮，其文本框将显示数据"1"，这表示此时"定时器启动"变量的值是 1，定时器启动运行。

(4) 定时器启动运行后，可观察到定时器的"计时时间"文本框的值在不断变化，每隔 1s 加 1，这实际上是定时器的计时当前值。

(5) 只要定时器当前值 < 26，"时间到"文本框中就显示数据"0"，表示未到达定时时间；当定时器当前值≥26 时，"时间到"文本框中将显示数据"1"，表示定时时间到；但"计时时间"会继续向上累加。

(6) 再次单击定时器"启动"按钮，其文本框将显示数据"0"，这表示此时"定时器启动"变量的值是 0，定时器停止运行。"计时时间"不再向上累加，而是保持不变。

(7) 单击定时器"复位"按钮，其文本框将显示数据"1"，此时，"计时时间"文本框将显示数据"0"，表示定时器的当前值被清 0。

观察到的结果是："定时器启动=1"且"定时器复位=0"时，定时器启动运行；"定时器复位=1"时，定时器复位，当前值则清 0；"定时器启动=0"时，定时器停止工作，当前值保持不变。

5．使用启动按钮和停止按钮控制定时器工作

因为启动按钮操作的数据对象为"启动"，停止按钮操作的数据对象为"停止"。而定时器的启动和停止，则受控于其所关联的数据对象"定时器启动"和"定时器复位"。若要用启动按钮和停止按钮控制定时器的工作，就意味着要用"启动"变量和"停止"变量的值的变化，去控制"定时器启动"变量和"定时器复位"变量的值的变化。如何实现用某个数据对象的值的变化控制其他数据对象的值的改变呢？

1) 添加脚本程序策略行

(1) 在 MCGS 的工作台，打开"运行策略"选项卡，双击"循环策略"，进入循环策略的"策略组态"窗口。在定时器策略行的下方增加一条新的策略行。

(2) 单击新增策略行末端的小方块，其变成蓝色，再打开策略工具箱，双击"脚本程序"构件，脚本程序添加成功，如图 2-113 所示。双击策略行末端的"脚本程序"构件，可打开脚本程序编辑环境。

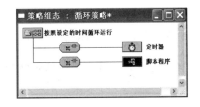

图 2-113　添加脚本程序策略

2) 编辑脚本程序

用启动按钮和停止按钮控制定时器工作状态的参考脚本程序清单如下。

```
IF    启动=1  AND  复位=0   THEN
      定时器启动=1            '定时器启动运行'
      定时器复位=0
```

```
        ENDIF
        IF    启动=0   THEN
              定时器启动=0                '定时器停止运行'
        ENDIF
        IF    复位=1   THEN
              定时器启动=0
              定时器复位=1                '定时器复位'
        ENDIF
```

脚本程序编辑结束，单击脚本程序编辑环境中的"检查"按钮，进行语法检查，无语法错误，单击"确定"按钮，退出脚本程序编辑环境。单击工具条中的"保存"按钮，保存设置。

3) 调试运行

按功能键 F5，进入组态运行环境，完成调试运行。

(1) 单击画面中的"启动"按钮，观察到"定时器启动"变量的值为"1"，"计时时间"开始以 s 为单位向上递增；再次单击"启动"按钮，观察到"定时器启动"变量的值为"0"，"计时时间"停止递增，且保持不变。

(2) 单击画面中的"复位"按钮，观察到"定时器复位"变量的值为"1"；"计时时间"的值清"0"。

若观察到的结果与上述不符，请分析原因，继续修改并调试，直到结果满意为止。

既然已经实现了用启动按钮和停止按钮控制定时器运行，那么，画面中的"定时器启动"和"定时器复位"按钮就不再需要了，可以保留也可以删掉。

6. 使用定时器和脚本程序控制机械手系统各设备的运行

下面将借助脚本程序，并利用定时器"计时时间"的变化，控制那些与机械手各部分图符相关联的数据对象的值的变化，从而控制机械手系统的模拟运行。

根据机械手系统的控制要求，将控制系统的设备的运行分成两部分，即料块经传送带的输送过程和机械手的动作过程。

1) 料块传输过程的脚本程序编辑和调试

首先明确料块传输过程的控制要求：按下"启动"按钮，若有货检测传感器检测到储料塔中有料块，则推料气缸的活塞杆动作，将料块推送到传送带上；当推到位检测传感器检测到活塞杆动作到位，延时 2s，活塞杆复位。同时变频器启动，传送带开始运行；当货到位检测传感器检测到料块时，变频器停止运行。

💡 **注意：** 因为目前仅是仿效机械手系统设备的模拟运行，并未进行现场设备状态的实时采集，所以对于"有货检测"、"推到位检测"和"货到位检测"3 个传感器的状态，推料气缸活塞杆的动作以及料块的输送过程等都将使用定时器和脚本策略进行控制。

(1) 完善"定时器运行控制"脚本程序段。

对前期编辑的"定时器运行"脚本程序段，要做两处小的改动。其一，因为控制系统要求，按下复位按钮，机械手系统中的设备在一个操作周期运行结束后，再回到初始状态，即停下来，因此，程序段中的定时器复位的条件需要做小的改动。其二，推料气缸的活塞杆要在储料塔中"有货"的情况下才能伸出，因此需要在"定时器启动运行"的脚本语句段中为"有货"变量赋值。

完善后的"定时器运行控制"参考脚本程序清单如下。

```
IF    启动=1  AND  复位=0  THEN
      定时器启动=1              '定时器启动运行'
      定时器复位=0
      有货=1
ENDIF
IF    启动=0  THEN
      定时器启动=0              '定时器停止运行'
ENDIF
IF    复位 = 1 AND 计时时间 >= 26  THEN
      定时器启动=0
      定时器复位=1              '定时器复位'
ENDIF
```

(2) 编辑实现"料块传输过程"控制的脚本程序。

在已编辑好的 "定时器运行控制"程序段的基础上，继续添加控制"料块传输过程"的程序段。

参考脚本程序清单如下。

```
IF  定时器启动=1  THEN
    IF  有货 = 1 AND 计时时间  < 2 THEN
            推料气缸=1        '推料柱伸出'
    EXIT
    ENDIF
    IF  计时时间  < 4 THEN
            推到位=1          '伸出到位'
            推料气缸=0        '推料柱返回'
       EXIT
    ENDIF
    IF  计时时间  < 10 THEN
            推到位=0
            变频器启动=1       '变频器运行 6s'
       EXIT
       ENDIF
    IF  计时时间  < 12 THEN
            变频器启动=0       '变频器停止运行'
            货到位=1
       EXIT
       ENDIF
ENDIF
```

显然，定时器启动运行是决定系统所有设备是否开始运行的"先决条件"，所以，这里是由多个条件语句的 2 级嵌套构成的程序段。它表示在定时器启动运行时，如果"塔中有料块，同时满足计时时间 < 2s"，则"推料气缸"变量的值为 1，活塞杆伸出……，即系统启动运行。

编辑完成，单击脚本程序编辑环境中的"确认"按钮退出，并单击"保存"按钮，保存设置。

(3) 按下功能键 F5，进入组态运行环境，调试运行脚本程序，观察设备的运行状态是否符合控制要求。

在运行环境中，单击画面中的"启动"按钮，观察到现象是：2s 后推到位检测传感器的状态指示灯点亮(变为绿色)；当满足"计时时间 > 4s"时，推到位检测传感器的状态指示灯熄灭(变成灰白色)；同时，变频器上的运行状态指示灯变为绿色(变频器启动)，传送带上的流动块开始流动(传送带开始运行)；当满足"计时时间 > 10s"时，货到位检测传感器的状态指示灯变为红色(检测出料块到达机械手下方)，同时变频器上的运行状态指示灯变为灰白色(变频器停止运行)，传送带上的流动块停止流动(传送带停止运行)。

单击组态画面中的复位按钮，则当"计时时间 ≥ 26s"时，定时器复位，同时设备停止运行。

如果观察到的结果与上述不符，检查脚本程序，分析原因，修改后继续运行，直到结果正确。

2) 机械手动作过程的脚本程序编辑和调试

(1) 修改"计时时间 < 12s"的程序段。

因为系统要求变频器停止运行的同时，机械手开始下移动作，所以先要在前期编辑的"计时时间 < 12s"的条件语句段中添加 "控制机械手下移"的赋值语句"下移=1"。修改后的程序段清单如下。

```
IF  计时时间  < 12 THEN
        变频器启动=0        '变频器停止运行'
        货到位=1
        下移=1                    '机械手下移 2s'
    EXIT
    ENDIF
```

(2) 编辑控制机械手完整动作过程的脚本程序段。

机械手动作流程如图 2-71 所示。继续添加脚本程序语句段。但要注意：在输入该段程序时，一定要将这部分程序段插入到上面已编辑好的"料块传输过程"程序段的最后一个"ENDIF"之前，即将这个程序段继续嵌套到"定时器启动运行"这个"先决条件"的里边。

编辑好的"机械手动作过程"参考脚本程序清单如下。

```
IF  计时时间  < 14 THEN
        下移=0                    '停止下移'
        夹紧=1                    '夹紧'
    EXIT
    ENDIF
IF  计时时间  < 16 THEN
        上移=1                    '上移'
        货到位=0
    EXIT
    ENDIF
IF  计时时间  < 18 THEN
```

```
        上移=0              '停止上移'
        旋转=1              '旋转'
    EXIT
    ENDIF
IF  计时时间  < 20 THEN
        下移=1              '下移'
    EXIT
    ENDIF
IF  计时时间  < 22 THEN
        下移=0              '停止下移'
        夹紧=0              '解除夹紧'
        放松=1              '放松'
    EXIT
    ENDIF
IF  计时时间  < 24 THEN
        放松=0              '解除放松'
        上移=1              '上移'
    EXIT
    ENDIF
IF  计时时间  < 26 THEN
        上移=0              '停止上移'
        旋转=0              '解除旋转'
        返回=1              '返回'
    EXIT
    ENDIF
IF  计时时间  >= 26  THEN
        返回=0              '解除返回'
        定时器复位=1
    EXIT
    ENDIF
```

(3) 编辑停止控制程序。

该程序段放到前期编辑所有的脚本程序语句的最后，参考程序清单如下。

```
IF  定时器启动=0 THEN
        上移=0
        下移=0
        夹紧=0
        放松=0
        旋转=0
        返回=0
        有货=0
ENDIF
```

脚本程序编辑完成，保存操作。

(4) 按下键盘上 F5 键，进入组态运行环境，观察机械手系统完整的动作过程。

观察到机械手的动作过程是：单击"启动"按钮后，当满足"计时时间 > 10s"时，货到位检测传感器的状态指示灯变为红色，同时变频器上的运行状态指示灯变为灰白色，传送带上的流动块停止流动，且机械手下移指示灯点亮(绿色)，表示机械手正在下移。2s 后，下移结束，下移指示灯熄灭(灰色)，夹紧指示灯点亮，又 2s 后，上移指示灯点亮，夹紧保持；又 2s 后，上移指示灯熄灭，旋转指示灯点亮，夹紧保持；又 2s 后，下移指示灯再次点亮，旋转保持，夹紧保持；又 2s 后，下移指示灯熄灭，放松指示灯点亮，旋转保持；又 2s 后，放松指示灯熄灭，上移指示灯再次点亮，旋转保持；又 2s 后，上移指示灯熄灭，旋转指示灯熄灭，返回指示灯点亮，2s 后返回指示灯熄灭，同时定时器复位。如果没有单击"复位"按钮，系统将自动进入一轮新的操作周期。

只要系统处于运行状态下，任意时间单击一次"复位"按钮，对系统设备的当前动作不受任何影响，只是当"计时时间≥26s 时"，系统所有设备均停止工作，回到初始状态，且定时器复位。

再次单击"复位"按钮("复位"变量值变为 0)，如果"启动"变量仍为 1，则系统设备重新启动运行。

如果观察到的结果与上述不符，检查脚本程序，分析原因，修改后继续运行，直到结果正确为止。

2.2.7　动画效果设计改进

经过前期的设计，组态画面中的设备能按照控制要求工作了，但画面中仅是表示设备状态的各指示灯的状态在变化，而设备并没有真正地动起来，如何让画面中的设备动起来，让画面看着更真实、更生动？

这仍然要借助"动画连接"和"控制流程程序设计"来完成。

1. "料块输送过程"的动画效果改进

通过分析可知，"料块输送过程"的动画效果中，需要动起来的图符及其动作如表 2-6 所示。

表 2-6　"料块输送过程"的图符及其动作

图符名称	图符动作	动画属性	说 明
活塞杆	伸缩	大小变化	推料气缸的活塞杆
撞块	移动	水平移动	活塞杆顶端的撞块
底座料块	移动	水平移动	储料塔底座上放置的料块
	隐藏/显现	可见度	
传送带左料块	移动	水平移动	传送带左端放置的料块
	隐藏/显现	可见度	

1) 底座料块的水平移动

底座料块要在推料气缸活塞杆伸出的过程中，同步右移到与传送带左料块重合的位置；在活塞杆收缩的过程中，再同步返回到初始位置。如何实现底座料块的移动？

(1) 添加新的数据对象"水平移动量"。

打开工作台中的"实时数据库"选项卡，在实时数据库中增加一个新的数据对象，对象名称为"水平移动量"，对象初值为"0"，对象类型为"数值型"。

(2) 估算底座料块的水平移动距离。

① 选择"查看"→"状态条"命令，在动画组态窗口的下方出现"状态条"，如图 2-114 所示。

状态条左侧文字代表当前操作状态，右侧显示的是被选择的图符对象的位置坐标和大小。

| 准备就绪，等待操作。 | 位置8×118 | 大小1263×575 |

图 2-114　状态条

② 使用绘图工具箱中"直线"工具，从底座料块的右侧边线开始，画一条直线到传送带左料块的右侧边线为止，根据"状态条"上的大小指示可知该直线长度，即底座料块的水平移动的距离。假设使用状态条测出的距离为 94 像素。

(3) 估算数据对象"水平移动量"的最大值。

① 设定"水平移动量"的值的变化率为"1/次"。

在脚本程序的开始处，添加控制"水平移动量"值的变化的脚本语句段，语句清单如下。

```
IF 推料气缸= 1  THEN
    水平移动量=水平移动量+1
ENDIF
IF 推到位= 1  THEN
    水平移动量=水平移动量-1
ENDIF
```

该程序的功能是：在满足条件的情况下，每执行一次脚本程序，"水平移动量"的值将加 1 或减 1。

② 计算底座料块右移过程中脚本程序执行的次数。

已知右移时间为 2s，循环策略的循环执行周期时间为 200ms。所以底座料块右移过程中脚本程序执行的次数为：次数=右移时间÷循环策略循环执行周期=2s÷200ms=10 次。

③ 估算"水平移动量"的最大值。

水平移动量的最大值=脚本程序执行次数×水平移动量变化率=10×1=10。

(4) 底座料块的动画连接。

① 双击组态画面中的底座料块图符，弹出"动画组态属性设置"对话框，选中位置动画连接中的"水平移动"复选框，如图 2-115 所示。

② 单击出现的"水平移动"标签，打开"水平移动"选项卡。"表达式"文本框选择数据对象"水平移动量"；"水平移动连接"的各项参数设置如图 2-116 所示。它表示：当"水平移动量"=0 时，底座料块右移距离=0；当"水平移动量"=10 时，底座料块右移距离=94。单击"确认"按钮退出，并保存设置。

(5) 调试运行。按下功能键 F5，进入运行环境，单击"启动"按钮，观察底座料块的移动方向和距离是否合适，如果不满意，可重新调整参数。

2) 活塞杆上的撞块的水平移动

推料气缸的任务是将底座料块推送到传送带上，所以，活塞杆上撞块的移动和底座料块的移动是同步的，而且移动距离也相同。因此，在前期相关计算的基础上，撞块的动画连接过程可按照底座料块的动画连接步骤进行，即按照图 2-115 和图 2-116 所示，进行动画连接和参数设置。设置结束，保存结果。

图 2-115 水平移动动画连接

图 2-116 水平移动动画参数设置

3) 推料气缸活塞杆的伸缩

(1) 估算活塞杆的水平缩放比例。

① 使用"状态条"测量活塞杆的实际长度，假设测得的活塞杆实际长度为 35 像素。

② 确定活塞杆伸长后的总长度。因为活塞杆的伸出和撞块的移动必须同步，所以撞块移动的距离即为活塞杆伸出的长度。那么：活塞杆伸长后的总长度=活塞杆伸出的长度+活塞杆的实际长度=94+35=129。

③ 估算水平缩放比例。计算公式为：

活塞杆水平缩放百分比=活塞杆伸长后的总长度÷活塞杆的实际长度×100%=129÷35×100%=369%。

(2) 活塞杆的动画连接。

① 双击画面中的活塞杆图符，弹出"动画组态属性设置"对话框，选中位置动画连接中的"大小变化"复选框，如图 2-117 所示。

② 单击出现的"大小变化"标签，打开"大小变化"选项卡。"表达式"文本框选择"水平移动量"；"大小变化连接"的各项参数设置如图 2-118 所示。它表示：当"水平移动量"=0 时，活塞杆变化百分比=100%，即活塞杆为实际长度，没有伸缩；当"水平移动量"=10 时，活塞杆伸长的百分比=369%。设置时还要注意变化方向和变化方式的选择。单击"确认"按钮退出，并保存设置。

(3) 调试运行。按下功能键 F5，进入运行环境，单击"启动"按钮，观察活塞杆伸缩方向和伸出长度是否合适；撞块的移动方向和距离是否合适；活塞杆与撞块动作是否协调。如果不合适，可重新调整参数。

4) 传送带左料块的水平移动

(1) 增加数据对象"水平移动量2"。

传送带左料块移动的时间与底座料块移动的时间不一致，所以需要在实时数据库中再添加一个新的数据对象，对象名称为"水平移动量2"；对象初值为"0"；对象类型为"数值型"。

图 2-117　大小变化动画连接

图 2-118　大小变化动画参数设置

(2) 估算传送带左料块的水平移动距离。

使用绘图工具箱中的"直线"工具，从传送带左料块的右侧边线开始，画一条直线到传送带右料块的右侧边线为止，根据"状态条"上的大小指示可知该直线长度，即传送带左料块的水平移动距离。假设使用状态条测出的距离为 307 像素。

(3) 估算数据对象"水平移动量 2"的最大值。

① 设定"水平移动量 2"值的变化率为"1/次"。

在脚本程序的开始处，再添加控制"水平移动量 2"的值变化的脚本语句段，语句清单如下。

```
IF 变频器启动= 1 THEN
    水平移动量2 = 水平移动量2 + 1
ELSE
    水平移动量2 = 0
ENDIF
```

该程序的功能是：在变频器启动运行时，每执行一次脚本程序，"水平移动量 2"的值将加 1；否则，"水平移动量 2"的值为 0。

② 计算传送带左料块右移过程中脚本程序执行的次数。

已知传送带运行时间为 6s，脚本程序执行的次数为：次数=6s÷200ms=30 次。

③ 估算"水平移动量"的最大值：水平移动量的最大值=30×1=30。

(4) 传送带左料块的动画连接。

双击画面中的传送带左料块图符，在弹出的"动画组态属性设置"对话框中，选中位置动画连接中的"水平移动"复选框。再单击出现的"水平移动"标签，打开"水平移动"选项卡。"表达式"文本框选择"水平移动量 2"；"水平移动连接"中的各项参数设置如图 2-119 所示。它表示：当"水平移动量 2"=0 时，传送带左料块的右移距离=0；当"水平移动量 2"=30 时，传送带左料块的右移距离=307。单击"确认"按钮退出，并保存设置。

(5) 进入运行环境调试，观察图符动作状态及效果。

5) 料块的隐藏与显现

前期进行组态画面编辑的时候，大家就已经心存疑虑，为什么传送带上左右两侧都画有料块？为什么机械手上也有料块？其实，放置这些料块是为了解决动画效果。可以让这些料块在该出现的时候"显现"，在该消失的时候"隐藏"，最终的动画效果是：只能看到"一个料块在动"。

(1) 底座料块的适时隐藏与显现。

底座料块需要在其右移到与传送带左料块重合的位置时隐藏起来，在机械手返回的时候再出现。

① 在实时数据库中添加一个新的数据对象，对象名称为"底座料块"，对象初值为"0"，对象类型为"开关型"。

② 双击组态画面中的底座料块图符，弹出"动画组态属性设置"对话框，打开"基本属性"选项卡，选中特殊动画连接中的"可见度"复选框，如图 2-120 所示。

图 2-119 传送带左料块的水平移动动画参数设置

图 2-120 可见度动画连接

③ 单击出现的"可见度"标签，打开该选项卡。"表达式"文本框选择数据对象"底座料块"；"当表达式非零时"选中"对应图符可见"单选按钮，如图 2-121 所示。意思是：当"底座料块"=1 时，底座料块图符显现；当"底座料块"=0 时，底座料块图符隐藏。

④ 修改脚本程序。给部分原有脚本程序段中添加赋值语句，控制数据对象"底座料块"的值的变化。

例如原程序段：

```
IF 有货 = 1 AND 计时时间 < 2 THEN
    推料气缸=1              '推料柱伸出'
EXIT
ENDIF
```

修改后的程序则为：

```
IF 有货 = 1 AND 计时时间 < 2 THEN
    推料气缸=1              '推料柱伸出'
    底座料块=1              '底座料块显现'
EXIT
ENDIF
```

以下仅列出修改后的脚本程序段。

修改后的程序段：

```
IF  计时时间 < 4 THEN
```

```
    推到位=1                    '伸出到位'
    推料气缸=0                  '推料柱返回'
    底座料块=0                  '底座料块隐藏'
EXIT
ENDIF
```

修改后的程序段：

```
IF  计时时间  < 26 THEN
    上移=0                      '停止上移'
    旋转=0                      '解除旋转'
    返回=1                      '返回'
    底座料块=1                  '底座料块显现'
EXIT
ENDIF
```

脚本程序修改完成，单击"确定"按钮退出脚本编辑环境。并保存操作。

⑤ 按下功能键 F5，进入运行环境调试，观察到的现象是：活塞杆返回的过程中，"底座料块"图符不见了，在机械手"返回"动作时，底座料块重新出现在储料塔的底座上。

(2) 传送带左料块的适时隐藏与显现。

① 在实时数据库中添加一个新的数据对象，对象名称为"传送带左料块"，对象初值为"0"，对象类型为"开关型"。

② 双击组态画面中的传送带左料块图符，在弹出的对话框中，打开"基本属性"选项卡，选中特殊动画连接中的"可见度"复选框。再打开"可见度"选项卡，"表达式"文本框选择"传送带左料块"；"当表达式非零时"选中"对应图符可见"单选按钮，如图 2-122 所示。

图 2-121　底座料块可见度动画属性设置

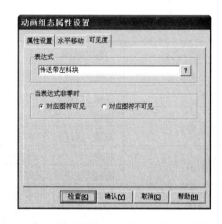

图 2-122　传送带左料块可见度动画属性设置

③ 修改脚本程序。给部分原有脚本程序段添加赋值语句，控制数据对象"传送带左料块"的值的变化。

修改后的程序段：

```
IF  计时时间  < 4 THEN
    推到位=1                    '伸出到位'
```

```
    推料气缸=0               '推料柱返回'
    底座料块=0               '底座料块隐藏'
    传送带左料块=1            '传送带左料块显现'
EXIT
ENDIF
```

修改后的程序段：

```
IF  计时时间  < 12 THEN
    变频器启动=0             '变频器停止运行'
    货到位=1
    下移=1                  '机械手下移'
    传送带左料块=0           '传送带左料块隐藏'
EXIT
ENDIF
```

脚本程序修改完成，保存操作。

④ 按下功能键 F5，进入运行环境调试，观察到的现象是：传送带左料块图符在活塞杆伸出到位的时候出现了，在货到位传感器检测到料块的时候消失了。

经过前边的设计改进，观察到的图符动画效果是：推料气缸活塞杆伸出，将料块推送到传送带上，活塞杆返回，变频器启动，传送带运行将料块输送到机械手下方，而这一过程中好像只有一个料块在动，效果更逼真了。

2. "机械手动作过程"的动画效果改进

通过分析可知，"机械手动作过程"的动画效果中，需要动起来的图符及其动作如表 2-7 所示。

表 2-7 "机械手动作过程"的图符及其动作

图符名称	图符动作	动画属性	说　明
左水平臂	隐藏/显现	可见度	左机械手的水平臂
左关节	隐藏/显现	可见度	左机械手水平臂与垂直臂的连接处
左垂直臂	伸缩	大小变化	左机械手的垂直臂
	隐藏/显现	可见度	
左机械手	移动	垂直移动	左机械手
	隐藏/显现	可见度	
左手料块	移动	垂直移动	左机械手上的料块
	隐藏/显现	可见度	
右水平臂	隐藏/显现	可见度	右机械手的水平臂
右关节	隐藏/显现	可见度	右机械手水平臂与垂直臂的连接处
右垂直臂	伸缩	大小变化	右机械手的垂直臂
	隐藏/显现	可见度	
右机械手	移动	垂直移动	右机械手
	隐藏/显现	可见度	

续表

图符名称	图符动作	动画属性	说　明
右手料块	移动	垂直移动	右机械手上的料块
	隐藏/显现	可见度	
传送带右料块	隐藏/显现	可见度	传送带右端放置的料块
工作台料块	隐藏/显现	可见度	右手下的工作台上放置的料块

为什么在立柱的左右两侧对称地画了两套机械手？其原因是为了解决"机械手的旋转"问题。因为机械手硬件系统中，手抓取料块后要旋转 180°，将料块放到工作台上。所以预期采用"隐藏"与"显现"的动画效果解决机械手的旋转问题。

1) 左侧机械手相关部位的隐藏与显现

(1) 增加新的数据对象"左手"。在实时数据库中添加一个新的数据对象，对象名称为"左手"，对象初值为"0"，对象类型为"开关型"。

(2) 左侧机械手相关部位的"可见度"动画连接。

① 双击画面中的左水平臂图符，打开"基本属性"选项卡，选中特殊动画连接中的"可见度"复选框。再打开"可见度"选项卡，"表达式"文本框选择"左手"；"当表达式非零时"选中"对应图符可见"单选按钮。

② 使用相同方法，再分别对左关节、左垂直臂、左机械手等图符的可见度动画属性做相同设置，因为这些部件是同步隐藏或显现的。设置结束，保存结果。

(3) 修改脚本程序。给部分原有脚本程序段添加赋值语句，控制数据对象"左手"的值的变化。

修改后的程序段：

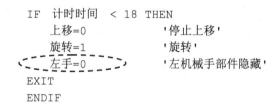

```
IF  计时时间  < 18 THEN
    上移=0              '停止上移'
    旋转=1              '旋转'
    左手=0              '左机械手部件隐藏'
EXIT
ENDIF
```

修改后的程序段：

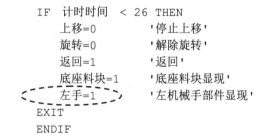

```
IF  计时时间  < 26 THEN
    上移=0              '停止上移'
    旋转=0              '解除旋转'
    返回=1              '返回'
    底座料块=1          '底座料块显现'
    左手=1              '左机械手部件显现'
EXIT
ENDIF
```

脚本程序修改完成，单击"确定"按钮退出，并保存操作。

(4) 按下功能键 F5，进入运行环境调试。

观察到的现象是：一进入运行环境，左边的机械手部分消失了。奇怪，还没有到"隐藏"时间，机械手怎么就不见了呢？继续观察，就会看到在机械手系统的第一个操作周期结束时，左边的机械手才出现。再多运行几个操作周期就会发现：从第二个操作周期开始，左边机械手在"旋转"指示灯点亮时"消失"，在"返回"指示灯点亮时"显现"，隐藏和显现的动作才进入正常状态。

看来，动画效果不是很理想，还需要修改。如何解决"一进入运行环境机械手就消失"的问题呢？

答案很简单：只需在"停止控制"脚本程序段中添加一条赋值语句即可。

修改后的"停止控制"程序段为：

```
IF  定时器启动=0 THEN
     上移=0
     下移=0
     夹紧=0
     放松=0
     旋转=0
     返回=0
     有货=0
     左手=1           '左机械手部件显现'
ENDIF
```

保存操作，继续进入运行环境调试，观察左边机械手还会不会在进入运行环境的瞬间消失。

2) 右侧机械手相关部位的隐藏与显现

(1) 增加新的数据对象"右手"。在实时数据库中添加一个新的数据对象，对象名称为"右手"，对象初值为"0"，对象类型为"开关型"。

(2) 右侧机械手相关部位的"可见度"动画连接。

① 双击画面中的右水平臂图符，打开"基本属性"选项卡，选中特殊动画连接中的"可见度"复选框。再打开"可见度"选项卡，"表达式"文本框选择"右手"；"当表达式非零时"选中"对应图符可见"单选按钮。

② 使用同样的方法，再分别对右关节、右垂直臂、右机械手等图符的可见度动画属性做相同设置。因为这些部件是同步隐藏或显现的。设置结束，保存结果。

(3) 修改脚本程序。预期的动画效果是：左手隐藏时右手应出现，左手出现时右手应该隐藏，所以只需在前边修改过的两个程序段中，再添加赋值语句，控制数据对象"右手"的值的变化。

修改后的程序段为：

```
IF  计时时间  < 18 THEN
     上移=0              '停止上移'
     旋转=1              '旋转'
     左手=0              '左机械手部件隐藏'
     右手=1              '右机械手部件显现'
  EXIT
  ENDIF
```

修改后的程序段为：

```
IF  计时时间  < 26 THEN
```

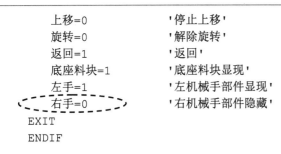

```
        上移=0              '停止上移'
        旋转=0              '解除旋转'
        返回=1              '返回'
        底座料块=1          '底座料块显现'
        左手=1              '左机械手部件显现'
        右手=0              '右机械手部件隐藏'
    EXIT
    ENDIF
```

修改完成，单击"保存"按钮，保存操作。

(4) 进入运行环境调试，观察左边机械手和右边机械手的动作效果。

3) 左垂直臂的伸缩

(1) 增加新的数据对象"垂直移动量"。打开实时数据库，添加一个新的数据对象，对象名称为"垂直移动量"，对象初值为"0"，对象类型为"数值型"。

(2) 估算左垂直臂垂直缩放比例。

① 计算左垂直臂伸长后的总长度。使用绘图工具箱中的"直线"工具，画一条从左手料块的底边到传送带右料块的底边的直线，使用"状态条"测出直线长度，即为左垂直臂伸出的长度，假设测出该长度为 121 像素。再测出左垂直臂的实际长度，假设为 71 像素，则左垂直臂伸长后的总长度=121+71=192。

② 估算垂直缩放比例：左垂直臂垂直缩放百分比=192÷71×100%=270%。

(3) 估算数据对象"垂直移动量"的最大值。

① 设定"垂直移动量"的值的变化率为"1/次"。在脚本程序的开始处，添加控制"垂直移动量"的值变化的脚本语句，语句清单如下。

```
IF 下移= 1 AND 旋转= 0 THEN
    垂直移动量=垂直移动量 + 1
ENDIF
IF 上移= 1 AND 旋转= 0  THEN
    垂直移动量=垂直移动量 - 1
ENDIF
```

💡 **注意**：　因为机械手的一个操作周期要两次下移和两次上移，为确保在每个操作周期的第一次下移和第一次上移时，"垂直移动量"的值再变化，在"垂直移动量"加 1 和减 1 的条件语句中，多了一个"旋转=0"的制约条件。这样设置使得左垂直臂在每个操作周期的第一次下移和上移时才伸缩。

② 估算"垂直移动量"的最大值。已知下移时间为 2s，循环策略的循环执行周期时间为 200ms。所以，"垂直移动量"的最大值为 10。

(4) 左垂直臂的动画连接。

① 双击画面中的左垂直臂图符，打开"基本属性"选项卡，选中位置动画连接中的"大小变化"复选框，如图 2-123 所示。

② 再打开"大小变化"选项卡。"表达式"文本框选择"垂直移动量"；"大小变化连接"的各项参数设置如图 2-124 所示。设置时还要注意变化方向和变化方式的选择。单击"确认"按钮退出，并保存设置。

图 2-123　左垂直臂大小变化动画连接　　　　图 2-124　左垂直臂大小变化动画属性设置

(5) 进入运行环境调试,观察左垂直臂伸出的长度是否合适,如果不满意则调整参数。

4) 左机械手的垂直移动

左机械手和左垂直臂是同步动作的,所以左机械手垂直移动的距离即为左垂直臂伸出的长度 121 像素。

(1) 双击左机械手图符,打开"属性设置"选项卡,选中"位置动画连接"的"垂直移动"复选框,如图 2-125 所示。

(2) 打开"垂直移动"选项卡。"表达式"文本框选择"垂直移动量";"垂直移动连接"的各项参数设置如图 2-126 所示。单击"确认"按钮退出,并保存设置。

图 2-125　左机械手垂直移动动画连接　　　　图 2-126　左机械手垂直移动动画属性设置

(3) 进入运行环境调试,观察左机械手的动作与左垂直臂的动作是否协调。

5) 左手料块的垂直移动

左手料块和左机械手同步移动,所以,按照"左机械手垂直移动效果"的设置步骤,对左手料块做相同的垂直移动属性的设置。设置结束,存盘。并进入运行环境,观察左手料块的动作效果。

6) 左手料块的隐藏与显现

(1) 增加新的数据对象"左手料块"。打开实时数据库,添加一个新的数据对象,对象名称为"左手料块",对象初值为"0",对象类型为"开关型"。

(2) 左手料块的"可见度"动画连接。双击画面中的左手料块图符,打开"基本属性"选项卡,选中特殊动画连接中的"可见度"复选框。再打开"可见度"选项卡,"表达式"文本框选择"左手料块";"当表达式非零时"选中"对应图符可见"单选按钮。

(3) 修改脚本程序。因为预期的动画效果是：左机械手下移时，左手料块隐藏；左机械手上移时，左手料块显现。此外，左手料块还应在左侧机械手部件隐藏的时候，即"旋转"的时候，同步隐藏。

在前期编辑的基础上，在两个脚本程序段中，再添加赋值语句，控制数据对象"左手料块"的值的变化。

修改后的程序段为：

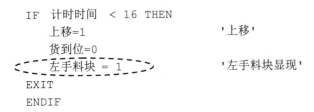

```
IF  计时时间  < 16 THEN
    上移=1                    '上移'
    货到位=0
    左手料块 = 1              '左手料块显现'
EXIT
ENDIF
```

修改后的程序段为：

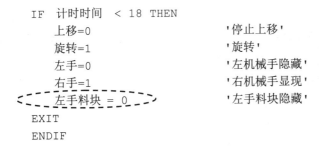

```
IF  计时时间  < 18 THEN
    上移=0                    '停止上移'
    旋转=1                    '旋转'
    左手=0                    '左机械手隐藏'
    右手=1                    '右机械手显现'
    左手料块 = 0             '左手料块隐藏'
EXIT
ENDIF
```

脚本程序修改完成，单击"确定"按钮退出，并保存设置。

(4) 进入运行环境，调试，观察左手料块的动作过程是否达到预期效果。

7) 传送带右料块的隐藏与显现

(1) 增加新的数据对象"传送带右料块"。打开实时数据库，添加数据对象，对象名称为"传送带右料块"，对象初值为"0"，对象类型为"开关型"。

(2) 传送带右料块的"可见度"动画连接。双击画面中的传送带右料块图符，打开"基本属性"选项卡，选中"特殊动画连接"中的"可见度"复选框。再打开"可见度"选项卡，"表达式"文本框选择"传送带右料块"；"当表达式非零时"选中"对应图符可见"单选按钮。

(3) 修改脚本程序。传送带右料块的预期动画效果是：传送带左料块隐藏时，传送带右料块显现；左机械手上移时，传送带右料块隐藏。

在前期编辑的基础上，在其中两个程序语句段中，再添加赋值语句，控制数据对象"传送带右料块"的值的变化。

修改后的程序段为：

```
IF  计时时间  < 12 THEN
    变频器启动=0             '变频器停止运行'
    货到位=1
    下移=1                    '机械手下移'
```

```
        传送带左料块=0              '传送带左料块隐藏'
        传送带右料块 = 1            '传送带右料块显现'
    EXIT
    ENDIF
```

修改后的程序段为：

```
    IF  计时时间  < 16 THEN
        上移=1                     '上移'
        货到位=0
        左手料块 = 1               '左手料块显现'
        传送带右料块 = 0           '传送带右料块隐藏'
    EXIT
    ENDIF
```

脚本程序修改完成后，单击"确定"按钮退出，并保存设置。

(4) 进入运行环境，调试，观察传送带右料块的动作过程是否达到预期效果。

8) 右垂直臂的伸缩

(1) 增加新的数据对象"垂直移动量2"。打开实时数据库，添加数据对象，对象名称为"垂直移动量2"，对象初值为"0"，对象类型为"数值型"。

(2) 估算右垂直臂垂直缩放比例。因为机械手各部件左右两边是对称的，且尺寸相等，所以，右垂直臂伸长后的总长度与左垂直臂伸长后的总长度相同，均为192像素，右垂直臂垂直缩放百分比也为270%。

(3) 估算数据对象"垂直移动量2"的最大值。

① 设定"垂直移动量2"的值的变化率为"1/次"。

在脚本程序的开始处，再添加控制"垂直移动量2"的值变化的脚本语句段，语句清单如下。

```
IF  下移=1 AND 旋转=1 THEN
    垂直移动量2 = 垂直移动量2 + 1
ENDIF
IF  上移=1 AND 旋转=1 THEN
    垂直移动量2 = 垂直移动量2 - 1
ENDIF
```

注意： 为确保在每个操作周期的第二次下移和上移时，"垂直移动量2"的值再变化，在"垂直移动量2"加1和减1的条件语句中，多了一个"旋转=1"的制约条件。这样设置，使得右垂直臂在每个操作周期的第二次下移和上移时才伸缩。

② 估算"垂直移动量2"的最大值为10。

(4) 右垂直臂的动画连接。双击右垂直臂图符，打开"基本属性"选项卡，选中"位置动画连接"中的"大小变化"复选框。再打开"大小变化"选项卡，"表达式"文本框选择"垂直移动量2"。大小变化连接中需要填写的各项参数为"表达式的值=0时，最小变化百分比=100%；表达式的值=10时，最大变化百分比=270%"。

设置时还要注意变化方向选择"向下"和变化方式选择"缩放"。单击"确认"按钮退出，并保存设置。

9) 右机械手的垂直移动

右机械手和右垂直臂是同步动作的，所以右机械手垂直移动的距离即为右垂直臂伸出的长度 121 像素。

双击画面中的右机械手图符，打开"基本属性"选项卡，选中"位置动画连接"中的"垂直移动"复选框。再打开"垂直移动"选项卡，"表达式"文本框选择"垂直移动量 2"。垂直移动连接中需要填写的各项参数为"表达式的值=0 时，最小移动偏移量=0 ；表达式的值=10 时，最大移动偏移量=121"。单击"确认"按钮退出，并保存设置。进入运行环境调试，观察右机械手的动作与右垂直臂的动作是否协调。

10) 右手料块的垂直移动

右手料块和右机械手同步移动，所以，按照"右机械手垂直移动效果"的设置步骤，对右手料块做相同垂直移动属性的设置。设置结束，存盘。并进入运行环境，观察右手料块的动作效果。

11) 右手料块的隐藏与显现

(1) 增加新的数据对象"右手料块"。打开实时数据库，添加数据对象，对象名称为"右手料块"，对象初值为"0"，对象类型为"开关型"。

(2) 右手料块的"可见度"动画连接。双击画面中的右手料块图符，打开"基本属性"选项卡，选中"特殊动画连接"中的"可见度"复选框。再打开"可见度"选项卡，"表达式"文本框选择"右手料块"；"当表达式非零时"选中"对应图符可见"单选按钮。

(3) 修改脚本程序。因为预期动画效果是：右机械手放松时，右手料块隐藏；机械手旋转时，右手料块显现。此外，右手料块还应在右侧机械手部件隐藏的时候，即机械手"返回"的时候同步隐藏。

因此需要在两个脚本语句段中添加赋值语句，控制数据对象"右手料块"的值的变化。

修改后的程序段为：

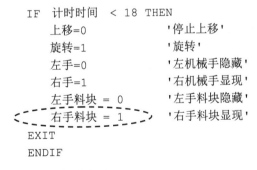

```
IF  计时时间  < 18 THEN
    上移=0              '停止上移'
    旋转=1              '旋转'
    左手=0              '左机械手隐藏'
    右手=1              '右机械手显现'
    左手料块 = 0         '左手料块隐藏'
    右手料块 = 1         '右手料块显现'
EXIT
ENDIF
```

修改后的程序段为：

```
IF  计时时间  < 22 THEN
    下移=0              '停止下移'
    夹紧=0              '解除夹紧'
    放松=1              '放松'
```

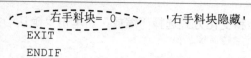

```
        右手料块= 0              '右手料块隐藏'
     EXIT
     ENDIF
```

脚本程序修改完成，单击"确定"按钮退出，并保存设置。

(4) 进入运行环境，调试。观察右手料块的动作过程是否达到预期效果。

12) 工作台料块的隐藏与显现

(1) 增加新的数据对象"工作台料块"。打开实时数据库，添加数据对象，对象名称为"工作台料块"，对象初值"0"，对象类型"开关型"。

(2) 工作台料块的"可见度"动画连接。

双击画面中的工作台料块图符，打开"基本属性"选项卡，选中"特殊动画连接"中的"可见度"复选框。再打开"可见度"选项卡，"表达式"文本框选择"工作台料块"；"当表达式非零时"选中"对应图符可见"单选按钮。

(3) 修改脚本程序。因为预期动画效果是：右机械手放松时工作台料块显现；在机械手的一个操作周期结束时，工作台料块隐藏。

需要在 3 个脚本语句段中添加赋值语句，控制数据对象"工作台料块"的值的变化。

修改后的程序段为：

```
     IF  计时时间  < 22 THEN
         下移=0                '停止下移'
         夹紧=0                '解除夹紧'
         放松=1                '放松'
         右手料块= 0           '右手料块隐藏'
         工作台料块= 1         '工作台料块显现'
     EXIT
     ENDIF
```

修改后的程序段为：

```
     IF  计时时间 >= 26  THEN
         返回=0
         定时器复位=1           '解除返回'
         工作台料块=0          '工作台料块隐藏'
     EXIT
     ENDIF
```

修改后的程序段为：

```
     IF  定时器启动=0 THEN
         上移=0
         下移=0
         夹紧=0
         放松=0
         旋转=0
         返回=0
         有货=0
```

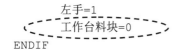

```
        左手=1                      '左机械手显现'
        工作台料块=0                '工作台料块隐藏'
ENDIF
```

脚本程序修改完成后，单击"确定"按钮退出，并保存设置。

(4) 进入运行环境，调试。观察工作台料块的隐藏与显现是否达到预期效果。

3. 关于图符动作后回不到原点的改进

至此，动画效果的改进工作就接近"尾声"了，在运行环境中，机械手系统的动作过程基本符合控制要求。但是，让系统多运行几个操作周期，就会发现一点儿小"瑕疵"：画面上的机械手和推料气缸的活塞杆有时会出现回不到原点的现象。这是什么原因呢？这是由于 MCGS 定时器的精度有限，不能保证每个 2s 刚好执行 10 次脚本程序。这样，机械手的一个操作周期结束后，"水平移动量"、"垂直移动量"和"垂直移动量 2"的值可能回不到 0，而多个操作周期后累计误差可能会更大。

为确保在机械手系统的一个操作周期结束后，画面上的"图符"能够回到初始位置，做好"收尾"工作也很关键。

(1) 解决活塞杆水平伸缩以及底座料块水平移动回不到原点的问题。

方法：在"变频器启动"=1 时 ，令"水平移动量" = 0。

修改后的程序段为：

```
IF  计时时间  < 10 THEN
      推到位=0
      变频器启动=1          '变频器运行 6s'
      水平移动量= 0
   EXIT
   ENDIF
```

(2) 解决左侧机械手部件垂直移动回不到原点的问题。

方法：当"旋转"=1 时 ，令"垂直移动量"= 0。

修改后的程序段为：

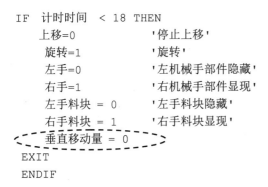

```
IF  计时时间  < 18 THEN
      上移=0                '停止上移'
      旋转=1                '旋转'
      左手=0                '左机械手部件隐藏'
      右手=1                '右机械手部件显现'
      左手料块 = 0          '左手料块隐藏'
      右手料块 = 1          '右手料块显现'
      垂直移动量 = 0
   EXIT
   ENDIF
```

(3) 解决右侧机械手部件垂直移动回不到原点的问题。

方法：当"返回"=1 时 ，令"垂直移动量 2"= 0。

修改后的程序段为：

```
IF  计时时间  < 26 THEN
    上移=0          '停止上移'
    旋转=0          '解除旋转'
    返回=1          '返回'
    底座料块=1      '底座料块显现'
    左手=1          '左机械手部件显现'
    右手=0          '右机械手部件隐藏'
    垂直移动量2 = 0
EXIT
ENDIF
```

脚本程序修改完成后单击"确定"按钮退出，并保存设置。再进入运行环境，调试并观察动画效果。

利用 MCGS 软件实现的机械手系统模拟运行的设计与调试到此结束，此方法不是唯一的，也不一定是最好的，动动脑筋，希望你有更出色的方案！

4. 完整的参考脚本程序清单

机械手控制系统模拟运行的完整脚本程序清单如下。

"水平移动量"和"垂直移动量"值的控制程序段：

```
IF 下移= 1  AND 旋转 = 1 THEN
    垂直移动量2=垂直移动量2 + 1
ENDIF
IF 上移= 1  AND 旋转=1 THEN
    垂直移动量2=垂直移动量2 - 1
ENDIF
IF 下移= 1 AND 旋转 = 0 THEN
    垂直移动量=垂直移动量 + 1
ENDIF
IF 上移= 1 AND 旋转 = 0  THEN
    垂直移动量=垂直移动量 - 1
ENDIF
IF 变频器启动= 1 THEN
    水平移动量2=水平移动量2+1
ELSE
    水平移动量2=0
ENDIF
IF 推料气缸= 1  THEN
    水平移动量=水平移动量+1
ENDIF
IF 推到位= 1  THEN
    水平移动量=水平移动量-1
ENDIF
```

定时器的运行控制程序段：

```
IF 启动 = 1 AND 复位 = 0 THEN
    定时器启动=1
    定时器复位=0
    有货=1
ENDIF
IF 启动 = 0  THEN
    定时器启动=0
ENDIF
IF 复位 = 1 AND 计时时间 >= 26 THEN
    定时器启动=0
    定时器复位=1
ENDIF
```

机械手系统运行控制程序段：

```
IF 定时器启动=1 THEN
IF 有货 = 1 AND 计时时间 < 2 THEN
    推料气缸=1                '推料柱伸出'
    底座料块=1                '底座料块显现'
EXIT
ENDIF
IF  计时时间  < 4 THEN
    推到位=1                 '伸出到位'
    推料气缸=0               '推料柱返回'
    底座料块=0               '底座料块隐藏'
    传送带左料块=1           '传送带左料块显现'
 EXIT
 ENDIF
IF  计时时间  < 10 THEN
    推到位=0
    变频器启动=1             '变频器运行 6s'
    水平移动量= 0
 EXIT
 ENDIF
IF  计时时间  < 12 THEN
    变频器启动=0             '变频器停止运行'
    货到位=1
    下移=1                   '机械手下移'
    传送带左料块=0           '传送带左料块隐藏'
    传送带右料块 = 1         '传送带右料块显现'
 EXIT
 ENDIF
IF  计时时间  < 14 THEN
    下移=0                   '停止下移'
    夹紧=1                   '夹紧'
 EXIT
```

```
  ENDIF
IF  计时时间  < 16 THEN
      上移=1                    '上移'
      货到位=0
      左手料块 = 1              '左手料块显现
      传送带右料块 = 0          '传送带右料块隐藏'
  EXIT
  ENDIF
IF  计时时间  < 18 THEN
      上移=0                    '停止上移'
      旋转=1                    '旋转'
      左手=0                    '左机械手部件隐藏'
      右手=1                    '右机械手部件显现'
      左手料块 = 0             '左手料块隐藏'
      右手料块 = 1             '右手料块显现'
      垂直移动量 = 0
  EXIT
  ENDIF
IF  计时时间  < 20 THEN
      下移=1                    '下移'
  EXIT
  ENDIF
IF  计时时间  < 22 THEN
      下移=0                    '停止下移'
      夹紧=0                    '解除夹紧'
      放松=1                    '放松'
      右手料块= 0              '右手料块隐藏'
      工作台料块= 1            '工作台料块显现'
EXIT
  ENDIF
IF  计时时间  < 24 THEN
      放松=0                    '解除放松'
      上移=1                    '上移'
EXIT
ENDIF
IF  计时时间  < 26 THEN
      上移=0                    '停止上移'
      旋转=0                    '解除旋转'
      返回=1                    '返回'
      底座料块=1               '底座料块显现'
      左手=1                    '左机械手部件显现'
      右手=0                    '右机械手部件隐藏'
      垂直移动量2 = 0
EXIT
ENDIF
IF  计时时间  >= 26  THEN
      返回=0                    '解除返回'
      定时器复位=1
      工作台料块=0             '工作台料块隐藏'
```

```
   EXIT
  ENDIF
ENDIF
```

停止控制程序段：

```
IF   定时器启动=0 THEN
        上移=0
        下移=0
        夹紧=0
        放松=0
        旋转=0
        返回=0
        有货=0
        左手=1                    '左机械手显现'
        工作台料块=0              '工作台料块隐藏'
ENDIF
```

5. 实时数据库中的数据对象清单

机械手模拟运行组态工程的数据对象共计 29 个，对象清单如表 2-8 所示。

表 2-8　实时数据库中数据对象清单

序　号	对象名称	对象类型	序　号	对象名称	对象类型	序　号	对象名称	对象类型
1	启动	开关型	11	旋转	开关型	21	传送带左料块	开关型
2	复位	开关型	12	放松	开关型	22	传送带右料块	开关型
3	有货	开关型	13	返回	开关型	23	垂直移动量	数值型
4	推到位	开关型	14	定时器启动	开关型	24	垂直移动量 2	数值型
5	货到位	开关型	15	定时器复位	开关型	25	左手	开关型
6	推料气缸	开关型	16	计时时间	数值型	26	右手	开关型
7	变频器启动	开关型	17	时间到	开关型	27	左手料块	开关型
8	下移	开关型	18	水平移动量	数值型	28	右手料块	开关型
9	夹紧	开关型	19	水平移动量 2	数值型	29	工作台料块	开关型
10	上移	开关型	20	底座料块	开关型	30		

6. 机械手控制系统运行效果图

机械手的模拟运行效果，如图 2-127～图 2-130 所示。

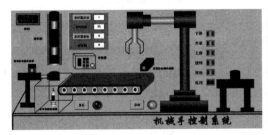
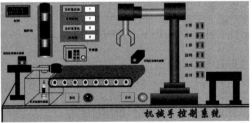

图 2-127　机械手组态工程运行效果图 1　　　图 2-128　机械手组态工程运行效果图 2

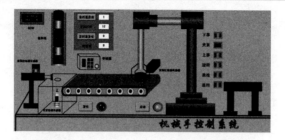

图 2-129　机械手组态工程运行效果图 3

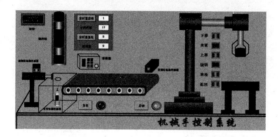

图 2-130　机械手组态工程运行效果图 4

2.2.8　软硬件联机调试运行

前期是利用 MCGS 系统的设备无关性，在机械手控制组态工程中借助定时器和脚本策略，初步实现了机械手控制系统的模拟运行，而并未体现出 MCGS 的实时监控功能。如何使用 MCGS 组态软件实现对机械手系统运行的实时监控？

预期达到的监控效果是：不但可以用 PLC 外部输入设备中的硬件按钮发出"启动"和"停止"控制命令，使用 PLC 程序完成对机械手系统的运行控制，上位机中的 MCGS 软件监视其运行；而且能用上位机的 MCGS 组态画面中的启动和复位按钮，送出"启动"和"停止"控制命令，使 PLC 完成机械手系统运行控制，从而实现上位机 MCGS 的监控功能。

1．PLC 系统设计与调试

机械手系统的运行控制主要由 PLC 实现，因此，先要完成 PLC 控制系统软、硬件的设计与调试。

(1) PLC 控制系统的 I/O 分配。机械手控制系统 I/O 设备及地址详见表 2-9。

表 2-9　机械手的 PLC 控制系统 I/O 分配表

输入设备及地址			输出设备及地址		
名　称	地址	注　释	名　称	地　址	注　释
启动按钮	I0.0	控制系统启动运行	推料气缸	Q0.1	通过相应电磁阀控制其动作
停止按钮	I0.5	控制系统停止运行	变频器	Q0.2	控制传送带电机运行
有货检测传感器	I0.2	检测储料塔中是否有料块	手升/降气缸	Q0.3	通过相应电磁阀控制其动作
推到位检测传感器	I0.3	检测推料气缸活塞杆是否伸出到位	手夹紧/放松气缸	Q0.4	通过相应电磁阀控制其动作

续表

输入设备及地址			输出设备及地址		
名　称	地　址	注　释	名　称	地　址	注　释
货到位检测传感器	I0.4	检测机械手下是否有料块	手旋转/返回气缸	Q0.5	通过相应电磁阀控制其动作

（2）西门子 S7-200 CPU226 型 PLC 的 I/O 硬件电路连接。

本系统选择的控制单元是西门子 S7-200CPU226 型 PLC，其机械手控制系统的集成电路单元板接线如图 2-131 所示。I/O 硬件接线示意图如图 2-132 所示。

（3）PLC 与计算机的连接与通信。

使用 PC/PPI 电缆连接计算机的 COM 口和 PLC 的通信端口，并进行通信设置。打开 Step7-Micro/Win32 编程软件，设置通信参数如下：远程地址为 2；本地地址为 0；接口为 PC/PPI cable(COM1)；通信协议为 PPI；传送速率为 9.6Kbps；模式为 11 位。记住这些参数，以便于在 MCGS 系统中进行相应的通信设置。

（4）PLC 程序的编辑与调试。

① PLC 程序中的符号表如图 2-133 所示。

② 机械手控制系统顺序功能图如图 2-134 所示。

③ PLC 参考程序如图 2-135 和图 2-136 所示。

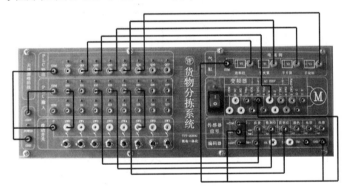

图 2-131　集成电路单元板接线

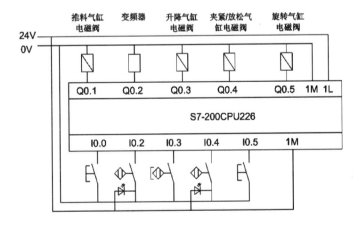

图 2-132　PLC 的 I/O 接线

			符号	地址
1			启动按钮	I0.0
2			停止按钮	I0.5
3			有货检测	I0.2
4			推到位检测	I0.3
5			货到位检测	I0.4
6			推料柱活塞杆	Q0.1
7			变频器	Q0.2
8			手升降	Q0.3
9			手夹紧	Q0.4
10			手旋转	Q0.5
11			上位机启动	M2.0
12			上位机复位	M2.1

图 2-133　PLC 参考程序中的符号表

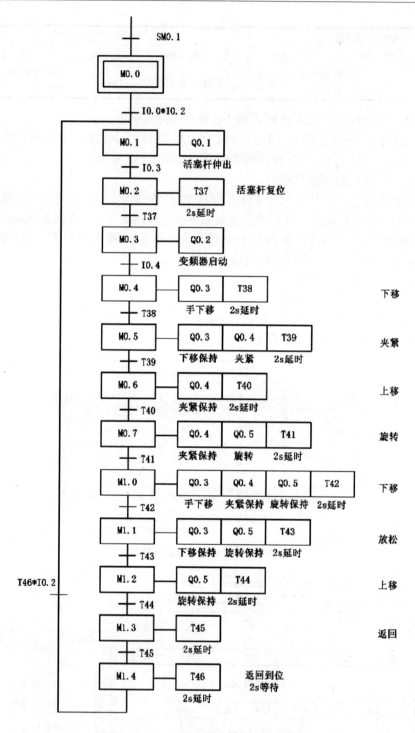

图 2-134　机械手控制系统顺序功能图

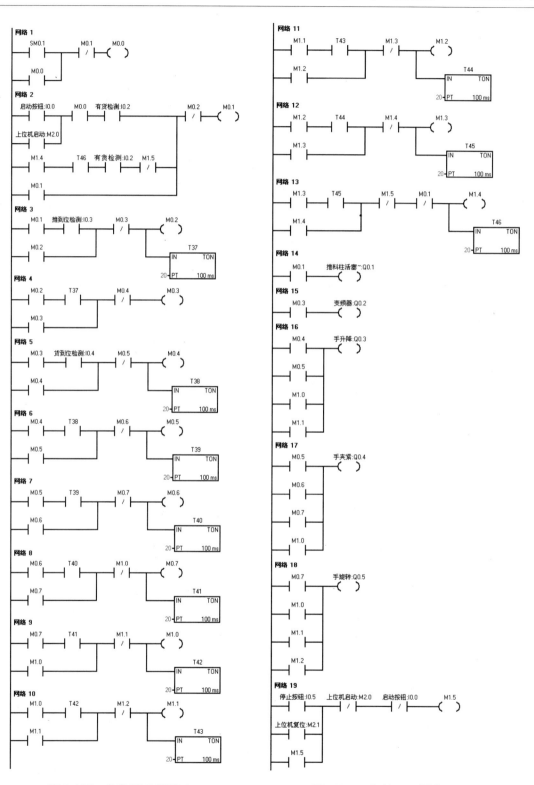

图 2-135　参考 PLC 程序 1　　　　　图 2-136　参考 PLC 程序 2

2. MCGS 系统的设备窗口组态

设备窗口组态的目的是实现机械手的 MCGS 工程与西门子 S7-200PLC 设备的通信连接。设备窗口组态主要包括设备构件的选择、设备构件属性设置、通道连接和设备在线调试等。

1) 设备构件的选择

选择添加设备构件的目的是告诉 MCGS 系统，通过什么接口设备与按钮、电磁阀等外部输入/输出设备进行沟通。本系统中，所有外部输入/输出设备都连接在了 S7-200CPU226 型的 PLC 上，PLC 再通过 PC/PPI 电缆与计算机进行通信。

(1) 在"工作台"窗口，单击"设备窗口"标签，打开"设备窗口"选项卡。双击"设备窗口"图标，弹出"设备组态"窗口。单击工具条上的"工具箱"按钮，打开"设备工具箱"，如果"设备工具箱"中没有所需设备，则单击对话框中的"设备管理"按钮，在弹出的"设备管理"对话框中，从左侧的"可选设备"列表框中选择"通用串口父设备"和"西门子_S7200PPI"设备添加到右侧的"选定设备"列表框中。

(2) 在"设备工具箱"中，找到"通用串口父设备"和"西门子_S7200PPI"，然后按照先"父设备"后"子设备"的顺序，将其添加到设备组态窗口中，如图 2-137 所示。单击"保存"按钮，保存设置。

图 2-137 在设备组态窗口中添加设备

2) 设备构件属性设置

为使设备与 MCGS 系统能实现正常通信，属性设置任务主要有两项，即对"通用串口父设备"的属性设置和"西门子_S7200PPI"的属性设置。

(1) "通用串口父设备"属性设置。在设备组态窗口中，双击"通用串口父设备 0-［通用串口父设备］"，打开"通用串口设备属性编辑"对话框，打开"基本属性"选项卡，进行通信参数设置，具体设置内容如图 2-138 所示。设置完成后，单击"确认"按钮退出。

(2) "西门子_S7200PPI"设备的属性设置。在设备组态窗口中，双击"设备 0-［西门子_S7200PPI］"，弹出"设备属性设置"对话框。打开"基本属性"选项卡，具体设置内容如图 2-139 所示。

💡 **注意：** "父设备"下的所有"子设备"的通信参数必须和父设备完全相同；而且"设备 0-［西门子_S7200PPI］"设备地址号必须和 PLC 通信窗口中的远程设备地址号相同。

3) 设备构件通道连接

(1) 增加设备通道。打开"西门子 S7_200PPI 通道属性设置"对话框，删除部分不需要的 I 寄存器通道，再增加一些必需的 Q 寄存器通道和 M 寄存器通道。

图 2-138　"通用串口设备属性编辑"对话框　　图 2-139　西门子_S7200PPI 属性设置

① 增加 Q 寄存器通道。单击"增加通道"按钮,弹出"增加通道"对话框,选择寄存器类型为"Q 寄存器";数据类型为"通道第 01 位";寄存器地址为"0";通道数量为"5",选择操作方式为"读写"型,如图 2-140 所示。

图 2-140　增加 Q 寄存器通道

② 增加 M 寄存器通道。使用同样的方法,先增加 13 个"M 寄存器",数据类型为"通道第 00 位";寄存器地址为"0";通道数量为"13";选择操作方式为"读写"型。单击"确认"按钮。再继续添加 2 个"M 寄存器",数据类型为"通道第 00 位";寄存器地址"2";通道数量为"2";选择操作方式为"读写"型。

设置结束,回到"西门子 S7_200PPI 通道属性设置"对话框,可以看到:有 6 个"I 寄存器"通道,编号为 I0.0～I0.5;有 5 个"Q 寄存器"通道,编号从 Q0.1～Q0.5;有 15 个"M 寄存器"通道,编号是 M0.0～M0.7、M1.0～M1.4、M2.0～M2.1。单击"确认"按钮退出,回到"基本属性"选项卡。

(2) 通道连接。打开"通道连接"选项卡,建立各通道与实时数据库中相关数据对象的连接。建立通道连接时,相关数据对象所选择的通道编号要与 PLC 程序中的地址严格对应。连接关系如表 2-10 所示。

表 2-10　设备通道连接参照表

数据对象	通道类型	功能注释
有货	只读 I000.2	读 PLC 的 I0.2 端子上的有货检测传感器的状态,改写"有货"变量的值
推到位	只读 I000.3	读 PLC 的 I0.3 端子上的推到位检测传感器的状态,改写"推到位"变量的值
货到位	只读 I000.4	读 PLC 的 I0.4 端子上的货到位检测传感器的状态,改写"货到位"变量的值
变频器启动	读写 Q000.2	读 PLC 的 Q0.2 端子上的变频器的状态,改写"变频器启动"变量的值
下移	读写 Q000.3	读 PLC 的 Q0.3 端子上的升/降气缸的状态,改写"下移"变量的值
夹紧	读写 Q000.4	读 PLC 的 Q0.4 端子上的夹紧/放松气缸的状态,改写"夹紧"变量的值

续表

数据对象	通道类型	功能注释
旋转	读写 Q000.5	读 PLC 的 Q0.5 端子上的旋转/放松气缸的状态，改写"旋转"变量的值
推料气缸	读写 M000.2	读 PLC 的 M0.2 存储器位的数据，改写"推料气缸"变量的值
上移 1	读写 M000.6	读 PLC 的 M0.6 存储器位的数据，改写"上移 1"变量的值
放松	读写 M001.1	读 PLC 的 M1.1 存储器位的数据，改写"放松"变量的值
上移 2	读写 M001.2	读 PLC 的 M1.2 存储器位的数据，改写"上移 2"变量的值
返回	读写 M001.3	读 PLC 的 M1.3 存储器位的数据，改写"返回"变量的值
启动	读写 M002.0	读"启动"变量的值，写入 PLC 的 M2.0 存储器位，由上位机控制机械手系统启动运行
复位	读写 M002.1	读"复位"变量的值，写入 PLC 的 M2.1 存储器位，由上位机控制机械手系统停止运行

注意： ① 因为硬件设备推料气缸的活塞杆伸出/缩回的动作很快，时间很短，如果将 MCGS 中的数据对象"推料气缸"关联到 PLC 的 Q0.1 端子上，组态画面中活塞杆"水平移动"的动画效果就无法实现。所以，如表 2-10 所示，将"推料气缸"变量与在 PLC 程序的 M0.2 相连接，而 PLC 程序中的 M0.2 是活塞杆复位的 2s 延时步段的标志位，这样处理，为组态画面中的活塞杆赢得 2s 的动作时间。

② 表 2-10 中，"上移 1"变量和"上移 2"变量为两个新添加的数据对象，初值"0"，对象类型"开关型"。分别对应了机械手的两次上移动作。

4) 设备在线调试

当通道连接完成后，就可以进行设备在线调试了。在线调试的目的是检查设备组态设置是否正确、硬件是否处于正常工作状态，确定所有 PLC 的输入信号能否经过输入通道正确送入 MCGS，MCGS 的信号能否经过输出通道正确送出。具体操作步骤如下。

(1) 接通相关设备电源，并将 PLC 设置为"STOP"模式，或者停止正在运行的程序，防止 PLC 程序的干扰。

(2) 关闭西门子 Step7_Micro/Win32 编程软件；否则，MCGS 系统将无法与 PLC 通信。

(3) 在"设备属性设置"对话框中，打开"设备调试"选项卡，如图 2-141 所示。在"通道值"列表中，会实时反映通信连接状态和 PLC 中相关寄存器的数据，如"有货"变量对应的通道值为"1"，说明已经可以读取 PLC 的 I0.2 端子的数据。最重要的是，当系统通信成功后，窗口最上边的"通信状态"标志应为"0"，任何非"0"的数值均表示通信连接失败。在线调试过程中，还可以测试其他输入信号的连接状态是否正常。

测试完成，单击"确认"按钮退出，结束设备在线调试。

3. 组态工程改进

(1) 删除定时器策略。在联机统调时，PLC 完成控制任务，所以组态工程中的定时器就无用了。

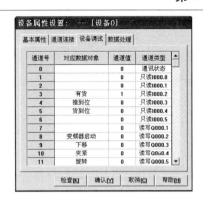

图 2-141　设备调试窗口输入通道连接测试

① 在"机械手监控动画组态"窗口中删除定时器启动按钮、定时器复位按钮以及能够显示定时器运行参数变化的文本框。

② 删除实时数据库中与定时器相关的 4 个数据对象，提高运行环境效率。具体操作方法是：选择"工具"→"使用计数检查"菜单命令，检查是否有图符构件与这 4 个数据对象相关联。如果没有关联，再分别进行删除操作，操作才能生效。

③ 在运行策略的循环策略组态窗口中删除定时器策略行。

(2) 修改脚本程序。前期通过定时器和脚本程序控制的数据对象值中，大部分已经和 PLC 的寄存器建立了连接关系，这些数据对象的值将随与其关联的 PLC 寄存器数据的变化而变化，不再需要脚本语句来控制。所以在联机调试的过程中，要删除或修改脚本程序。选择全部删除还是修改，需要综合考虑。本工程中需要修改原有的脚本程序，以支持部分图符的"水平移动"、"垂直移动"、"隐藏与显现"等的动画效果。

💡 **注意：**　脚本程序改动时，还要考虑到单电控电磁换向阀的动作特点及 PLC 程序中各"编程元件"的动作。

修改后的脚本程序清单如下。

```
    IF 下移= 1  AND 旋转 = 1 THEN
        垂直移动量 2=10
ELSE
        垂直移动量 2=0
ENDIF
IF 下移= 1 AND 旋转 = 0 THEN
        垂直移动量=10
ENDIF
IF 下移= 0 AND 旋转 = 0  AND 夹紧 = 1 THEN
        垂直移动量=0
ENDIF
IF 变频器启动= 1 THEN
        水平移动量 2=水平移动量 2+1
ELSE
        水平移动量 2=0
ENDIF
IF 推料气缸= 1  THEN
```

```
        水平移动量=水平移动量+1
        底座料块=1                  '底座料块显现'
   ENDIF
   IF  变频器启动=1  THEN
        水平移动量= 0
        底座料块=0                  '底座料块隐藏'
        传送带左料块=1              '传送带左料块显现'
   ENDIF
   IF  货到位=1 THEN
        传送带左料块=0              '传送带左料块隐藏'
        传送带右料块 = 1            '传送带右料块显现'
   ENDIF
   IF  旋转 = 0  AND 夹紧 = 1 THEN
        左手料块 = 1               '左手料块显现'
        传送带右料块 = 0            '传送带右料块隐藏'
   ENDIF
   IF  旋转=1  THEN
        左手=0                     '左机械手部件隐藏'
        右手=1                     '右机械手部件显现'
        左手料块 = 0               '左手料块隐藏'
        右手料块 = 1               '右手料块显现'
   ENDIF
   IF  夹紧=0  AND 旋转=1  THEN
        右手料块= 0                '右手料块隐藏'
        工作台料块= 1              '工作台料块显现'
        底座料块=1                 '底座料块显现'
   ENDIF
   IF 上移1  XOR 上移2 = 1 THEN
        上移=1
   ELSE
        上移=0
   ENDIF
   IF 旋转=0 THEN
        左手=1                     '左机械手部件显现'
        右手=0                     '右机械手部件隐藏'
        工作台料块=0               '工作台料块隐藏'
   EXIT
   ENDIF
```

(3) 修改与传送带左料块相关联的数据对象"水平移动量2"的最大值。

在模拟运行时，假设料块被输送到机械手下方，所需的时间为 6s。但是，在硬件系统调试运行时，测得输送带运送料块到达机械手下方，实际所需时间为 11.2s，因此，需要对组态画面中的"传送带左料块"的"水平移动属性"的相关参数进行修改。具体操作是：双击"传送带左料块"图符，弹出"动画组态属性设置"对话框，打开"水平移动"选项卡，将"最大移动偏移量307"对应的"表达式的值"更改为"56"。单击"保存"按钮，保存设置。

4. 组态工程与 PLC 系统联机统调

(1) 将 PLC 设置成 RUN 模式，再次确定调试好的 PLC 程序已经下载到 PLC。

(2) 退出西门子 Step7_Micro/Win32 编程软件。

(3) 打开"机械手组态监控工程"，并按下键盘上的 F5 键，进入组态运行环境。

(4) 按下硬件设备上的启动按钮，可以观察到：组态工程的运行过程与动画效果与机械手硬件系统运行状态完全一致。

(5) 在组态运行环境中，单击上位机组态运行环境中的启动按钮，观察到机械手硬件系统启动运行。

单击上位机组态运行环境中的复位按钮，观察到机械手硬件系统在一个操作周期结束时停止运行。

由调试效果可以看出，设计的机械手组态监控工程，满足各项工程的技术要求，达到了实时监控的效果。你做的工程效果如何？是否满意？若效果不理想，请查找原因，解决问题。

至此，机械手监控系统组态工程就完工了，感想如何？有没有收获？

2.2.9　思路拓展

上述工程看似已经很完美，但是还有很大的拓展空间。例如，系统只能实现自动循环操作，而各部件不能相对独立工作。若要求设计者在工程的组态画面中再添加上位机手动控制按钮，分别控制机械手系统各执行机构的独立动作，使机械手系统可以在手动和自动循环之间随意切换，如图 2-142 所示。组态工程又该如何改进？

图 2-142　手动/自动控制选择

改进思路：一个用户窗口，通过调用执行不同的脚本策略，完成手动/自动控制任务。

1. 添加数据对象

根据控制功能的需要，在实时数据库中再添加 6 个数据对象，即"工作方式"、"手控活塞杆"、"手启变频器"、"手动下降"、"手动夹紧"、"手动旋转"等。这 6 个数据对象的类型均为"开关型"，对象初值均为"0"。

2. 组态画面的改进及属性设置

1) 添加手动/自动控制开关

增加手动/自动控制开关的作用，是通过上位机实现机械手硬件系统手动控制/自动循环控制的切换。开关指向"ON"的位置，机械手系统为手动控制工作方式，开关指向"OFF"的位置，机械手系统则为循环工作方式。图 2-142 所示的旋钮开关是使用工具箱的工具自行绘制并制作的。读者可以参考前面介绍的有关"货到位检测传感器"的绘制和编辑方法自行制作旋钮开关，也可到对象元件库中选择图形对象"开关6"。

2) 制作手动控制操作面板

(1) 使用工具箱中的"标准按钮"工具，添加5个按钮，按钮标题分别为"活塞杆"、"变频器"、"下移/上移"、"夹紧/放松"、"旋转/返回"。再将这5个按钮按图2-142所示摆放整齐，并锁定其相对位置。

(2) 使用常用符号工具箱中的"凹平面"工具，绘制操作面板，调整至合适大小，并填充颜色为"绿色"。再使用绘图工具箱的"标签"工具，制作一个内容为"手动控制操作面板"的文字标签，调整字体颜色及大小至满意为止。然后，同时选中"凹平面"和"文字标签"，选择"排列"菜单中的"构成图符"命令进行组合。

(3) 双击新的组合图符，在其"动画组态属性设置"对话框中，打开"可见度"选项卡，表达式文本框中输入文字"@开关量"。单击"确认"按钮退出。

(4) 将编辑好的操作面板叠放到5个按钮的后面，调整好位置，同时选中按钮和操作面板，选择"排列"菜单中的"合成单元"命令进行组合。"手动控制操作面板"组合图符便设计完成了。

3) 旋钮开关属性设置

双击旋钮开关图符，弹出"单元属性设置"对话框，打开"动画连接"选项卡，如图2-143所示。

(1) 对指向"OFF"位置的旋钮进行"按钮动作"和"可见度"属性设置。

① 单击第一行图元名"组合图符"，再单击其右侧出现的">"按钮，打开"按钮动作"选项卡，选择"数据对象值操作"；操作方式"置1"；操作的数据对象为"工作方式"。

② 单击"可见度"标签，打开"可见度"选项卡，"表达式"文本框选择"工作方式"变量；"当表达式非零"时选中"对应图符不可见"单选按钮。单击"确认"按钮，返回到"动画连接"选项卡。

(2) 对指向"ON"位置的旋钮进行"按钮动作"和"可见度"属性设置。

① 单击第3行图元名"组合图符"，打开"按钮动作"选项卡，选择"数据对象值操作"；操作方式"清0"；操作的数据对象为"工作方式"。

② 单击"可见度"标签，打开"可见度"选项卡，"表达式"文本框选择"工作方式"变量；"当表达式非零时"选择"对应图符可见"。单击"确认"按钮退出，并保存设置。

进入运行环境，观察旋钮开关的动作。初始状态，旋钮指向"OFF"位置，单击旋钮，旋钮随即指向"ON"的位置，每单击一次旋钮，旋钮的位置变化一次。

4) 手动操作面板属性设置

双击制作好的"手动操作面板"组合图符，弹出"单元属性设置"对话框，打开"动画连接"选项卡，如图2-144所示。

(1) 操作面板的"可见度"属性设置。单击第一行"组合图符"，打开"可见度"选项卡，"表达式"文本框选择"工作方式"变量；"当表达式非零时"选中"对应图符可见"单选按钮。单击"确认"按钮。

图 2-143　旋钮开关"动画连接"属性对话框　　图 2-144　手动操作面板"单元属性设置"对话框

(2) 5 个按钮的"操作属性"和"可见度"属性设置。

① 在图 2-144 所示的"动画连接"选项卡中，单击第 2 行图元名 "标准按钮"，进入"标准按钮构件属性设置"对话框，打开"基本属性"选项卡，查看按钮标题，若按钮标题为"旋转/返回"，说明正在设置的是"旋转/返回"按钮的属性。

② 单击该选项卡中的"操作属性"标签，打开"操作属性"选项卡，选择"数据对象值操作"；操作方式"取反"；单击文本框右侧的"？"按钮，输入数据对象"手动旋转"。

③ 再打开"可见度"选项卡，"表达式"文本框输入数据对象"工作方式"；"当表达式非零时"选中"按钮可见"单选按钮。单击"确认"按钮，返回"动画连接"选项卡。

④ 使用相同的方法，对其余 4 个名为"活塞杆"、"变频器"、"下移/上移"、"夹紧/放松"的按钮的"操作属性"和"可见度"属性进行设置。设置完成的"动画连接"选项卡，如图 2-145 所示。

💡 注意：　这 4 个按钮的"操作属性"设置中，每个按钮所关联的数据对象应当与按钮的"按钮标题"相对应。按上边名称顺序，其关联的数据对象分别为"手控活塞杆"、"手启变频器"、"手动下降"、"手动夹紧"。

5) 调试运行

设置结束，存盘。按下功能键 F5，进入运行环境，观察动画效果。

初始状态下，旋钮开关指向"OFF"位置，即系统为循环工作方式，这时"手动控制操作面板"图符隐藏不见；单击旋钮开关，旋钮指向"ON"的位置，系统将切换为"手动控制方式"，这时，"手动控制操作面板"图符显现。然后，可以通过单击面板上的 5 个按钮，改变 "手控活塞杆"、"手启变频器"、"手动下降"、"手动夹紧"、"手动旋转"等 5 个变量的值。

3．添加手动控制脚本策略

(1) 在"工作台"窗口中，单击"运行策略"标签，打开"运行策略"选项卡，双击"循环策略"，进入循环策略的"策略组态"窗口，增加一条策略行，在策略行的末端添加"脚本程序"构件，如图 2-146 所示。

(2) 设置策略行的运行条件。

每一个策略行中都有一个条件部分和一个功能部分，构成了"条件–功能"的结构。

前期已经编辑好的脚本，是负责协助机械手系统自动循环工作的。新增策略行的目的是再编辑一段脚本程序，协助系统采用手动控制的方式工作。所以，预期的效果是，当机械手系统处于自动循环和手动控制两种不同的工作方式时，调用执行不同的脚本策略。因此，需要对两个脚本策略的执行条件进行设置。

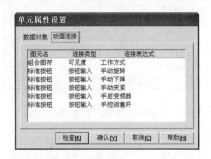

图 2-145　操作面板设置完成的"动画连接"对话框

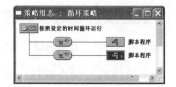

图 2-146　新增脚本策略行

① 双击新增策略行的"条件"部分的图标，如图 2-147 所示。打开"策略行条件属性设置"对话框，"表达式"文本框输入数据对象"工作方式"；"条件设置"选中"表达式的值非 0 时条件成立"单选按钮；"内容注释"文本框输入"手动控制时运行"，如图 2-148 所示。单击"确认"按钮退出，并保存设置。

② 使用相同的方法，对前期编辑好的脚本策略行的执行条件进行设置。注意：表达式文本框仍输入数据对象"工作方式"；但条件设置选中"表达式的值为 0 条件成立"单选按钮；"内容注释"文本框输入"自动控制时运行"。

图 2-147　新增策略行的"条件"部分

图 2-148　新增策略行的条件属性设置

(3) 新增策略行的脚本程序编辑。打开脚本程序编辑环境，编辑适用于手动控制工作的脚本程序。参考脚本程序清单如下。

```
IF   工作方式= 1 THEN
     底座料块=0                      '底座料块隐藏'
     传送带左料块=0                  '传送带左料块隐藏'
     传送带右料块 = 0                '传送带右料块隐藏'
     左手料块 = 0                    '左手料块隐藏'
     右手料块= 0                     '右手料块隐藏'
     工作台料块=0                    '工作台料块隐藏'
ENDIF
IF   手动下降= 1  THEN
     垂直移动量=10
```

```
ELSE
        垂直移动量=0
ENDIF
IF  手启变频器 =1 THEN
        水平移动量 2=水平移动量 2+1
ELSE
        水平移动量 2=0
ENDIF
IF  手控活塞杆= 1  THEN
        水平移动量=水平移动量+1
    ELSE
        水平移动量= 0
ENDIF
IF  手动旋转=1  THEN
        左手=0            '左机械手部件隐藏'
        右手=1            '右机械手部件显现'
ELSE
        左手=1            '左机械手部件显现'
        右手=0            '右机械手部件隐藏'
ENDIF
IF  手动下降= 1  AND 手动旋转=1  THEN
        垂直移动量 2=10
ELSE
    垂直移动量 2=0
ENDIF
```

脚本程序编辑完成，保存设置。

4．设备组态中添加新的通道连接

在"设备 0-［西门子_S7200PPI］"的"通道属性设置"对话框中，再增加 6 个"M 寄存器"通道，通道编号为 M2.2～M2.7。打开"通道连接"选项卡，建立新的通道连接，数据对象与数据通道的连接关系如表 2-11 所示。

表 2-11　设备通道连接参照表

数据对象	通道类型	功能注释
工作方式	读写 M002.2	读"工作方式"的值，写入 PLC 的 M2.2 存储器位，由上位机选择机械手系统运行方式
手控活塞杆	读写 M002.3	读"手控活塞杆"的值，写入 PLC 的 M2.3 存储器位，由上位机去控制活塞杆的伸出和缩回
手启变频器	读写 M002.4	读"手启变频器"的值，写入 PLC 的 M2.4 存储器位，由上位机去控制变频器的启/停
手动下降	读写 M002.5	读"手动下降"的值，写入 PLC 的 M2.5 存储器位，由上位机去控制机械手升/降

续表

数据对象	通道类型	功能注释
手动夹紧	读写 M002.6	读"手动夹紧"的值,写入 PLC 的 M2.6 存储器位,由上位机去控制机械手夹紧/放松
手动旋转	读写 M002.7	读"手动旋转"的值,写入 PLC 的 M2.7 存储器位,由上位机去控制机械手旋转/返回

5. PLC 程序的改进

(1) 在西门子 Step7_Micro/Win32 编程软件的符号表中,继续添加 5 个自定义符号,如图 2-149 所示。

13	机械手工作方式选择	M2.2	
14	上位机手动控制活塞杆	M2.3	
15	上位机手动控制变频器	M2.4	
16	上位机控制手动下降	M2.5	
17	上位机控制手动夹紧	M2.6	
18	上位机控制手动旋转	M2.7	

图 2-149 符号表中自定义的新符号

(2) 将前期调试好的图 2-135 和图 2-136 所示的 PLC 程序作为机械手系统的循环运行子程序 SBR_0。

(3) 编辑一个主程序,负责在一定条件下调用不同的子程序。主程序如图 2-150 所示。

(4) 编辑手动控制子程序 SBR_1,负责机械手各部件的独立运行控制,如图 2-151 所示。

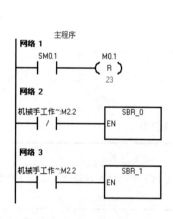

图 2-150 PLC 的主程序

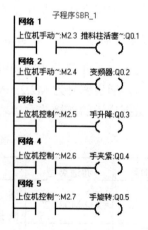

图 2-151 PLC 的子程序 SBR_1

6. 联机调试运行

1) 自动运行

(1) 先将 PLC 程序调试运行好,然后将 PLC 切换成 RUN 模式,关闭 Step7_Micro/Win32 编程软件。

(2) 打开修改后的机械手组态监控工程,按下功能键 F5,进入运行环境。

(3) 初始状态时，画面中的"手动/自动开关"指向"OFF"位置，即机械手系统处于自动循环运行状态。按下硬件启动按钮，机械手系统处于自动循环运行工作状态，观察到组态画面中的图符动画效果与硬件系统动作完全一致。按下硬件停止按钮，观察到机械系统和组态动画在一个操作周期结束时停止运行。

(4) 在组态运行环境中，单击启动按钮，启动指示灯变为绿色，同时机械手硬件系统启动运行，组态动画随之动作；单击复位按钮，复位指示灯变为绿色，机械手系统在一个操作周期结束后停止运行。

💡 **注意：** 在通过上位机去控制机械手系统启动和停止运行时，在上位机组态画面中，单击"启动"按钮时，请单击两下，因为机械手启动过程只需要一个 0 到 1 的上升沿的触发信号即可，不能让"启动"变量始终为 1；否则系统不能停止运行。复位按钮的操作方式与启动按钮的相同。

2) 手动控制

(1) 单击上位机中的"手动/自动开关"，旋钮指向"ON"位置，机械手系统处于手动控制工作方式。

(2) 在上位机组态画面中，单击 "手动控制操作面板"上的"活塞杆"按钮，观察到硬件活塞杆动作，组态画面中的活塞杆伸出，两者动作一致；再次单击"活塞杆"按钮，观察到活塞杆复位。使用同样的方法分别单击"变频器"、"上移/下移"、"夹紧/放松"、"旋转/返回"等按钮，观察动作效果。

手动控制活塞杆动作的运行效果如图 2-152 所示。

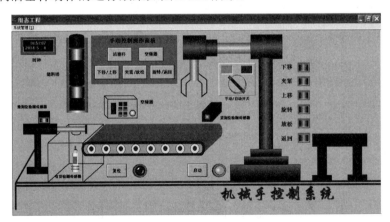

图 2-152　手动控制活塞杆动作的运行效果

2.2.10　设计完善与知识延伸

1. 设计完善与知识延伸

1) 组态工程制作封面

封面窗口是工程运行后第一个显示的图形界面，"机械手组态监控系统"工程的封面窗口运行效果，如图 2-153 所示。

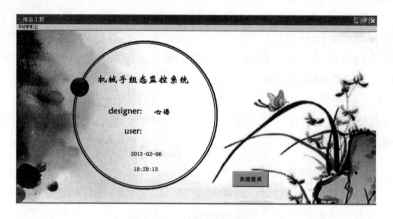

图 2-153　工程的封面窗口

(1) 增加一个名为"封面"的窗口，并将该窗口设置为启动窗口。

方法 1：打开"工作台"的"用户窗口"选项卡，增加一个新的窗口，更改名称为"封面"。选中"封面"窗口并右击，在弹出的快捷菜单中选择"设置为启动窗口"命令。

方法 2：打开"工作台"的"主控窗口"选项卡，选中"主控窗口"图标，单击右侧的"系统属性"按钮，弹出"主控窗口属性"设置对话框，打开"启动属性"选项卡，将用户窗口列表框中的"封面"窗口添加到自动运行窗口列表框中，单击"确认"按钮。

(2) 制作 4 个文字标签。在"工作台"的"用户窗口"选项卡中，双击"封面"窗口图标，进入其"动画组态窗口"。使用工具箱中的"标签"工具制作 4 个文本框。在 4 个文本框中分别输入文字"机械手组态监控系统"、"designer"、"心语"、"user"，调整字体、大小及颜色，并摆放好位置。

(3) 制作两个分别用来显示系统运行时的当前日期和时钟的文本框。

① 使用工具箱中的"标签"工具制作一个文本框。双击该文本框，弹出"动画组态属性设置"对话框，打开"显示输出"选项卡，"表达式"文本框输入"$Date"；"输出值类型"选择"字符串输出"；"输出格式"选择"向中对齐"。

② 采用"复制"→"粘贴"的方式再制作一个文本框。注意，这个文本框用来显示运行的当前时钟，所以，在该文本框的"显示输出"选项卡中，"表达式"文本框的内容更改为"$Time"。

(4) 制作小球做圆周运动的组态动画。

① 使用工具箱中的"椭圆"工具，画一个 500×500 的大圆，调整边线颜色和粗细，双击图符，打开其"属性设置"选项卡，设置静态属性的填充颜色为"无填充色"。

② 再画一个 68×68 的小球，填充红色，将小球与大圆采用"中心对齐"放置，且小球排列在最前面。

③ 双击小球图符，打开"属性设置"选项卡，选择"位置动画连接"中的"水平移动"和"垂直移动"选项。并设置"水平移动"和"垂直移动"属性，设置内容如图 2-154 和图 2-155 所示。

注意：　在做图 2-154 和图 2-155 所示的属性设置之前，先到数据库中，添加一个新的数据对象，对象名称为"t"，对象类型为"数值型"。

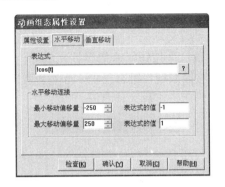

图 2-154　小球水平移动属性设置

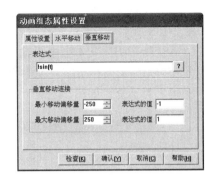

图 2-155　小球垂直移动属性设置

④ 在"工作台"的"用户窗口"选项卡中，选中"封面"窗口，单击"窗口属性"按钮，打开"用户窗口属性设置"对话框中的"基本属性"选项卡，窗口位置选择"最大化显示"；打开"循环脚本"选项卡，设置循环时间为"10ms"，脚本编辑环境中输入脚本程序，如图 2-156 所示。

(5) 制作封面窗口的背景。

打开"封面"窗口的"动画组态窗口"，使用工具箱中的"位图"工具，画一个"位图标识"，选中"位图标识"并右击，在弹出的快捷菜单中选择"装载位图"命令，即弹出"从文件中装载图像"的对话框，如图 2-157 所示。从"文件名称"列表框中选择用户计算机的文件夹中收藏的一张精美图片，装载到"封面"窗口中，作为背景，并调整其大小及位置，设置其排列在最后面。

图 2-156　"封面"窗口的循环脚本

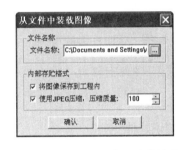

图 2-157　"封面"窗口装载位图

(6) 制作一个实现窗口切换的按钮。

使用工具箱中的"标准按钮"工具，画一个按钮，打开其"基本属性"选项卡，将按钮标题更改为"欢迎登录"；再打开"操作属性"选项卡，按钮对应的功能先选择"打开用户窗口"选项，在其右侧的下拉列表框中选择"机械手监控窗口"选项；再选择"关闭用户窗口"选项，在其右侧的下拉列表框中选择"封面"。

封面窗口编辑制作结束，保存设置，进入运行环境，观察效果。

2) 工程安全管理

(1) 工程加密。给正在组态或已完成的工程设置密码，可以保护该工程不被别人打开使用或修改。

设置密码的方法是：在"工作台"窗口中，单击"工具"菜单中的"工程安全管理"

子菜单，在弹出的子菜单中选择"工程密码设置"命令，即可弹出"修改工程密码"对话框，如图2-158所示。如果是初次设置，只需在"新密码"文本框中输入用户自定义的密码，然后在"确认新密码"文本框中再输入一遍，单击"确认"按钮，密码设置完成。

设置密码后，若要在组态环境中再打开"机械手监控系统"组态工程，首先会弹出"输入工程密码"对话框，如图2-159所示，正确输入密码后，工程才能打开。

图2-158　工程安全密码设置对话框

图2-159　"输入工程密码"对话框

(2) 工程运行期限设置。

工程运行期限设置是对运行环境行使的一种约束。它划分为4个时间段，分别进行密码锁定，通过多级密码控制系统的运行和禁用。这一安全机制，主要是针对乙方向甲方交付工程后，甲方没有付清项目全款时对乙方的一种保护手段，是为保证开发者的利益得到及时回报。当然，无论哪种安全机制，都是出于对开发者或使用者权益的一种保护，绝不能作为不良动机的手段。

工程运行期限设置的方法是：在"工作台"窗口中，选择"工具"菜单中的"工程安全管理"子菜单，在弹出的子菜单中选择"工程运行期限设置"命令，即可弹出"设置工程试用期限"对话框，如图2-160所示。在"设置工程试用期限"对话框中可设4个试用期限，每个期限都有不同的密码和提示信息。

运行时，用户可根据不同运行期限输入相应的密码，也可直接输入最后期限的密码，工程永久解锁，后期正常使用。如果不输入密码或密码输入错误，则MCGS直接退出运行。

💡 **注意：** 在运行环境中，直接按Ctrl+Alt+P组合键弹出密码输入对话框，正确输入密码后，可以解锁工程运行期限的限制。

2. 知识延伸

由于大型系统操作人员较多，从工程运行的安全角度来说，有必要对各类操作人员进行工程权限设定，让每个操作人员仅能完成自己所负担的操作，从而达到明确责任、防止误操作的情况发生。

MCGS系统按用户组来分配操作权限的机制，使用户能方便地建立各种多层次的安全机制。在实际应用中，一般要划分为操作员组、技术员组和负责人组。操作员组的成员一般只能进行简单的日常操作；技术员组负责工艺参数等功能的设置；负责人组能对重要的数据进行统计分析。各组的权限各自独立，但某用户可能因工作需要，能进行所有操作，则只需把该用户同时设为隶属于3个用户组即可。

在MCGS系统中，负责人行使最高的权限，用户只能修改其密码而不能删除负责人。负责人可以建立新用户或删除已有的用户，作为系统提供的管理员组也是负责人所不能删除的(不必要的情况下，不要再建新管理员组，否则将不能被删除)。以下举例说明工程权限设定(假设某案例工程中有4个用户窗口和一个封面窗口，且封面窗口为启动窗口)。

1) 用户权限管理

在用户权限管理中，主要是设置用户名、用户密码、用户组名等。每个用户具有独立的密码，而每个用户组中可以包含若干个用户，用户可以被多次分配到不同的用户组中。只要对用户组规定了行使的权限，该组中的全体用户便同时享有该权利。用户权限管理设定的主要任务是定义用户和用户组。

(1) 新增加两个用户组，命名为"技术员组"和"操作员组"。

① 在"工作台"窗口中，选择"工具"菜单中的"用户权限管理"命令，打开"用户管理器"对话框，如图 2-161 所示。在对话框中固定有一个名为"管理员组"的用户组和一个名为"负责人"的用户，他们的名称不能修改。管理员组的用户有权在运行时管理所有的权限分配工作，管理员组成员的这些特性是由 MCGS 系统决定的，其他用户组都没有这些权利。

图 2-160　"设置工程试用期限"对话框

图 2-161　"用户管理器"对话框

② 在"用户管理器"对话框中，单击"用户组名"列表的空白处，用户组名列表被激活。单击该对话框底部的"新增用户组"按钮，弹出"用户组属性设置"对话框，如图 2-162 所示。在"用户组名称"文本框中输入"技术员组"，在"用户组描述"文本框中可输入注释内容。单击"确认"按钮返回到"用户管理器"对话框。"技术员组"添加成功。使用相同的方法再增加一个"操作员组"。

(2) 为用户组添加用户。

在"用户管理器"对话框中，单击"用户名"列表的空白处，用户名列表被激活。单击对话框底部的"新增用户"按钮，弹出"用户属性设置"对话框。如图 2-163 所示，在"用户名称"文本框中输入用户名称"Jason"，并设置该用户的操作密码，以及确定该用户隶属于技术员组。采用相同的方法，再为操作员组添加两名操作员，名字分别为"operator1"和"operator2"。定义好的用户组及用户如图 2-164 所示。组成员的数量可根据工程需要设定。

💡 **注意：**　包括负责人在内，每个用户都有独立的密码；一个用户可以隶属于多个用户组。

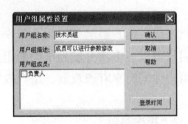

图 2-162　添加"技术员组"

图 2-163　增加用户

2) 系统权限设置

为了防止与工程系统无关的人员随意登录或退出系统运行环境，MCGS 软件提供了对工程运行时进入和退出工程的权限管理，以确保系统安全、可靠运行。

在"工作台"上单击"主控窗口"图标，再单击"系统属性"按钮，弹出"主控窗口属性设置"对话框，打开"基本属性"选项卡，选择"进入登录，退出登录"选项。再单击"权限设置"按钮，在弹出的"用户权限设置"对话框中选择"管理员组"，单击"确认"按钮，退出。

这样设置后，只有"负责人"登录后，工程才能在运行环境中运行，或者从运行环境退出。

3) 操作权限设置

在 MCGS 系统中，凡是具有操作功能的按钮、菜单、构件等都可以进行操作权限的设定，在其"属性设置"选项卡中都对应有"权限"按钮，单击此按钮，可弹出"用户权限设置"对话框，如图 2-165 所示。

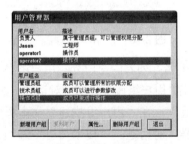

图 2-164　新定义的用户组及用户

图 2-165　用户的操作权限设置

对话框中的"所有用户"为系统默认选中。如果不进行权限设置，则权限机制不起作用，所有用户都能进行操作；若选择了某个"用户组"，则该组的成员都有权进行该项操作。即：在 MCGS 中，操作权限的分配是对用户组进行的，某个用户具有什么样的操作权限是由该用户所隶属的用户组来决定。

4) 设置系统运行时改变操作权限的功能

用户的操作权限在系统运行时才可以体现出来。在 MCGS 工程中，可以设置某个用户在进行操作之前首先要"登录"，登录成功后，该用户才能进行所需的操作，完成操作后再退出登录，使操作权限失效。

"登录"、"退出登录"、"用户管理"、"运行时修改密码"等功能的实现，都需要在主控窗口中进行"菜单组态"。

在 MCGS 的工作台上打开"主控窗口"选项卡，双击"主控窗口"图标，打开主控窗口的"菜单组态"窗口，系统提供的默认菜单如图 2-166 所示。此菜单包括：一个下拉菜单"系统管理"，两个普通菜单"用户窗口管理"和"退出系统"。两个菜单项中间用一个"分隔线"分隔。MCGS 菜单组态允许用户自由设置所需的每个菜单命令，菜单命令设置的内容包括"菜单属性"、"菜单操作"、"脚本程序"等 3 项。

图 2-166　系统默认菜单

(1) 用户登录。在主控窗口的"菜单组态"窗口中，双击"用户窗口管理"菜单项，打开"菜单属性设置"对话框中的"菜单属性"选项卡，将"菜单名"更改为"用户登录"，如图 2-167 所示。打开"脚本程序"选项卡，在脚本程序编辑环境中输入系统函数"!LogOn( )"和"!GetCurrentUser( )"，如图 2-168 所示。单击"权限"按钮，打开"用户权限设置"对话框，选择"所有用户"。单击"确认"按钮退出。

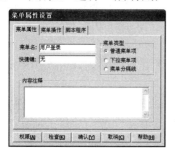

图 2-167　更改菜单名称

图 2-168　添加脚本程序

"!LogOn( )"为系统函数，其功能是弹出登录对话框。将该函数放到"用户登录"菜单的脚本程序中，单击该菜单项，就会弹出登录对话框。

"!GetCurrentUser( )"为系统函数，其功能是读取当前登录用户的用户名。

(2) 退出登录。在主控窗口的"菜单组态"窗口中，单击工具条的"新增菜单项"按钮，或者右击，在弹出的快捷菜单中选择"新增菜单"命令，会增加一个名为"操作 0"的普通菜单，如图 2-169 所示。

双击"操作 0"进入其"菜单属性设置"对话框，打开"菜单属性"选项卡，将菜单名改为"退出登录"；打开"菜单操作"选项卡，选中"打开用户窗口"复选框，并在其右侧的下拉列表框中选择"封面"，如图 2-170 所示；打开"脚本程序"选项卡，在脚本编辑环境中输入系统函数"!LogOff( )"；打开"用户权限设置"对话框，选择"管理员组"、"技术员组"和"操作员组"，如图 2-171 所示。单击"确认"按钮退出。

"!LogOff( )"为系统函数，其功能是退出当前用户的登录。

图 2-169　新增菜单"操作 0"

图 2-170　菜单操作属性设置

图 2-171　新增菜单的脚本程序和用户权限设置

(3) 用户管理。在系统运行过程中，为了使"负责人"能实现对所有用户的管理。必须建立一个"用户管理"菜单。在主控窗口的"菜单组态"窗口中，再新增一个普通菜单项。在其"菜单属性设置"对话框的"菜单属性"选项卡中，将"菜单名"改为"用户管理"；在"脚本程序"选项卡中，输入系统函数"!Editusers( )"；在"用户权限设置"对话框中，选择"管理员组"。单击"确认"按钮退出。

"!Editusers( )"为系统函数，其功能是弹出用户管理窗口，允许管理员组的成员在系统运行时增加或删除用户及修改密码等。

(4) 修改密码。在主控窗口的"菜单组态"窗口中，再新增一个普通菜单项。在其"菜单属性设置"对话框的"菜单属性"选项卡中，将"菜单名"改为"修改密码"；在"脚本程序"选项卡中，输入系统函数"!ChangePassword( )"；在"用户权限设置"对话框中，选择"管理员组"、"技术员组"和"操作员组"。单击"确认"按钮退出。

"!ChangePassword( )"为系统函数，其功能是弹出密码修改窗口，供当前登录的用户修改密码。

5) 各用户窗口操作权限的设定

因为已假设该工程中有 4 个用户窗口，即窗口 0～窗口 3，用户窗口的功能各不相同。现需要将 4 个窗口分别配置给 3 个不同的用户组来管理或操作。其中，"管理员组"的成员允许进入所有窗口；"技术员组"的成员只允许进入窗口 2；"操作员组"只允许进入窗口 1 和窗口 3。如何实现不同用户组的成员进入不同的用户窗口？具体设置步骤如下。

(1) 在主控窗口的"菜单组态"窗口中，新增一个"下拉菜单"。将下拉菜单的名称改为"操作"。

在"下拉菜单"的下边，再增加 4 个普通菜单，菜单名称分别定义为"进入窗口 0"、"进入窗口 1"、"进入窗口 2"和"进入窗口 3"，如图 2-172 所示。

(2) 双击"进入窗口 0"菜单，弹出"菜单属性设置"对话框，在其"菜单操作"选项卡中，选中"打开用户窗口"复选框；在右侧的下拉列表框中选择 "窗口 0"，如图 2-173 所示。单击"权限"按钮，打开"用户权限设置"对话框，选择"管理员组"。单击"确认"按钮退出。

(3) 双击"进入窗口 1"菜单，弹出"菜单属性设置"对话框，在其"菜单操作"选项卡中，选中"打开用户窗口"复选框；在右侧的下拉列表框中选择"窗口 1"；单击"权限"按钮，打开"用户权限设置"对话框，选择"管理员组"和"操作员组"。单击"确认"按钮退出。

图 2-172 主控窗口的新增菜单

图 2-173 菜单操作属性设置

(4) 双击"进入窗口 2"菜单，弹出"菜单属性设置"对话框，在其"菜单操作"选项卡中，选中"打开用户窗口"复选框；在右侧的下拉列表框中选择"窗口 2"；单击"权限"按钮，打开"用户权限设置"对话框，选择"技术员组"和"管理员组"。单击"确认"按钮退出。

(5) 双击"进入窗口 3"菜单，弹出"菜单属性设置"对话框，在其"菜单操作"选项卡中，选中"打开用户窗口"复选框；在右侧的下拉列表框中选择"窗口 3"；单击"权限"按钮，打开"用户权限设置"对话框，选择"管理员组"和"操作员组"。单击"确认"按钮退出。

设置结束，单击"保存"按钮，保存设置。

6) 调试运行

(1) "管理员组"成员的操作权限。

进入运行环境，首先会弹出"用户登录"对话框，如图 2-174 所示，输入负责人的密码，单击"确认"按钮可实现用户登录，并进入封面窗口。其他任何非"管理员组"的成员进行登录，都会弹出禁止登录的提示对话框，如图 2-175 所示。

所以，只有当"负责人"登录成功后，系统才能处于运行状态，其他用户才有机会登录。

(2) "负责人组"成员的操作权限。

负责人登录进入系统后，直接进入"封面"窗口。在窗口的菜单栏就会显示出当前登录的"管理员组"的成员所能进行的各项操作，如图 2-176 所示。负责人可以选择"系统管理"菜单中的"用户管理"命令，弹出"用户管理器"对话框，可以进行增加或删除用户的操作，还可修改任何一名用户的密码。负责人也可以选择"修改密码"命令，打开"改变用户密码"对话框，如图 2-177 所示，在此修改自己的密码。负责人还可在自己的管理工作或操作结束后，选择"退出登录"命令，系统就会弹出是否退出登录的提示，如图 2-178 所示。负责人可以单击"是"按钮退出登录，也可单击"否"按钮保留登录状态。

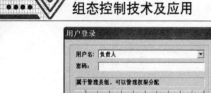

图 2-174　登录对话框　　　图 2-175　禁止登录提示　　　图 2-176　负责人能操作的菜单

图 2-177　改密码的对话框　　　　　　　　图 2-178　退出登录的提示

(3)"技术员组"成员的操作权限。

"技术员组"的成员只能进入名为"窗口 2"的用户窗口。系统运行状态下,单击"系统管理"菜单中的"用户登录"命令,打开图 2-174 所示的"用户登录"对话框,在"用户名"下拉列表框中选择"Jason",输入该用户的密码,单击"确认"按钮。Jason 登录成功后,封面窗口菜单栏的两个菜单中就会显示出该用户能进行的操作,如图 2-179 所示。即 Jason 可以通过选择"进入窗口 2"命令,进入名称为"窗口 2"的用户窗口;可以修改自己的密码,还可退出登录。

💡 **注意:** 　同一个上位机的同一个工程,在运行环境中,一次只能登录一个用户,当有新的用户登录成功后,前一个用户则自动退出登录状态。

(4)"操作员组"成员的操作权限。

使用相似的方法,将名字为"operator1"的用户和名字为"operator2"的用户分别登录,观察这两个操作员是否只能登录名称为"窗口 3"和"窗口 1"的用户窗口中,是否能修改自己的密码或退出登录。

(5)退出运行环境。系统在退出运行环境时,负责人必须是登录状态;否则,会弹出"无权退出运行环境的提示",如图 2-180 所示。

图 2-179　Jason 能操作的菜单　　　　　图 2-180　无权退出运行环境的提示

按照上述方法,试着做一做。

温馨提示

　　理一理思路，回忆分拣单元搬运机械手组态监控工程的制作过程，看看你对组态软件的使用和组态工程的设计制作过程是不是有了更新、更深的认识？哪些知识是你熟悉的？哪些知识是才学到的？对哪些地方还不理解？及时归纳总结，你肯定会有更多的收获！

　　参考模块前的新知识点提示，请读者归纳总结每个新知识点下的细节。顺便再做一做模块后的思考题，检测你对知识点的掌握情况。

2.3　单容水箱液位组态监控系统

【工程目标】

　　(1) 掌握 MCGS 组建工程的一般步骤。

　　(2) 掌握单容水箱液位定值控制组态监控系统的设计与模拟运行调试。

　　(3) 掌握使用 S7-200PLC 做接口设备的单容水箱液位定值组态监控系统的软、硬件联调方法。

【工程要求】

　　液位控制系统是工业生产中比较典型的控制之一，许多控制系统的模型与它相似。因此，液位控制是自动化类专业教学的重要内容之一。

　　单容水箱液位组态监控系统主要由以下几个基本环节组成：被控对象(水箱)、液位测量变送装置、控制器(S7-200PLC)、水泵驱动模块、水泵、储水箱等。如图 2-181 所示，LT 表示液位变送器，水箱流入量和流出量分别为 Q_1 和 Q_2，控制的主要目的是维持水箱的液位为设定值 H，即扰动出现时，控制器能迅速做出决策，使被控量(水箱的液位)尽快回到设定值。

　　在该系统中，用 PLC 实现单容水箱系统的运行控制，使用上位机 MCGS 组态软件实现单容水箱系统的监控。

1. PLC 系统控制要求

　　(1) 液位测量与变送。将压力变送器送来的测量信号(1～5V 电压)通过相应的计算，转换成实际的液位信号(0～50cm)，并进行归一化处理。

　　(2) 设定值转换。将操作人员设定的液位值(0～50cm)通过相应的计算，转化成归一化的值(0.0～1.0)。

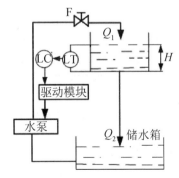

图 2-181　单容水箱液位监控结构

(3) PID 控制。水箱液位定值控制采用 PID 控制。

(4) 输出值转换，驱动泵的运行。将 PID 的运算结果值(0.0～1.0)通过计算转换成电流信号(4～20mA)驱动水泵的运行。

2. MCGS 监控工程技术要求

(1) 通信判断。判断设备通信是否正常；如正常则显示通信成功提示，否则提示通信失败。

(2) 液位监测。能够实时监测水箱中的液位，并在计算机中进行动态显示。

(3) 参数设定与修改。自动方式下，液位设定值及参数 P、I、D 都可以修改，并根据修改的数据实现相应的控制，泵的开度为控制算法的结果；手动方式下，液位设定值及泵的开度由人工输入。

(4) 控制方式的切换。能实现自动与人工手动控制方式的选择。

(5) 液位报警。报警事件记录功能，并且在发生报警时能自动弹出窗口进行报警提示。

(6) 曲线显示。生成显示液位设定值、液位测量值及泵的开度变化的实时曲线、历史曲线功能。

(7) 报表输出。生成液位参数的实时报表和历史报表，供显示和打印。

【工程制作】

2.3.1　工程系统分析

前面已经熟悉了单容水箱液位监控系统的构成和控制要求，下面就系统的对象特征、控制算法做一简单分析，然后给出系统的整体规划。

1. 单容水箱液位监控系统的对象分析

显然，从结构图 2-181 中可以看出，该系统是一个单回路控制系统，要求水箱的液位能克服扰动，稳定在设定值上。系统的主要扰动为水箱的出水量，该扰动随时可能变化，从而造成水箱的液位随之改变，故应采用闭环形式，随时监测水位变化，并实时调整水泵的开度以改变进水量。

其控制框图如图 2-182 所示。被控对象为水箱；被控变量为水箱液位高度，控制要求水箱的液位稳定在给定值；操纵变量为水泵的开度。为了实现系统在阶跃给定和阶跃扰动作用下的无静差控制，系统的调节器应为 PI 调节器或 PID 调节器。

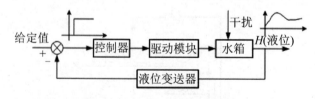

图 2-182　单容水箱液位控制框图

2. 单容水箱液位监控系统的控制算法

控制算法包括双位控制、标准 PID 控制、带死区的 PID 控制、积分分离 PID 控制、不完全微分的 PID 控制。

(1) 模拟运行时，控制算法选用双位控制。

在模拟运行时为了避免水泵频繁动作，采用带有中间区域的双位控制，且中间区域可调。即：偏差 $e>$ 中间区域，输出为最小值(即 0)，即水泵开度为零；偏差 $e<-$ 中间区域，输出为最大值(即 1)，即水泵开度为 100%；-中间区域≤偏差 e≤中间区域时，输出不变，即水泵开度保持前一状态值不变。

此算法控制器输出的控制信号只有 0 和 1 两个值，对应执行器只有通、断两个位置，被称为"位式控制"算法。当液位高于上限或低于下限时，控制器动作；当液位在上、下限之间时，控制器保持原来状态不变。在位式控制中，这种算法属于带有中间区域的位式控制算法。当被控参数处于中间区域时，控制器保持原有状态。从控制效果看，中间区域往往是被控参数波动的范围，实际运行时，由于对象存在惯性，被控参数的波动范围可能略大于中间区域。

位式控制算法被用在控制品质要求不高的场合，执行器只有接通和断开两种状态，操纵变量(本系统为水泵的开度)或者 100%或者 0%，不能连续变化，因此是断续控制。

一般情况下，最大进水量应大于最大出水量。图 2-183 所示是水箱出水量从 0 突然变化为 100%时，按照以上控制算法进行控制，得到的水箱液位位式控制响应曲线。图中设定值为 30cm，中间区域设置为 5cm。由图中可以看到，水泵的开度或者为 100%或者为 0%。

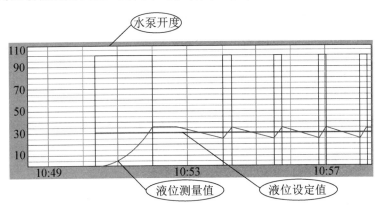

图 2-183　单容水箱位式控制响应曲线

控制程序由脚本程序完成，脚本程序如下。

```
IF 启动=1 THEN
    偏差 e= PV-SV
ENDIF
IF 偏差 e >中间区域 THEN
    OP= 0
ENDIF
IF 偏差 e <-1 * 中间区域 THEN
    OP= 1
ENDIF
```

其中，PV 为实际测量值；SV 为设定值；OP 为控制器输出值。

(2) 联机调试时，控制算法选用标准 PID 控制。

联机调试时，采用标准的 PID 控制算法，其控制算法有 PLC 程序完成，在后续联机调试时，会给出相应的 PLC 程序及注释，这里不再叙述。

3. 单容水箱液位监控系统初步方案制订

单容水箱液位监控系统控制方案如图 2-184 所示，液位 H 经压力变送器输出给 EM235 模拟量输入模块，即送至输入端子 AIW0；控制器包括一个 CPU224 主机模块和一个 EM235 模拟量 I/O 模块，以及一根 PC/PPI 连接线，用 PC/PPI 通信电缆线将 S7-200PLC 连接到计算机 COM1 口；EM235 的输出端子 AQW0 连接至驱动模块输入端；驱动模块输出端连接至水泵供电端。

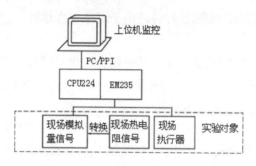

图 2-184　单容水箱液位监控系统控制方案

4. 单容水箱液位监控系统整体规划

通过前期的学习可以看出，在实际工程项目中，使用 MCGS 构造应用系统之前，应进行工程的整体规划，保证项目的顺利实施。对工程设计人员来说，首先要了解整个工程的系统构成和工艺流程，弄清监控对象的特征，明确主要的监控要求和技术要求等问题。在此基础上，拟定组建工程的总体规划和设想。例如，系统应实现哪些功能？控制流程如何实现？需要什么样的用户窗口界面？实现何种动画效果？同时还要分析工程中设备信号的采集，以及输出通道与实时数据库中定义的变量的对应关系，分清哪些变量是要求与设备连接的，哪些变量是软件内部用来传递数据及用于实现动画显示的等问题。做好工程的整体规划，在项目的组态过程中能够尽量避免一些无谓的劳动，快速、有效地完成工程项目。

前面已经对系统的工艺流程、对象特征及控制要求做了全面的分析，在此基础上，对此监控工程做出以下整体规划。

1) 工程框架

(1) 6 个用户窗口。单容水箱控制流程、历史报警、实时报警、数据报表、历史数据、历史曲线。

(2) 6 个主菜单。系统管理、控制流程、数据报表、实时报警、历史报警、历史数据、历史曲线。

(3) 3 个策略。报警应答策略、历史报警策略、循环策略。

2) 数据对象

系统定义了 30 个数据对象，根据功能共分为 5 类，如表 2-12～表 2-16 所示。

3) 图形制作

(1) 水位控制窗口的图符构件包括以下几类。

① 水泵、调节阀、出水阀、水罐、报警指示灯等：由对象元件库引入。

② 管道：通过流动块构件实现。

③ 水罐水量控制：通过滑动输入器实现。

④ 水量的显示：通过旋转仪表、标签构件实现。

⑤ 报警实时显示：通过报警显示构件实现。

⑥ 动态修改报警限值：通过输入框构件实现。

(2) 数据显示窗口的制作包括以下几项。

① 实时数据：通过自由表格构件实现。

② 历史数据：通过历史表格构件实现。

③ 实时曲线：通过实时曲线构件实现。

④ 历史曲线：通过历史曲线构件实现。

4) 流程控制

要用到运行策略中的循环策略和用户策略。

5. 工程设计思路

工程制作→模拟运行→PLC 系统设计→MCGS 工程设备组态→工程改进→联机运行→监控工程完成

2.3.2　新建工程

进入 MCGS 组态环境，选择"文件"菜单中的"新建工程"命令，创建新工程。选择"文件"菜单中的"工程另存为"命令，保存工程。工程名为 "单容水箱液位定制控制模拟运行"，如图 2-185 所示。

图 2-185　新建工程保存路径

2.3.3　定义数据对象

1. 变量分配

在开始定义之前，首先对所有数据对象进行分析。在该项目中需要用到的数据对象可以分为以下几个部分：通信、控制变量和参数、控制方式、报警数据、存盘数据，如表 2-12～表 2-16 所示(在"备注"栏里面，备注项显示"模拟"二字的变量均是在模拟运行时用到，联机调试时不需要；没有注明的，表示是在模拟运行还是联机调试时都要用到的)。

表 2-12　通信数据

变量名	类　型	初　值	注　　释
COM	开关	0	通信状态。"1"：不正常；"0"：正常
通信	字符	0	COM1=0 或设备异常显示"通信正常"；COM1=1 或设备正常显示"通信异常"

表 2-13　控制变量和参数

变量名	类　型	初　值	注　　释	备　注
PV	数值	0	液位测量值，0～50cm，1 位小数	
SV	数值	0	液位设定值，0～50cm，1 位小数	
T_s	数值	0.2	采样周期，1 位小数	
OP	数值	0	PID 运算输出，0.0～1.0，1 位小数	
P	数值	1	比例系数，0～32 000，1 位小数	
T_i	数值	0	积分时间，0～32 000，1 位小数	
D_i	数值	0	微分时间，0～32 000，1 位小数	
偏差 e	数值	0	偏差 e=PV-SV，0～5，1 位小数	模拟
中间区域	数值	2	带中间区域的位式控制，设置中间区域，0～3，0 位小数	模拟
出水阀	开关	0	表示出水阀的开关状态，1 开；0 关	
进水阀	开关	0	表示进水阀的开关状态，1 开；0 关	
输出值对应电流	数值	4	输出值对应电流 4～20mA，1 位小数	
输出值对应模拟量	数值	0	输出值对应模拟量，0～32 000，0 位小数	
水泵的开度	数值	0	水泵的开度以百分比的形式输出，0～100，1 位小数	
水泵的开启时间	数值	0	在模拟运行时，表示水泵的开启时间段，0～500，0 位小数	模拟
蓄水箱液位	数值	50	蓄水箱液位模拟，0～50，1 位小数	
液位测量值对应电压	数值	1.0	液位测量值对应电压，1.0～5.0，1 位小数	
液位测量值对应模拟量	数值	0	液位测量值对应模拟量，0 位小数	
液位测量值归一化	数值	0.0	液位测量值归一化，PID 运算要求归一化，0.0～1.0，1 位小数	
液位设定值归一化	数值	0.0	液位设定值归一化，PID 运算需要，0.0～1.0，1 位小数	

表 2-14　控制方式

变量名	类　型	初　值	注　释	备　注
启动	开关	0	系统启动停止。0：停止；1：启动	模拟
method	开关	0	控制方式。0：手动方式；1：自动方式	
控制方式显示	字符	0	Method=0"手动方式"；Method=1"自动方式"	

表 2-15　报警数据

变量名	类　型	初　值	注　释
水箱液位上限值	数值	40	水箱液位报警上限值，30～50，0 位小数
蓄水箱液位下限值	数值	8	蓄水箱的液位报警下限值，5～10，0 位小数
报警组	组对象		包括：PV，蓄水箱的液位

表 2-16　存盘数据

变量名	类　型	初　值	注　释
历史报表组	组对象		包括 PV、SV、水泵的开度、控制方式显示、每秒存盘 1 次
数据存储组	组对象		包括 PV、SV、水泵的开度、每秒存盘 1 次

2．变量定义

1）单个数据对象的定义

下面以数据对象 COM1 为例，介绍定义数据对象的步骤。

(1) 单击工作台中的"实时数据库"标签，打开"实时数据库"选项卡。

(2) 单击"新增对象"按钮，增加新的数据对象。

(3) 选中新增数据对象，单击"对象属性"按钮，打开"数据对象属性设置"对话框。将对象名称改为"COM1"；"对象类型"选择"开关"型；在"对象内容注释"文本框中输入"设备通信状态；1 正常；0 异常"，单击"确认"按钮，其基本属性设置如图 2-186 所示。按照此步骤，根据上面列表，设置其他数据对象。

2）组对象的定义

定义组对象与定义其他数据对象略有不同，需要对组对象成员进行选择。具体步骤如下。

(1) 在数据库中添加一个类型为"组对象"的数据对象。

(2) 打开"数据对象属性设置"对话框的"组对象成员"选项卡，在"数据对象列表"列表框中选择相应的数据对象添加到"组对象成员列表"列表框中，如图 2-187 所示。

(3) 单击"存盘属性"标签，打开"存盘属性"选项卡，选择定时存盘，并将存盘周期设为 1 秒。

单击"确认"按钮，组对象设置完毕。

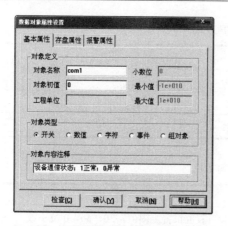

图 2-186　"数据对象属性设置"对话框

图 2-187　组对象基本属性设置

2.3.4　制作组态工程画面

单容水箱液位监控系统参考画面如图 2-188 所示。画面中的设备可分成四大部分，即水箱、控制器、显示输出窗口、指示灯和实时曲线等。

水箱部分：水箱、蓄水箱、管道、泵、进水阀、出水阀及液位传感器。

控制器部分：笔记本电脑、PLC、驱动模块、RS485 转换接口。

显示输出部分：各个标签及对应的输出框。

指示灯部分：水箱液位报警指示灯、蓄水箱的液位报警灯。

实时曲线部分：实时曲线(实时显示系统运行状态信息)。

同时画面中还设计了一个启动按钮，一个停止按钮，分别控制单容水箱液位监控系统的启动和停止。

1. 用户窗口的建立

在 MCGS 组态工作台窗口，打开"用户窗口"选项卡，新建一个名为"单容水箱控制流程窗口"，设置窗口位置为"最大化显示"，并将窗口设置为启动窗口。

2. 组态工程画面的编辑

打开"单容水箱控制流程窗口"的动画组态窗口，完成组态工程画面的编辑。以下未做特殊说明的情况下，绘图时所选用的工具均为绘图工具箱中的工具。

(1) 使用"标签"工具，制作一个名为"单容水箱液位定值控制系统"的文字标签。

(2) 使用"插入元件"工具，从对象元件库中分别选择 1 个"泵 40"、2 个"阀 44"、1 个"计算机 24"、1 个"传感器 4"、1 个"模块 5"、2 个"指示灯 1"、1 个"时钟 4"等图符到动画组态窗口中，调整大小，按图 2-188 所示摆放好位置。

(3) 使用"流动块"工具，在泵与水箱、水箱与阀之间画流动块，其属性设置如图 2-189 所示。

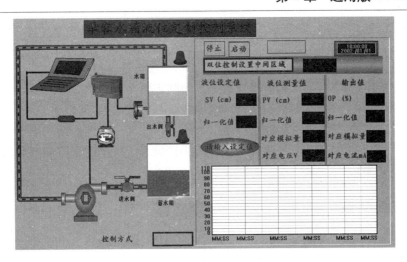

图 2-188　单容水箱监控系统参考组态画面

(4) 使用"位图"工具,在窗口中插入 PLC 图片和 PC/PPI 电缆图片。调整图片至合适的大小。

(5) 使用"标准按钮"工具,绘制 4 个按钮,按钮标题分别为"自动"、"手动"、"启动"和"停止"。

(6) 使用"标签"工具,制作文字标签,标签内容为"控制方式选择"、"双位控制设置中间区域"、"进水阀"等,具体需要制作的文字标签如图 2-188 所示。

(7) 使用"矩形"工具,绘制水箱和蓄水箱,并调整大小、颜色及位置。

(8) 使用"百分比填充"工具🖌,对水箱及蓄水箱进行填充。"百分比填充"工具的具体使用如下。

① 单击"百分比填充"按钮,光标呈"十"形状,按住鼠标左键,在窗口拖动出现百分比填充图符。

② 双击该图符,打开"百分比填充构件属性设置"对话框的"基本属性"选项卡,进行属性设置,填充颜色为"蓝色";选中"不显示百分比填充信息"复选框,如图 2-190 所示。

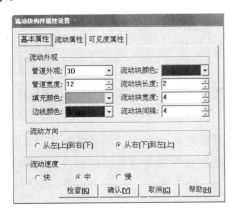

图 2-189　流动块属性设置

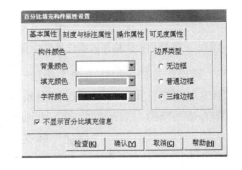

图 2-190　水箱的百分比构件的基本属性设置

③ 单击"操作属性"标签,打开"操作属性"选项卡,进行属性设置,设置内容如

图 2-191 所示。如此设置，就表示了"百分比构件"的填充效果与变量"PV"进行了连接。

调整图符的大小，至效果满意。蓄水箱的填充和水箱的基本相同，这里就不再重复。

(9) 使用"椭圆"工具绘制椭圆，并调整大小、颜色及位置。

(10) 使用常用图符中工具箱的"管道"，绘制管道，并调整大小、颜色及位置。

(11) 使用"实时曲线"工具 ☑ 绘制实时曲线，具体做法如下。

单击"实时曲线"按钮，光标呈"十"形状。按住鼠标左键，拖动出现一个实时曲线构件。调整图符的大小。"实时曲线"构件的属性设置，将在"实时曲线和历史曲线的制作与调试"中讲解。

2.3.5 动画连接

1. 系统启动、停止的实现

系统中有启动、停止、手动、自动命令。命令输入设备可使用外部按钮，也可直接利用键盘、鼠标在计算机上输入。模拟运行时，该系统利用"标准按钮"工具，制作启动、停止按钮模拟实际按钮，通过按钮的操作属性设置，来输入命令。联机运行时，该系统利用在"启动窗口"的属性设置里设置启动脚本来实现系统的启动、停止。

下面将利用"标准按钮"工具，制作启动按钮模拟实际按钮，进行控制命令的输入。

(1) 双击启动按钮图符，弹出"标准按钮构件属性设置"对话框，在"基本属性"选项卡中设置按钮标题为"启动"，颜色、字体自行选择。

(2) 打开"操作属性"选项卡，选中"数据对象值操作"复选框；操作方式选择"置1"；操作的数据对象选择"启动"，如图 2-192 所示。单击"确认"按钮退出。

图 2-191 水箱的百分比构件的操作属性设置

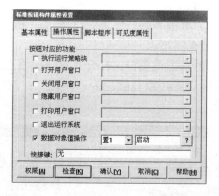

图 2-192 "标准按钮构件属性设置"对话框

(3) 通过标签提示操作人员系统运行状态。

经过上面的设置，可以通过按钮操作，输入系统的启动命令，但是在运行时，如何提示操作人员系统的当前运行状态？可以通过"标签"的闪烁与可见度的属性设置来实现。当系统处于启动状态时，"启动"标签闪烁、可见，而"停止"标签不可见，这样操作人员对设备的状态就一目了然了，具体做法如下。

① 使用"标签"工具，制作一个内容为"启动"的文字标签。其"属性设置"选项卡中的填充颜色、字体、字符颜色、边线颜色、边线线形等属性设置和启动按钮的属性设置完全一致。同时，在该选项卡中选中特殊动画连接中的"可见度"选项和"闪烁效果"复

选框，如图 2-193 所示。

② 打开"可见度"选项卡，"表达式"文本框输入"启动=0"；"当表达式非零时"选中"对应图符不可见"单选按钮。

③ 打开"闪烁效果"选项卡，"表达式"文本框输入"启动=1"；选中"用图元可见度变化实现闪烁"单选按钮，"闪烁速度"选中"快"单选按钮，如图 2-194 所示。

④ 使用绘图编辑条中的"等宽高"工具，调整"启动"文字标签与启动按钮的大小完全一致，使用"中心对齐"工具使两者重合。

⑤ 使用同样的方法对停止按钮和"停止"标签进行设置，这样当系统运行时，操作人员就对设备的状态一目了然。

2. 设备通信状态显示的实现

大家知道，如果计算机和 PLC 通信正常，通信状态标志为 0，通信异常，通信状态标志为 1。

图 2-193　"启动"标签的动画组态属性设置

图 2-194　"闪烁效果"属性设置

在启动和停止按钮的旁边添加标签框，并进行属性设置，用来显示设备通信状态。

(1) 双击该标签框，打开"动画组态属性设置"对话框的"属性设置"选项卡，设置静态属性中的字符颜色为"黑色"；选择颜色动画连接的"填充颜色"选项；选择输入输出连接的"显示输出"选项。

(2) 打开"填充颜色"选项卡，设置结果为：com1=0 时，对应颜色为绿色；com1=1 时，对应颜色为红色，如图 2-195 所示。这样，当设备通信正常时，在该标签中显示字符的颜色为黑色，填充颜色为绿色；当设备通信异常时，在该标签显示字符的颜色为黑色，填充颜色为红色。

(3) 打开"显示输出"选项卡，"表达式"文本框选择"com1"；"输出值类型"为"开关量输出"；"开时信息"文本框输入"通信异常"；"关时信息"文本框输入"通信正常"，如图 2-196 所示。

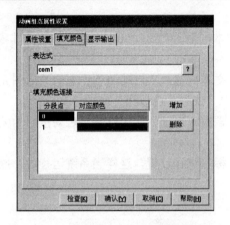

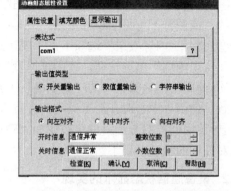

图 2-195　"通信状态"填充颜色属性设置　　图 2-196　"通信状态"显示输出属性设置

运行效果：当通信正常时，在该标签处显示"通信正常"，字符颜色为黑色，填充颜色为绿色；当通信异常时，在该标签处显示"通信异常"，字符颜色为黑色，填充颜色为红色。

3. 控制方式选择的实现

根据控制要求，该系统应该有手动、自动两种控制方式。

(1) 双击自动按钮图符，打开"操作属性"选项卡，选中"数据对象值操作"复选框；操作方式选择"置1"；操作的数据对象选择"method"，如图 2-197 所示。单击"确认"按钮退出。

(2) 双击手动按钮图符，做相似的操作属性设置，不同之处是它的操作方式选择"清0"。

(3) 通过标签的闪烁和可见度设置，以提示操作者当前的控制方式，做法和启动、停止标签的制作完全一样，这里不再重复叙述。

4. 液位的模拟输入的制作

安装了 S7-200PLC，并进行正确的设备连接后，液位信号可经 PLC 送入计算机。但如果不进行硬件连接，液位信号无法送入计算机，这时可以利用滑动输入器进行液位模拟输入，也可以利用脚本程序模拟输入，以便进行系统模拟调试。模拟调试成功后，再进行硬件连接和软、硬件联机在线调试。在该演示工程中，使用的是脚本程序模拟液位输入的。

既然是实际情况的模拟，就应考虑到影响液位变化的所有因素，下面就液位变化的因素做简单分析。

水泵的开度大小、水泵的运行时间、出水阀的开关、水箱的底面积、控制方式都会影响到水箱的液位，故在模拟时都应考虑。所以，对液位的模拟就应分为水泵运行计时、自动控制、双位控制规律的实现、手动控制的实现及液位模拟等几个部分。

(1) 水泵运行计时的实现。水泵应该在控制器有输出信号以后，才开始运行并实现运行计时；而在系统停止时停止运行，同时停止计时。水泵运行时间计时，可通过脚本程序实现。

① 新增加一条循环策略，策略名为"水泵运行计时"，设置循环策略的策略循环执行周期时间为 200ms。

② 打开"水泵运行计时"循环策略的策略组态窗口，添加一条脚本程序策略行。

③ 打开脚本程序编辑环境，写入以下水泵开启时间计时程序。

```
IF 启动 =1 THEN
 com1=0
    进水阀=1
ENDIF                    '启动以后将进水阀打开;并给 com1 赋值，模拟 com1 信号'
IF 启动 =1  AND OP > 0 THEN
    水泵开启的时间 = 水泵开启的时间 + 1
ENDIF
IF 启动 =0 THEN
    com1=1
    水泵开启的时间=0
    进水阀=0
    出水阀=0
    水泵的开度=0
ENDIF
```

编辑完成， 单击"确定"按钮退出。

(2) 自动控制的双位控制规律的实现。自动和手动两种控制方式的选择是通过变量"method"值的不同来实现的，"method=1"表示"自动控制"；"method=0"表示"手动控制"。而自动运行时采用的是带中间区域的位式控制。

① 添加一条新的循环策略，策略名称设置为"模拟运行，双位控制"，策略循环执行周期时间为 200ms。

② 打开"模拟运行，双位控制"策略的策略组态窗口，添加一条脚本程序策略行。

③ 设置策略的执行条件。打开"策略行条件属性"选项卡，"表达式"文本框输入"method=1"，如图 2-198 所示，表示在满足此条件时，才执行该策略。

图 2-197　自动按钮的操作属性设置

图 2-198　策略行条件属性设置对话框

④ 打开脚本程序编辑环境，写入脚本程序，自动控制，双位控制脚本程序如下。

```
IF 启动=1 THEN
```

```
    偏差 e= PV- SV
ENDIF
IF 偏差 e > 中间区域 THEN
  OP=0
ENDIF
IF 偏差 e < -1 * 中间区域 THEN
  OP=1
ENDIF
```

(3) 手动控制的实现。"method=0"表示"手动运行"。

① 新添加一条循环策略，设置名称为"模拟运行，手动控制"，循环执行周期时间为200ms。

② 打开"模拟运行，手动控制"策略的策略组态窗口，添加一条脚本程序策略行。打开该策略的"策略行条件属性"选项卡，"表达式"文本框输入 "method=0"。

③ 打开脚本程序编辑环境。输入脚本程序。

手动控制中，水泵的开度由人为设定，设定值跟随测量值的变化而变化，具体脚本程序如下。

```
OP=水泵的开度 / 100
SV = PV
```

(4) 液位的模拟。水箱的液位除了与水泵的开启、控制器输出量 OP 有关外，还与水箱的底面积、出水阀的开关状态有关，所以在下面的液位模拟时，将出水阀的状态和水箱底面积综合考虑。水箱液位模拟的循环策略名为"液位模拟"。具体循环脚本程序如下。

```
PV= PV + ( OP - 出水阀 * 0.1 ) * 水泵开启的时间 / 1000 * 0.5
蓄水箱液位 = 蓄水箱液位 - ( OP - 出水阀 * 0.1 ) * 水泵开启的时间 / 1000 * 0.25
```

其中，PV 为水箱液位测量值；OP 为控制器的输出；出水阀开关状态乘以 0.1，是考虑到出水阀对液位的影响因素，除以 1000 乘以 0.5 是综合考虑了底面积的因素。

蓄水箱液位考虑的因素与水箱液位的因素基本相同。

利用上述循环策略进行了液位的模拟，但系统要运行，还需要输入给定值及参数。自动运行，设置液位给定值及中间区域；手动运行，必须人为给定水泵的开度。下面通过给定值及参数设定的制作来完成以上任务。

5. 给定值、参数设定及液位实时显示动画效果的制作

除前面制作的"控制方式选择"、"自动"、"手动"、"启动"、"停止"和用来显示通信状态的标签外，还需要插入 27 个新标签，其中 14 个作为参数名称的显示，13 个用来显示相应的参数值，如图 2-188 所示。

(1) 参数名称标签制作。

其中 16 个显示参数名称的标签，在其各自的"属性设置"选项卡中，只做静态属性设置，即设置字符颜色、字体、边线颜色、边线线形等。为了便于区分，使字体颜色不同，规定"设定类"参数标签，文字颜色统一为红色(如液位设定值、SV(cm)、SV 归一化、双位控制设置中间区域)；实际"测量类"参数标签，文字颜色统一为蓝色(如液位测量值、

PV(cm)、PV 归一化、PV 对应模拟量、PV 对应电压);"输出值"标签均为绿色(如输出值、OP(%)、OP 归一化、OP 对应模拟量、OP 对应电流);具体的步骤不再叙述。

(2) 参数值显示标签的制作。

其中 13 个用来显示相应参数值的标签,可以分为三类。

第一类:既要"显示输出"、"按钮输入",也要进行"可见度"的设置,即"中间区域"变量。该变量按控制要求,在自动运行时要设置中间区域,故要做按钮输入属性设置和显示输出属性设置;在手动运行时不需要设置中间区域,不需要显示,应不可见,故需要做可见度属性设置;具体做法如下。

① 双击内容为"中间区域"的标签,弹出"动画组态属性设置"对话框,打开"属性设置"选项卡。设置字符颜色、字体。同时,选中"显示输出"复选框、"按钮输入"复选框和"可见度"复选框,如图 2-199 所示。

② 打开"显示输出"选项卡,显示输出属性设置具体参数如图 2-200 所示。

③ 打开"按钮输入"选项卡,按钮输入属性设置具体参数如图 2-201 所示。

④ 打开"可见度"选项卡,"表达式"选择"method=1";"当表达式非零时"选中"对应图符可见"单选按钮,如图 2-202 所示。单击"确认"按钮退出。

图 2-199　"中间区域"动画组态属性设置

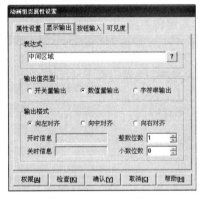

图 2-200　"中间区域"显示输出属性设置

图 2-201　"中间区域"按钮输入属性设置

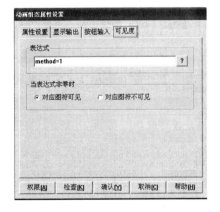

图 2-202　"中间区域"可见度属性设置

第二类:要做显示输出和按钮输入属性设置,包括变量"SV"和"水泵的开度"。系统要求在自动运行时需设定水箱的液位，故对变量"SV"即水箱液位设定值，要做按钮输入属性设置和显示输出属性设置；系统要求在手动运行时，水泵的开度需人为设定，故对变量"水泵的开度"要做按钮输入属性设置和显示输出属性设置。其中，变量"SV"的属性设置如图 2-203～图 2-205 所示；变量"水泵的开度"的属性设置如图 2-206～图 2-208所示。

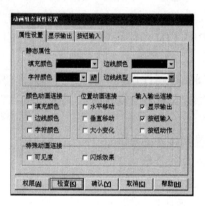

图 2-203　"SV"动画组态属性设置

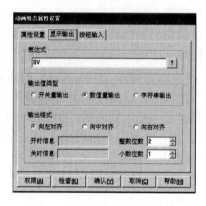

图 2-204　"SV"显示输出属性设置

图 2-205　"SV"的按钮输入属性设置

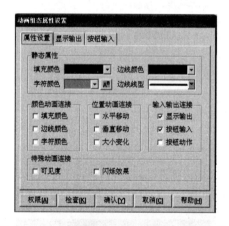

图 2-206　"水泵的开度"动画组态属性设置

图 2-207　"水泵的开度"的显示输出属性设置　　图 2-208　"水泵的开度"的按钮输入属性设置

第三类：只做显示输出属性设置，根据控制要求该类变量为程序执行的结果或变送器输出值，故只需要显示输出即可。在制作的过程中只需选择对"显示输出"属性进行设置，设置其关联的数据对象即可，这里就不再叙述了。

通过上述液位的模拟，使液位能跟随控制规律模拟实际变化过程，通过给定值及参数设置的制作，使实际的变化效果能以文本的形式显示输出，但是，到目前为止，并没有看到实际运行时液位的升降。下面通过液位升降动画效果的制作，看一看如何模拟实现液位的升降。

6. 液位升降动画效果的制作

在该工程中，液位升降动画效果的实现是通过百分比填充构件的属性设置来完成的。从控制要求来看，只需要模拟液位的升降效果，不需要显示填充信息和可见度的属性设置，故只需要对百分比填充构件进行基本属性设置和操作属性设置。基本属性设置目的在于设置填充外观；操作属性设置目的在于使构件与相应的变量关联。水箱液位的升降动画效果制作步骤如下。

(1) 双击对应的百分比填充构件图符，弹出"百分比构件属性设置"对话框，在"基本属性"选项卡中，构件颜色中的背景颜色为"白色"；填充颜色为"蓝色"；边界类型为"三维边框"。同时，选择"不显示百分比填充信息"选项。

(2) 单击"操作属性"标签，打开"操作属性"选项卡，表达式文本框选择"PV"变量，填充位置和表达式值的连接中，0%对应的值输入"0.0"；100%对应的值输入"50"。

单击"确认"按钮退出，并保存设置。

蓄水箱液位升降效果的制作和水箱液位升降效果的制作步骤相同，只是在操作属性设置时，表达式关联的变量为"蓄水箱液位"。

进入运行环境，按以下顺序操作：启动→自动→输入中间区域→输入设定值 SV，就可以看到水箱、蓄水箱液位的升降随输出值的变化而变化了，而且输出值 OP 能按照控制规律输出。但是还有一些值，包括归一化值、对应电压、对应电流、对应模拟量，并没有输出，原因是在前面的液位模拟时只通过脚本程序对液位的变化进行了模拟，并没有根据变量的转换关系完成变量转化。

下面将在分析变量之间转换关系的基础上，通过脚本程序给这些变量进行赋值。

7. 变量转化的实现与制作

1) 变量之间的转换关系

(1) 液位设定值的转化。这里液位设定值的转化只是将液位设定值进行归一化转换。归一化是指将实际值转化成 0.0~1.0 之间的无量纲值，故只要知道实际值的大小范围即可。在该项目中，水箱液位的最大值为 50cm，则液位设定值归一化=SV/50。

(2) 液位测量值的转化。在实际运行时，该系统中液位信号设计范围是 0~50cm，通过液位变送器输出 1~5V 直流电压信号给 PLC。1~5V 直流电压信号对应于 PLC 中的 6400~32 000 的模拟量，所以各变量之间的转换关系用公式可表示为

$$液位测量值归一化=PV/50$$
$$液位测量值对应模拟量=(液位测量值归一化×0.8+0.2)×32\,000$$

液位测量值对应电压=液位测量值对应模拟量÷32 000×5

(3) 输出值的转化。在实际运行时，该系统输出值 OP 是在 0.0～1.0 之间；水泵的开度则是以百分比形式表示的输出值；输出值为模拟量形式，即为 0～32 000；输出信号主要控制水泵的开度，也即必须将输出的 0～32 000 转化为 4～20mA 电流信号，所以各变量之间的转换关系用公式可表示为

$$水泵的开度=OP×100$$
$$输出值对应模拟量=(OP×0.8+0.2)×32\ 000$$
$$输出值对应电流量=输出值对应模拟量÷32\ 000×20$$

2) 变量转换的实现及制作

在实际运行时，信号要么是变送器输出、要么是控制器输出或者由 PLC 程序实现转换的，所以，在组态时不需要转化，只需要合理连接变量就可以了。在该项目中，模拟运行时，各变量之间的转换关系是通过脚本程序实现的，具体步骤如下。

(1) 在工作台的"运行策略"选项卡中，新建一个循环策略。策略名为"变量转换"，设置循环策略执行周期时间为 200ms。

(2) 打开该策略的策略组态窗口，增加一条脚本策略行。

(3) 打开脚本程序编辑环境，编辑脚本程序清单如下。

```
IF 启动 =1 THEN
  液位设定值归一化=SV/50
ENDIF
IF 启动 =1 THEN
   液位测量值归一化=PV/50
   液位测量值对应模拟量=(液位测量值归一化 * 0.8 + 0.2 )  * 32000
   液位测量值对应电压=液位测量值对应模拟量/32000 * 5
ENDIF
IF 启动 =1 THEN
   水泵的开度=OP * 100
   输出值对应模拟量= (OP * 0.8 + 0.2 )  * 32000
   输出值对应电流量=输出值对应模拟量/32000 * 20
   ENDIF
```

脚本程序编辑完成，单击"确定"按钮退出。

按下功能键 F5，进入运行环境，就可以看到对应的值随着 SV、PV、OP 的值而变化，相互之间满足上述关系。但可以发现进水阀、出水阀不能动作，阀门如何实现打开、关闭；模拟运行又如何实现？在实际运行时，阀门都是人为手动的机械式阀门；在模拟运行时，是通过阀门的"按钮输入"属性设置来实现阀门打开与关闭的，是通过阀门"可见度"属性设置，以不同的颜色显示阀门开/关状态的。

方法拓展：在该项目中，模拟运行时，各变量之间的转换关系，是通过脚本程序实现的。此外，还可以通过 MCGS 提供的数据处理功能来实现。

MCGS 组态软件提供了功能强大、使用方便的数据处理功能。按照数据处理的时间先后顺序，MCGS 组态软件将数据处理过程分为 3 个阶段，即数据前处理、实时数据处理及数据后处理，以满足各种类型的需要，如图 2-209 所示。

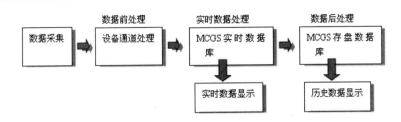

图 2-209　组态软件数据处理过程

数据前处理是指数据由硬件设备采集到计算机中，但还没有被送入实时数据库之前的数据处理。在该阶段，数据处理集中体现为各种类型的设备采集通道处理。

实时数据处理是在 MCGS 组态软件中对实时数据库中变量的值进行的操作，主要是在运行策略中完成。

数据后处理则是对历史存盘数据进行处理。MCGS 组态软件的存盘数据库是原始数据的集合，数据后处理就是对这些原始数据进行修改、删除、添加、查询等操作，以便从中提炼出对用户有用的数据和信息。然后，利用 MCGS 组态软件提供的曲线、报表等机制将数据形象地显示出来。

所以在该项目中，就可以利用 MCGS 的数据前处理来完成上述变量转化的工作。即在 MCGS 设备窗口中，打开设备构件，在其"数据处理"选项卡中即可进行 MCGS 的数据前处理组态。读者不妨自己试试。

8．阀门通断效果的制作

(1) 双击出水阀，弹出"单元属性设置"对话框，打开"动画连接"选项卡。

图元名列表中"组合图符"表示：该图符是由两个"折线"图符组合而成的。两个"折线"实际上是阀门图符的两个扳手，一个红色，另一个绿色，代表了阀门的开关状态。

(2) 选中图元名"组合图符"，单击右侧出现的">"按钮，弹出"动画组态属性设置"对话框，打开"按钮动作"选项卡，选中"数据对象值操作"复选框，操作方式为"取反"，操作的数据对象为"出水阀"，如图 2-210 所示。单击"确认"按钮退出。

(3) 选中第一个图元名"折线"，单击右侧出现的">"按钮，弹出"动画组态属性设置"对话框，在"属性设置"选项卡中，默认静态属性的填充颜色为"绿色"。打开"可见度"选项卡，"表达式"文本框输入"出水阀=1"；"当表达式非零时"选中"对应图符可见"单选按钮。单击"确认"按钮退出。

(4) 选中第二个图元名"折线"，单击">"按钮，弹出"动画组态属性设置"对话框，打开"属性设置"选项卡，默认静态属性的填充颜色为"红色"。打开"可见度"选项卡，"表达式"文本框输入"出水阀=0"；"当表达式非零时"选中"对应图符可见"单选按钮。单击"确认"按钮退出，返回到"动画连接"选项卡，如图 2-211 所示。

再单击"确认"按钮退出。这样就完成了出水阀的通断效果制作，进入运行环境，单击出水阀实现通、断控制，同时可看到打开时出现绿色手柄，断开时出现红色手柄。

(5) 进水阀的通断效果制作步骤和出水阀一样，这里不再叙述。但应注意，其关联的变量是"进水阀"。

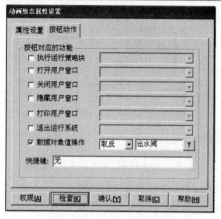
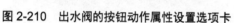

图 2-210　出水阀的按钮动作属性设置选项卡　　　图 2-211　"出水阀"单元属性设置结果

保存工程并进入运行环境，可以看到，只要系统启动，进水阀一直是通的状态，且颜色为绿色，这是因为在液位模拟的脚本程序中已经设置了系统启动后进水阀打开的脚本程序段了。同时，还看到流动块的流动方向和实际情况不符，这是因为没有进行流动块的流动属性设置。

9. 流动块的流动效果制作

在前面制作组态画面时，已经完成了基本属性设置，现在只需要进行流动属性设置即可。

双击蓄水箱和水泵之间的流动块，弹出"流动块构件属性设置"对话框，打开"流动属性设置"选项卡，"表达式"文本框输入"进水阀=1"；"当表达式非零时"选择"流动块开始流动"。单击"确认"按钮退出。

存盘，进入运行环境，操作进水阀，就可以看到流动块的流动效果，如果流动方向有问题，再到"基本属性"选项卡中修改流动方向即可。

其他流动块的属性设置方法与此类似，不同之处在于连接的表达式有所区别。

2.3.6　实时曲线和历史曲线的制作

对生产过程重要参数进行曲线记录有两个好处：一是评价过去的生产情况；二是预测以后的生产过程。因此，曲线显示在工控系统中是一个非常重要的部分。曲线有实时曲线显示和历史曲线显示。

1. 实时曲线

实时曲线是用曲线显示一个或多个数据对象值的动画图形，实时记录数据对象值的变化情况。实时曲线可以用绝对时间为横轴标度，此时，构件显示的是数据对象的值与时间的函数关系。实时曲线可以用相对时间为横轴标度，此时须指定一个表达式来表示相对时钟，构件显示的是数据对象的值相对于此表达式值的函数关系。在相对时钟方式下，可以指定一个数据对象为横轴标度，从而实现记录一个数据对象相对于另一个数据对象的变化曲线。

实时曲线的组态包括基本属性设置、标注属性设置、画笔属性设置和可见度设置。基本属性设置中包括坐标网格的数目、颜色、线型、背景颜色、边线颜色、边线线型、曲线类型等。标注属性设置包括 X 轴和 Y 轴标注的文字颜色、间隔、字体、长度等，当曲线的类型为“绝对时钟实时趋势曲线”时，需要指定时间格式和时间单位。画笔属性设置最多可同时显示 6 条曲线，可见度的设置可以设置实时曲线构件的可见度条件。

实时曲线是利用工具箱中的“实时曲线”工具绘制编辑的，下面将介绍“实时曲线”的属性设置。

(1) 双击实时曲线构件，弹出“实时曲线构件属性设置”对话框，打开“基本属性”选项卡，设置，X 主划线：5；X 次划线：2；Y 主划线：11；Y 次划线：2；Y 边线颜色：蓝色；曲线类型：绝对时钟趋势曲线，如图 2-212 所示。

(2) 打开“标注属性”选项卡，设置 X 轴标注中的标注颜色：黑色。设置 Y 轴标注中的标注颜色：黑色；最小值为 0，最大值为 110，其他参数设置如图 2-213 所示。

(3) 打开“画笔属性”选项卡，“曲线 1”文本框选择“SV”变量；“颜色”选择“红色”；并做线型选择。“曲线 2”文本框选择“PV”变量，“颜色”选择“蓝色”，并作线型选择。“曲线 3”文本框选择“水泵的开度”变量，“颜色”选择“绿色”，并做线型选择，如图 2-214 所示。单击“确认”按钮，完成实时曲线设置。

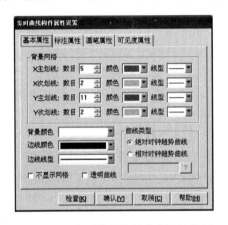

图 2-212　实时曲线构件基本属性设置

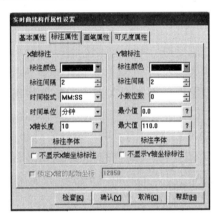

图 2-213　实时曲线构件标注属性设置

存盘后进入运行环境，按以下顺序操作：启动→自动→输入中间区域→输入设定值，就可以看到实时曲线，如图 2-215 所示。双击曲线，可以放大观察效果。

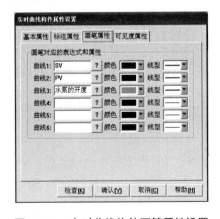

图 2-214　实时曲线构件画笔属性设置

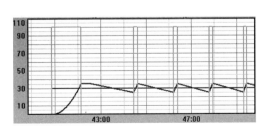

图 2-215　实时曲线运行效果

2. 历史曲线

历史曲线的功能是实现历史数据的曲线浏览。运行时，历史曲线能够根据需要画出相应的历史数据的趋势效果图。对于历史数据的变化有一个很好的体现和描述。历史曲线的组态包括基本属性设置、存盘数据、标注设置、曲线表示、输出信息和高级属性。标注设置中，要设定历史曲线数据的对应时间；历史曲线也可以绘制多条曲线，并可通过颜色的变化加以区分；输出信息用来在对应数据对象列中定义对象和曲线的输出信息连接，以便在运行时通过曲线信息显示窗口显示；高级属性的设置，包括可在运行时显示曲线翻页操作按钮、运行时曲线放大操作按钮、曲线信息窗口、自动刷新周期、自动减少曲线密度、设置端点间隔、信息显示窗口跟随光标移动。

与实时曲线不同的是：首先，历史曲线必须指明历史曲线对应的存盘数据的来源，即来源可以是组对象、标准的 Access 数据库文件等；其次，历史曲线要求设置变量的存盘属性，所以在制作历史曲线之前，应首先设置变量的存盘属性。

1) 历史曲线的编辑制作

历史曲线的制作是利用工具箱中的"历史曲线"工具 编辑绘制的，具体步骤如下。

(1) 设置变量存盘属性(变量 SV、PV 及数据存储组组对象)。

① 在"工作台"的"实时数据库"选项卡中，双击变量"PV"，弹出"数据对象属性设置"对话框。

② 打开"存盘属性"选项卡，选择"定时存盘"，并设置"存盘周期"为 1s；"存盘时间设置"选中"永久存储"单选按钮；再选中"自动保存产生的报警信息"复选框；如图 2-216 所示。单击"确认"按钮退出。

(2) 在工作台的"用户窗口"选项卡中，新建一个窗口，名为"历史曲线"。

(3) 进入历史曲线的动画组态窗口，制作一个内容为"历史曲线"的文字标签。

(4) 使用"工具箱"中的"历史曲线"工具，在标签下方绘制一个历史曲线构件，如图 2-217 所示。

(5) 双击该曲线构件，弹出"历史曲线构件属性设置"对话框，进行以下设置。

① 在"基本属性"选项卡中，将"曲线名称"设为"历史曲线"；"X 主划线"设为10；"Y 主划线"数设为 10；背景色：白色，如图 2-218 所示。

② 在"存盘数据"选项卡中，"历史存盘数据来源"选中"组对象对应的存盘数据"单选按钮，并在下拉列表框中选择"数据存储组"，如图 2-219 所示。

③ 在"标注设置"选项卡中，将"曲线起始点"设置为"最近 30 分存盘数据"，如图 2-220 所示。

④ 在"曲线标识"选项卡中，做以下设置。

选中曲线 1，在曲线内容下拉列表框中选择变量 SV；"曲线颜色"选择红色；"工程单位"设为 cm；"小数位数"设为 1；"最小坐标"设为 0；"最大坐标"设为 50；"实时刷新"选择 SV，如图 2-221 所示。

选中曲线 2，在曲线内容下拉列表框中选择变量 PV；"曲线颜色"选择蓝色；"工程单位"设为 cm；"小数位数"设为 1；"最小坐标"设为 0；"最大坐标"设为 50；"实时刷新"选择 PV。

选中曲线 3，在曲线内容下拉列表框中选择变量"水泵的开度"；"曲线颜色"选择绿色；"工程单位"设为%；"小数位数"设为 0；"最小坐标"设为 0；"最大坐标"设为 100；"实时刷新"选择"水泵的开度"。

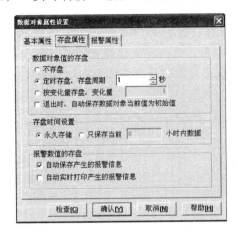

图 2-216 数据对象存盘属性设置

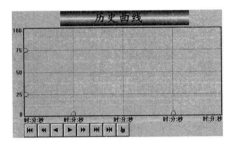

图 2-217 历史曲线

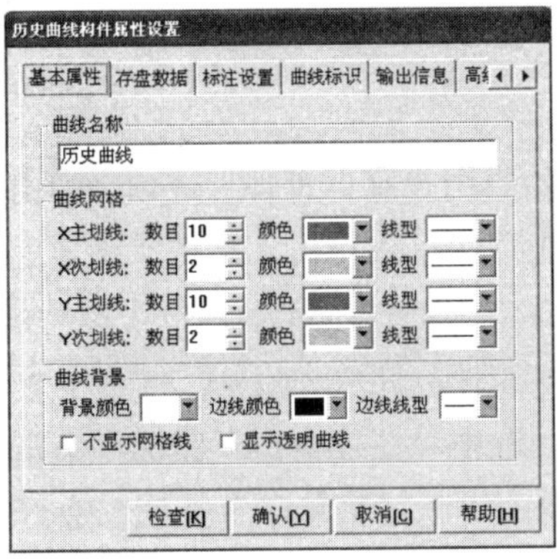

图 2-218 历史曲线基本属性设置

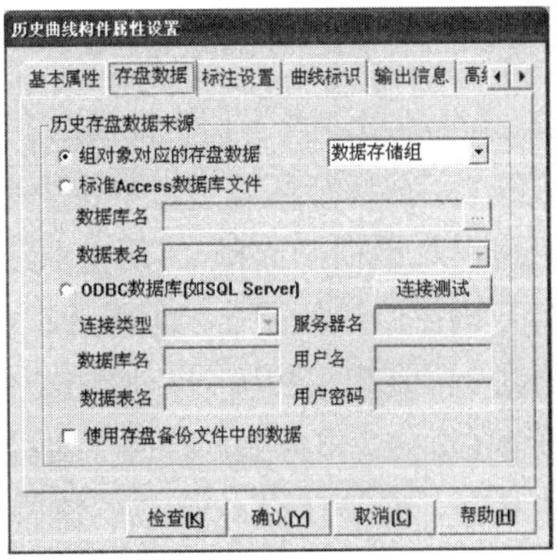

图 2-219 历史曲线存盘数据属性设置

图 2-220 历史曲线标注属性设置

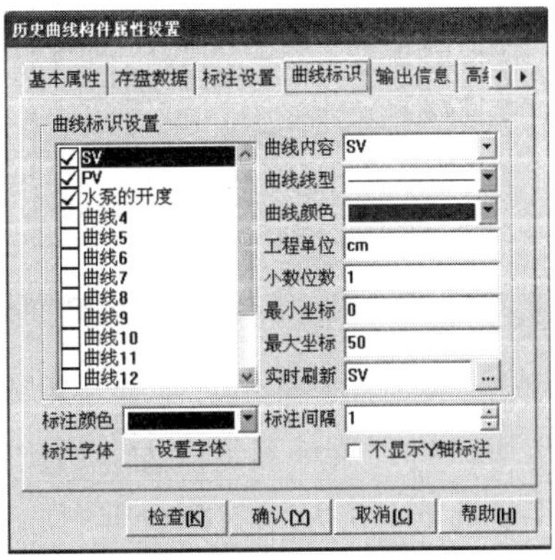

图 2-221 历史曲线标识属性设置

⑤ 打开"高级属性"选项卡，具体设置内容如图 2-222 所示。单击"确认"按钮退出。并保存设置。

生成的历史曲线如图 2-223 所示。存盘后进入运行环境，按以下顺序操作：启动→自动→输入中间区域→输入设定值，可以看到实时曲线，但是看不到历史曲线，这是因为已经将"单容水箱控制流程"窗口设置为启动画面，而历史曲线则在 "历史曲线"窗口中。如何看到该窗口呢？

图 2-222　历史曲线高级属性设置

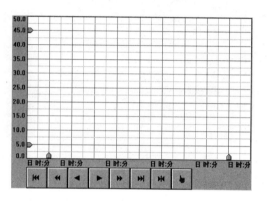

图 2-223　历史曲线设置完毕

2) 运行环境下查看历史曲线

方法 1：在运行环境下，单击"系统管理"菜单的"用户窗口管理"选项，弹出"用户窗口管理"对话框，选择 "历史曲线"并使其左侧出现"√"标志，单击"确定"按钮，即可打开该窗口，如图 2-224 所示。

方法 2：利用主控窗口，增加一个操作菜单。

在 MCGS 工作台上，打开"主控窗口"选项卡，选中"主控窗口"图标，单击"菜单组态"按钮，打开"菜单组态"窗口。单击工具条中的"新增菜单项"按钮，会产生名为"操作 0"菜单，如图 2-225 所示。

图 2-224　用户窗口管理中选择历史曲线

图 2-225　新建"操作 0"菜单

双击"操作 0"菜单，弹出"菜单属性设置"对话框。如图 2-226 所示，在"菜单属性"选项卡中，将"菜单名"改为"历史曲线"；在"菜单操作"选项卡中，选中"打开用户窗口"复选框，并从下拉列表框中选择"历史曲线"选项，如图 2-227 所示。

单击"确认"按钮退出。在菜单组态窗口就添加了一个"历史曲线"菜单，如图 2-228 所示。

进入运行环境，可以看到菜单栏中，除了"系统管理"菜单外，又增加了一个"历史曲线"菜单。按以下顺序操作：启动→自动→输入中间区域→输入设定值，观察画面的变化情况。再单击"历史曲线"菜单，弹出历史曲线窗口，如图 2-229 所示。

图 2-226　"菜单属性设置"对话框　　　　图 2-227　"菜单操作"属性设置

图 2-228　历史曲线菜单设置完毕

图 2-229　历史曲线运行画面

历史曲线包含了 8 个操作按钮，运行环境下，可以用来进行前进▶、后退◀、快速前进▶▶、快速后退◀◀、前进到当前时刻▶▶|、后退到当前时刻|◀◀，以方便查看。用按钮来设置显示曲线的起始时间。运行过程中单击该按钮后弹出如图 2-230 所示对话框，运行人员可根据需要设定。用按钮可重新进行曲线标识设置，运行时单击该按钮，弹出"曲线标识设置"对话框，如图 2-231 所示。

单击"退出"按钮，可回到单容水箱控制流程画面。

图 2-230　运行时设置历史曲线时间　　　图 2-231　运行时设置历史曲线标识

2.3.7 实时报警和历史报警的制作

实际运行时，可能会发生参数的越限情况。报警显示是基本的安全手段。

1. 报警灯

为了直观地对报警进行提示，可在单容水箱控制流程画面中加入报警指示灯进行报警提示。

(1) 打开单容水箱控制流程动画组态窗口。前期进行画面编辑时，已经从对象元件库中选择两个"指示灯 1"，分别摆放到了蓄水箱和水箱旁边。

(2) 双击水箱旁边的报警灯，打开"动画连接"选项卡。

(3) 选中图元名"组合图符"，单击右侧出现的"＞"按钮，弹出"动画组态属性设置"对话框。

(4) 打开"属性设置"选项卡，选择颜色动画连接中的"填充颜色"选项，选中特殊动画连接中的"闪烁效果"复选框，选中输入输出连接中的"按钮动作"复选框。

(5) 打开"填充颜色"选项卡，"表达式"文本框输入"PV>水箱液位上限值"；"填充颜色连接"中，分段点 0，对应颜色为绿色；分段点 1，对应颜色为红色，如图 2-232所示。

图 2-232 报警指示灯填充颜色属性设置

(6) 打开"闪烁效果"选项卡，"表达式"文本框输入"PV>水箱液位上限值"；"闪烁实现方式"选中"用图元可见度变化实现闪烁"单选按钮，如图 2-233 所示。

(7) 打开"按钮动作"选项卡，选中"打开用户窗口"复选框；下拉列表框选择"实时报警"(当然前提是必须有实时报警窗口)，如图 2-234 所示。

(8) 使用同样的方法，双击蓄水箱旁的报警灯，进行属性设是。不同之处是，填充颜色和闪烁效果属性的表达式改为"蓄水箱液位＜蓄水箱液位下限"。

存盘后进入运行环境就会发现，当水箱液位大于水箱液位上限值(初始值为 45 时)，水箱旁边的指示灯由绿色变为红色且闪烁；当蓄水箱的液位小于蓄水箱液位下限值(初始值为5)，蓄水箱旁边的指示灯由绿色变为红色且闪烁；单击报警指示灯，系统会自动弹出实时报警窗口(当然提前是已建有实时报警窗口)。

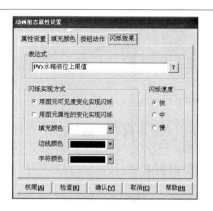

图 2-233　报警指示灯闪烁效果属性设置

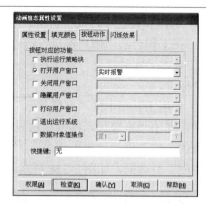

图 2-234　报警指示灯按钮动作属性设置

2. 实时报警

除报警灯的闪烁外，也可以用实时报警记录的形式进行报警提示。实时报警记录的制作方法如下。

(1) 对变量"PV"和"蓄水箱液位"进行报警属性设置。

① 进入实时数据库，双击数据对象"PV"。打开"报警属性"选项卡。选中"允许进行报警处理"复选框，"报警设置"被激活。再选择"报警设置"中的"上限报警"选项，"报警值"设为"45"；"报警注释"文本框输入文字"水箱液位过高"，如图 2-235 所示。单击"确认"按钮退出，"PV"变量的报警属性设置完毕。

② 使用相似的方法对变量"蓄水箱液位"进行报警属性设置。不同之处是选择"下限报警"，报警值设为"5"，"报警注释"为"蓄水箱液位低于下限值"。

(2) 设置组对象，添加成员：变量"PV"和变量"蓄水箱液位"。

① 进入实时数据库，单击"新增对象"按钮，增加一个数据对象。双击该对象，弹出"数据对象属性设置"对话框，打开"基本属性"选项卡，"对象名称"选择"报警组"；"对象类型"选中"组对象"单选按钮，如图 2-236 所示。

② 打开"组对象成员"选项卡，在"数据对象列表"中选择"PV"变量，单击"增加"按钮，数据对象"PV"被添加到右边的"组对象成员列表"中。按照同样的方法将"蓄水箱液位"变量也添加到组对象成员中，如图 2-237 所示。单击"确认"按钮退出，组对象设置完毕。

图 2-235　变量 PV 报警属性设置

图 2-236　定义组对象

(3) 制作和设置实时报警窗口。

① 在工作台的"用户窗口"选项卡中，新建一个名称为"实时报警"的窗口。

② 双击"实时报警"窗口图标，打开其动画组态窗口。制作一个内容为"实时报警"的文字标签。

③ 使用工具箱中的"报警显示"工具。画出一个大小适中的"报警窗口"构件。双击该构件，弹出"报警显示构件属性设置"对话框，打开"基本属性"选项卡，"对应的数据对象的名称"设为"报警组"；"最大记录次数"为"10"；选中"运行时，允许改变列的宽度"复选框，如图 2-238 所示。单击"确认"按钮退出。

图 2-237　添加组对象成员

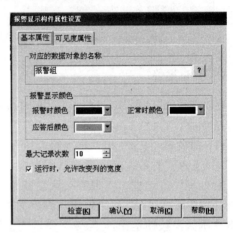

图 2-238　报警显示构件基本属性设置

(4) 在主控窗口中，增加一个名称为"实时报警"的操作菜单。

具体制作方法与历史曲线菜单相似，不同之处：在其"菜单操作"选项卡中，"打开用户窗口"选择的是"实时报警"选项，如图 2 -239 所示。

设置完成后，进入运行环境，看到菜单栏，除了 "系统管理"菜单、"历史曲线"菜单外，又增加了"实时报警"菜单。按以下顺序操作：启动→自动→输入中间区域→输入设定值，观察画面的变化情况。单击左侧的"实时报警"选项，将弹出实时报警窗口。

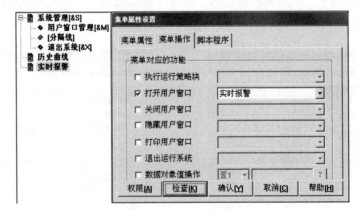

图 2-239　实时报警菜单制作

3. 数据对象报警值应答

从上述制作的实时报警记录中有报警产生、报警结束，却没有报警应答。报警应答的作用是告诉系统，操作人员已经知道对应数据对象的报警产生，并做了相应的处理，同时，MCGS 将自动记录下应答的时间(要选取数据对象的报警信息，自动存盘属性才有效)。报警应答可在数据对象策略构件中实现，也可在脚本程序中使用系统内部函数 AnswerAlm 来实现，如果对应的数据对象没有报警产生或已经应答，则本函数无效。

在实际应用中，对重要的报警事件都要有操作人员进行及时的应急处理，报警应答机制能记录下报警产生的时间和应答报警时间，为事后进行事故分析提供实际数据。

(1) 利用内部函数 AnswerAlm，通过脚本程序实现报警应答。

① 打开工作台的"运行策略"选项卡，新增一条循环策略。

② 选中循环策略，打开"策略属性设置"对话框，更改策略名称为"报警应答"，设置循环策略执行时间是 200ms。

③ 打开循环策略的策略组态窗口，新增一条脚本程序策略行。

④ 打开脚本程序编辑环境，写入以下脚本程序。

```
PV.AnswerAlm ( )
蓄水箱液位.AnswerAlm ( )
```

脚本程序编辑完成，单击"确定"按钮退出。进入运行环境，单击"实时报警"菜单，进入实时报警窗口，看到如图 2-240 所示的报警画面，该报警画面比前期多了"报警应答"项。

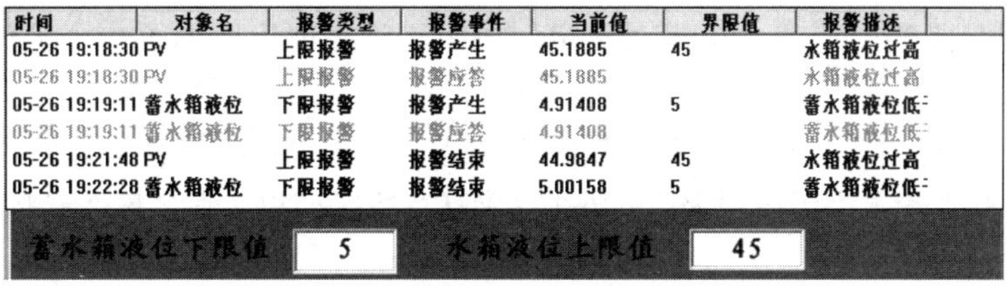

时间	对象名	报警类型	报警事件	当前值	界限值	报警描述
05-26 19:18:30	PV	上限报警	报警产生	45.1885	45	水箱液位过高
05-26 19:18:30	PV	上限报警	报警应答	45.1885		水箱液位过高
05-26 19:19:11	蓄水箱液位	下限报警	报警产生	4.91408	5	蓄水箱液位低
05-26 19:19:11	蓄水箱液位	下限报警	报警应答	4.91408		蓄水箱液位低
05-26 19:21:48	PV	上限报警	报警结束	44.9847	45	水箱液位过高
05-26 19:22:28	蓄水箱液位	下限报警	报警结束	5.00158	5	蓄水箱液位低

蓄水箱液位下限值　5　　水箱液位上限值　45

图 2-240　具有报警应答的实时报警运行画面

(2) 利用数据对象策略构件，实现报警应答。

① 打开工作台的"运行策略"选项卡，新增一条循环策略。

② 选中循环策略，打开"策略属性设置"对话框，更改策略名称为"报警应答"，设置循环策略执行时间是 200ms。

③ 打开循环策略的策略组态窗口，新增一条数据对象操作策略行，如图 2-241 所示。

④ 双击"数据对象"策略构件，弹出"数据对象操作"对话框，在"数据对象操作"对话框的"基本操作"选项卡中，"对应数据对象的名称"选择"PV"变量，如图 2-242 所示。

⑤ 打开"扩充操作"选项卡，选择应答操作的"应答该对象所产生的报警"。单击"确认"按钮退出。进入运行环境，单击"实时报警"菜单，进入实时报警窗口，看到如图 2-240 所示的报警画面。

图 2-241　添加数据对象策略构件　　　　图 2-242　数据对象策略构件基本操作设置

4. 历史报警

以上实时报警窗口最大记录次数设置为 10,因此报警窗口只能显示当前 10 条报警信息。历史报警功能使系统可以显示指定时间段内的所有报警信息。下面介绍历史报警记录的制作与编辑。

(1) 设置变量"PV"和"蓄水箱液位"的存盘属性为"自动保存产生的报警信息",如图 2-243 所示。

(2) 新增加一个用户策略,名为历史报警。

① 打开"运行策略"选项卡,单击"新建策略"按钮,弹出"选择策略的类型"对话框,选中"用户策略"选项,单击"确定"按钮,策略窗口增加了一个名为"策略 1"的策略。

② 选中"策略 1",单击"策略属性"按钮,弹出"策略属性设置"对话框,在"策略名称"文本框中输入"历史报警";单击"确认"按钮退出,则名称"策略 1"更名为"历史报警"。

③ 双击"历史报警"策略,进入策略组态窗口,新增一个"报警信息浏览"策略行,如图 2-244 所示。

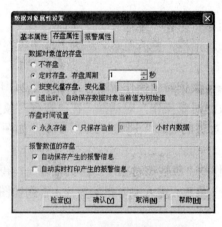

图 2-243　变量的存盘属性设置　　　　　图 2-244　选取报警信息浏览构件

💡 **注意：** 如果策略工具箱中没有"报警信息浏览"构件，选择"工具"菜单中的"策略构件管理"命令，打开"策略构件管理"对话框，在"可选策略构件"列表中找到"报警信息浏览"构件，添加到"选定策略构件"列表中即可，如图 2-245 所示。

④ 双击"报警信息浏览"构件，弹出"报警信息浏览构件属性设置"对话框，打开"基本属性"选项卡，将"报警信息来源"中的"对应数据对象"改为"报警组"，如图 2-246 所示，单击"确认"按钮退出。

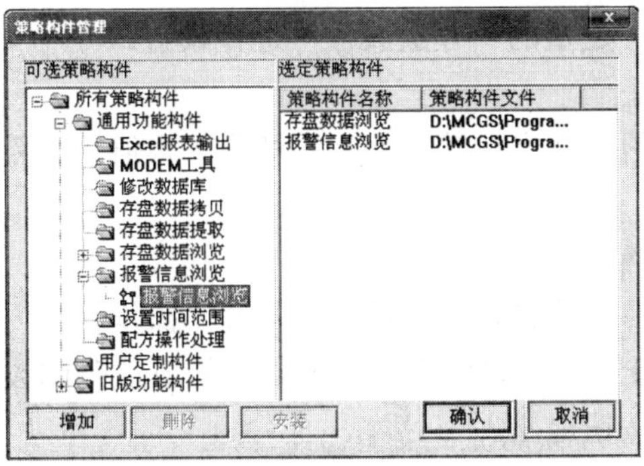

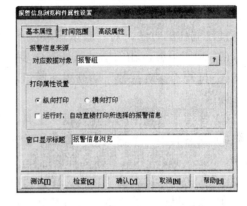

图 2-245　添加报警信息浏览构件　　　　图 2-246　报警信息浏览构件基本属性设置

(3) 新增一操作菜单，名为历史报警，建立"历史报警"菜单和策略之间的关系。

① 打开"主控窗口"的"菜单组态"窗口。再新增一条"操作 0"菜单。打开其"菜单属性设置"对话框。在"菜单属性"选项卡中，将菜单名更改为"历史报警"；"菜单类型"选择"普通菜单项"。

② 打开"菜单操作"选项卡，选择"执行运行策略块"；并从下拉列表框中选择"历史报警"选项。设置完毕，单击"确认"按钮退出，在主控窗口的菜单组态窗口中就出现了"历史报警"菜单。

进入运行环境，看到菜单栏，除了原来的"系统管理"、"实时报警"和"历史曲线"以外，又增加了一个"历史报警"菜单。

按以下顺序操作：启动→自动→输入中间区域→输入设定值，观察画面的变化情况。单击"历史报警"菜单，弹出历史报警窗口，如图 2-247 所示。单击"退出"按钮，可以回到控制流程画面。

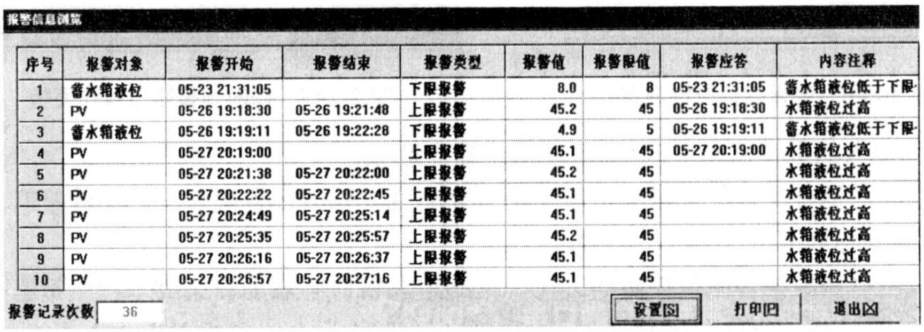

序号	报警对象	报警开始	报警结束	报警类型	报警值	报警限值	报警应答	内容注释
1	蓄水箱液位	05-23 21:31:05		下限报警	8.0	8	05-23 21:31:05	蓄水箱液位低于下限
2	PV	05-26 19:18:30	05-26 19:21:48	下限报警	45.2	45	05-26 19:18:30	水箱液位过高
3	蓄水箱液位	05-26 19:19:11	05-26 19:22:28	下限报警	4.9	5	05-26 19:19:11	蓄水箱液位低于下限
4	PV	05-27 20:19:00		上限报警	45.1	45	05-27 20:19:00	水箱液位过高
5	PV	05-27 20:21:38	05-27 20:22:00	上限报警	45.2	45		水箱液位过高
6	PV	05-27 20:22:22	05-27 20:22:45	上限报警	45.1	45		水箱液位过高
7	PV	05-27 20:24:49	05-27 20:25:14	上限报警	45.1	45		水箱液位过高
8	PV	05-27 20:25:35	05-27 20:25:57	上限报警	45.2	45		水箱液位过高
9	PV	05-27 20:26:16	05-27 20:26:37	上限报警	45.1	45		水箱液位过高
10	PV	05-27 20:26:57	05-27 20:27:16	上限报警	45.1	45		水箱液位过高

报警记录次数　36　　　　　　　　　　　　　设置[S]　打印[P]　退出[X]

图 2-247　运行环境下的"历史报警窗口"

5. 报警极限值的修改

以上 3 种报警形式中，变量 "PV" 和 "蓄水箱液位" 的上、下限报警值固定不变，如果用户想在运行环境下根据实际需要随时改变报警上、下限值，可采用以下方法。

(1) 数据对象存盘属性设置。前期定义数据对象时，在实时数据库中已添加有两个名称，分别为水箱液位上限值、蓄水箱液位下限值的数据对象，对象类型均为数值型。现在只需进行存盘属性设置。

打开 "水箱液位上限值" 变量的 "存盘属性" 选项卡，选中 "退出时，自动保存数据对象当前值为初始值" 复选框，如图 2-248 所示。单击 "确认" 按钮退出。

使用同样的方法，对 "蓄水箱液位下限值" 变量的 "存盘属性" 进行设置。

(2) 制作报警值输入框，具体制作步骤如下。

① 打开 "实时报警" 动画组态窗口，制作两个文字标签：蓄水箱液位下限值、水箱液位上限值。

② 使用工具箱中的 "输入框" 工具，绘制两个输入框。

③ 双击其中一个输入框，弹出 "输入框构件属性设置" 对话框，打开 "操作属性" 选项卡，对应的数据对象名称文本框选择 "蓄水箱液位下限值"；数值输入的取值范围设置为最小值 "0"，最大值 "10"。单击 "确认" 按钮退出。

④ 双击另一个输入框，并打开其 "操作属性" 选项卡，对应的数据对象名称文本框选择 "水箱液位上限值"；数值输入的取值范围设置为最小值 "40"，最大值 "50"。单击 "确认" 按钮退出。

⑤ 使用常用符号工具箱的 "凹平面" 工具，制作一个 "面板"，将两个标签和两个输入框排列整齐并叠放到面板上。制作好的操作面板如图 2-249 所示。

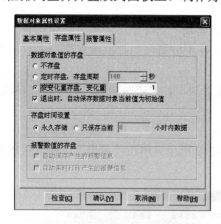

图 2-248　变量存盘属性设置

图 2-249　修改报警限值操作面板

(3) 将输入的报警值与 PV、蓄水箱液位建立联系。

① 打开 "运行策略" 选项卡，新增加一个名为 "修改报警限值" 的循环策略，修改执行周期时间为 200ms。

② 双击 "修改报警限值" 策略，在其策路组态窗口中添加一条脚本程序策略行。打开脚本程序编辑环境，添加脚本程序如下。

```
!SetAlmValue(蓄水箱液位,蓄水箱液位下限,2)
!SetAlmValue(PV,水箱液位上限值,3)
```

函数!SetAlmValue(A,B,C)的功能是设置数据对象的报警极限值,它有 3 个参数 A、B、C,其含义如表 2-17 所示。

③ 存盘,进入运行环境,按以下顺序操作:启动→自动→输入中间区域→输入设定值→实时报警窗口→在两个输入框输入极限值→按 Enter 键,观察实时报警和历史报警窗口的变化。

表 2-17　函数!SetAlmValue(A,B,C)的功能

A	B	C						
设置变量 A 的极限值	让 A 的极限=B	让 A 的某极限=B						
		1	2	3	4	5	6	7
		下下限	下限	上限	上上限	下偏差	上偏差	偏差报警基准

2.3.8　实时报表和历史报表的制作

报表就是将数据以表格形式显示和打印出来,常用报表有实时报表和历史报表,历史报表又有班报表、日报表、月报表等。数据报表在工控系统中是必不可少的一部分,是对生产过程中系统监控对象状态的综合记录。

1. 数据报表的效果图

组态环境下,制作完成的报表效果如图 2-250 所示。

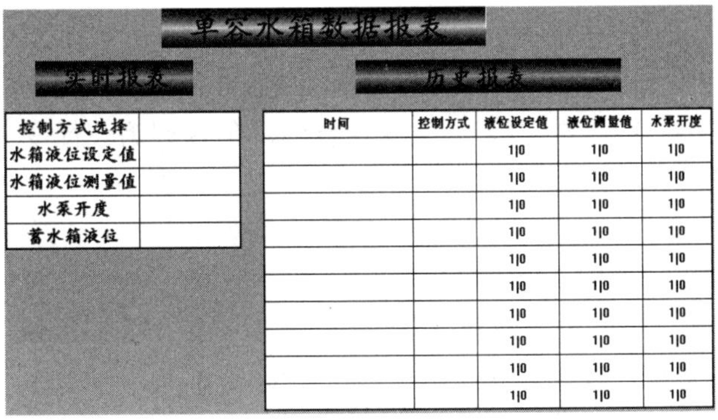

图 2-250　报表输出运行效果

2. 实时报表

实时报表可以通过自由表格构件来创建。

自由表格的功能是在 MCGS 运行时用来显示所接收的数据对象的值。自由表格中的每个单元称为表格的表元,可以建立每个表格单元与数据对象的连接。对没有建立连接的表格单元,构件不改变表格内的原有内容。在编辑模式下,可以直接在表格单元中填写字符,如果没有建立此表格单元与数据对象的连接,则运行时这些字符将直接显示出来。如果建

立了此表格单元与数据库的连接，则在 MCGS 运行环境下，自由表格将显示这些数据对象的实时数据。

利用自由表格构件创建实时报表的具体制作步骤如下。

(1) 在工作台的"用户窗口"选项卡中，新建一个名称和标题均为"数据报表"的用户窗口。

(2) 双击"数据报表"窗口图标，进入动画组态窗口。制作一个标题标签：单容水箱数据报表；两个注释标签：实时报表、历史报表。

(3) 使用工具箱中的"自由表格"工具▦，在适当位置绘制一个表格，如图 2-251 所示。

(4) 双击表格进入编辑状态，如图 2-252 所示。改变单元格大小的方法类似于微软的 Excel 表格的编辑方法，即把光标移到 A 与 B 或 1 与 2 之间，当光标呈十字分隔线形状时，拖动鼠标调整单元格至所需大小即可。

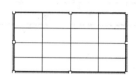

图 2-251　自由表格

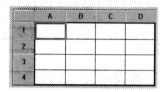

图 2-252　自由表格编辑

(5) 保持编辑状态。右击，从弹出的快捷菜单中选择"删除一列"命令，连续操作两次，删除两列。再选择"增加一行"命令，在表格中增加一行，形成 5 行 2 列表格。

(6) 双击 A 列的第 1 个单元格，光标变成"|"形状，输入文字"控制方式选择"，用同样的方法在 A 列其他单元格中分别输入水箱液位设定值、水箱液位测量值、水泵开度、蓄水箱液位。

(7) B 列的 5 个单元格中分别输入 1|0 或 0|0，如图 2-253 所示。

1|0 表示：显示 1 位小数，无空格；0|0 表示：显示 0 位小数，无空格。注意数字中间是"竖线"而非"左斜线"或"右斜线"。大家注意到，在 B 列第一行没有做任何输入，这因为该列输出的是字符。

(8) 在 B 列中，选中控制方式，选择对应的单元格并右击，从弹出的快捷菜单中选择"连接"命令，实时报表如图 2-254 所示。

(9) 再次右击，弹出数据对象列表，双击数据对象"控制方式显示"，则将 B 列 1 行单元格显示内容与数据对象"控制方式显示"进行连接。

(10) 按照上述操作，将 B 列的 2、3、4、5 行分别与数据对象"SV、PV、水泵的开度、蓄水箱液位"建立连接，如图 2-255 所示。

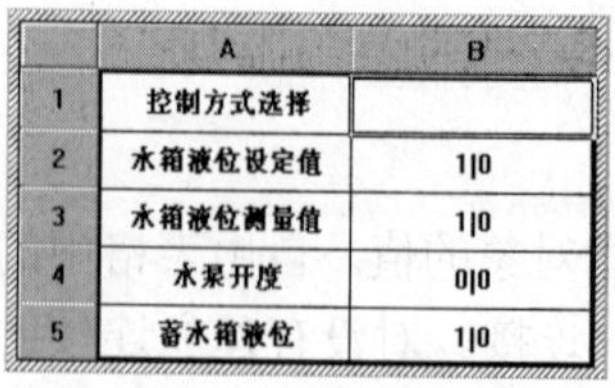

	A	B
1	控制方式选择	
2	水箱液位设定值	1|0
3	水箱液位测量值	1|0
4	水泵开度	0|0
5	蓄水箱液位	1|0

图 2-253　制作实时报表

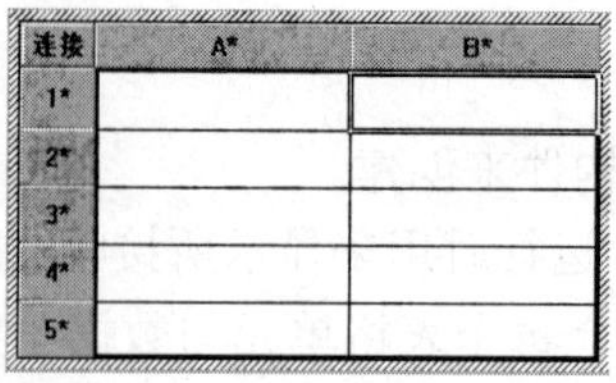

连接	A*	B*
1*		
2*		
3*		
4*		
5*		

图 2-254　连接实时报表之一

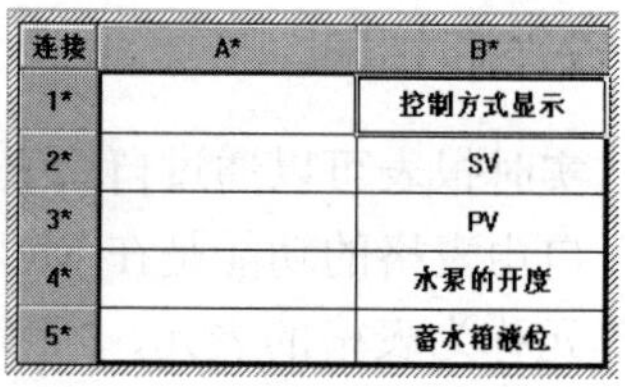

连接	A*	B*
1*		控制方式显示
2*		SV
3*		PV
4*		水泵的开度
5*		蓄水箱液位

图 2-255　连接实时报表之二

(11) 按功能键 F5 进入运行环境，按以下顺序操作：启动→自动→输入中间区域→输入设定值，画面开始变化，但是看不到报表，因为报表在另一个窗口中，如何看到该窗口？

方法一：利用"系统管理"菜单的"用户窗口管理"命令，此方法要在运行环境下进行。

方法二：利用主控窗口，增加一个菜单。具体方法与增加"历史报警"项相同，如图 2-256 所示。

① 在组态环境下，打开"主控窗口"的"菜单组态"窗口，增加一个名为"数据报表"项，菜单操作应设置为：打开用户窗口→数据报表。

② 确定后按功能键 F5，进入运行环境，按照以下顺序操作：启动→自动→输入中间区域→输入设定值，单击目录列表中的"数据报表"打开"数据报表"窗口，即可看到实时报表，如图 2-257 所示。

3. 历史报表

历史表格可以实现强大的报表和统计功能，如显示和打印静态数据，运行环境中编辑数据、显示和打印动态数据、显示和打印历史记录、显示和打印统计结果等。用户可以在窗口上利用历史表格构建强大的格式编辑功能，配合 MCGS 的画图功能设计出各种精美的报表。

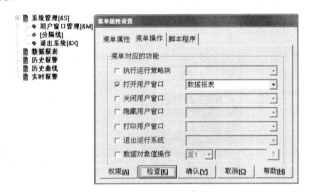

图 2-256　数据报表菜单制作　　　　　图 2-257　实时数据报表运行效果

历史表格编辑和显示的设定基本与自由表格的设置方法相同。实现历史报表有 3 种方式：利用策略构件中的"存盘数据浏览"构件；利用设备构件中的"历史表格"构件；利用动画构件中的"存盘数据浏览"构件。这里仅介绍第 2 种，利用历史表格动画构件实现历史报表。

就像制作报警窗口前必须设置变量的报警属性一样，历史表格制作之前必须设置变量的存盘属性，具体方法如下。

(1) 分别设置变量"SV、PV、水泵的开度、控制方式显示和历史报表组"的存盘属性为定时存盘，存盘时间 1s，如图 2-258 所示。

(2) 在"数据报表"组态窗口，使用工具箱中的"历史表格"工具▦，在适当位置绘制历史表格。

(3) 双击历史表格进入编辑状态，如图 2-259 所示。使用快捷菜单中的"增加一行"、"删除一行"命令，或者单击表格编辑工具条中的▯按钮，使用工具条中的⇥按钮、⇥按钮、按钮和按钮，制作一个 11 行 5 列的表格。

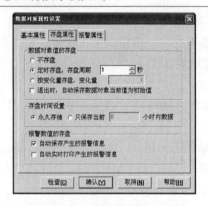

图 2-258　变量的存盘属性设置

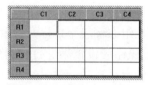

图 2-259　编辑状态的历史表格

(4) R1 行的各单元格分别输入文字：时间、控制方式、液位设定值、液位测量值、水泵开度；R2C3～R11C5 各单元输入：1|0，如图 2-260 所示。

(5) 光标移动到 R2C1，单击选中该单元格，然后按下鼠标左键向右下方拖动，将 R2～R11 各行所有单元格都选中(除 R2C1 格外，行内所有其他格都变黑，如图 2-261 所示)。

(6) 右击，在弹出的快捷菜单中选择"连接"命令，历史表格变成如图 2-262 所示的状态。

(7) 选择菜单栏中的"表格"菜单，选择"合并表元"命令，所选区域会出现反斜杠，如图 2-263 所示。

时间	控制方式	液位设定值	液位测量值	水泵开度
		1|0	1|0	1|0
		1|0	1|0	1|0
		1|0	1|0	1|0
		1|0	1|0	1|0
		1|0	1|0	1|0
		1|0	1|0	1|0
		1|0	1|0	1|0
		1|0	1|0	1|0
		1|0	1|0	1|0
		1|0	1|0	1|0

图 2-260　历史表格中输入文字

	C1	C2	C3	C4	C5
R1	时间	控制方式	液位设定值	液位测量值	水泵开度
R2			1|0	1|0	1|0
R3			1|0	1|0	1|0
R4			1|0	1|0	1|0
R5			1|0	1|0	1|0
R6			1|0	1|0	1|0
R7			1|0	1|0	1|0
R8			1|0	1|0	1|0
R9			1|0	1|0	1|0
R10			1|0	1|0	1|0
R11			1|0	1|0	1|0

图 2-261　历史表格选中状态

连接	C1*	C2*	C3*	C4*	C5*
R1*					
R2*					
R3*					
R4*					
R5*					
R6*					
R7*					
R8*					
R9*					
R10*					
R11*					

图 2-262　历史表连接状态

连接	C1*	C2*	C3*	C4*	C5*
R1*					
R2*					
R3*					
R4*					
R5*					
R6*					
R7*					
R8*					
R9*					
R10*					
R11*					

图 2-263　历史表格连接中

(8) 双击该区域，弹出数据库连接设置对话框。具体设置如下。

① 在"基本属性"选项卡中，连接方式依次选中"在指定的表格单元内，显示满足条件的数据记录"单选按钮、"按照从上到下的方式填充数据行"复选框、"显示多页记录"复选框，如图 2-264 所示。

② 在"数据来源"选项卡中，选择组对象对应的存盘数据；"组对象名"为"历史报表组"，如图 2-265 所示。

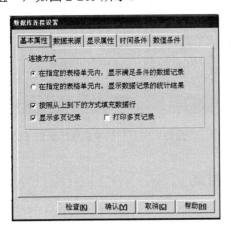
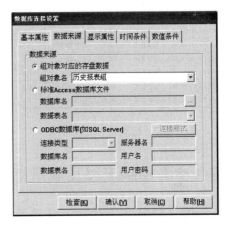

图 2-264 历史表格数据库连接基本属性设置　　图 2-265 历史表格数据库连接数据来源属性设置

③ 在"显示属性"选项卡中，利用"上移"、"下移"按钮分别设置表元 C1、C2、C3、C4、C5 所对应的数据列的内容。这些内容选取的是实时数据库中的变量，而这些变量与前面第(4)步中，R1 行的各单元格分别输入的文字注释内容相对应，具体如图 2-266 所示。

④ 在"时间条件"选项卡中，选择"排序列名"为"MCGS-Time"；降序；"时间列名"为"MCGS-Time"；选中"所有存盘数据"单选按钮，如图 2-267 所示。

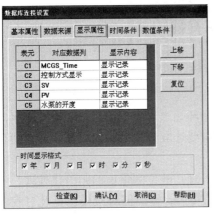

图 2-266 历史表格数据库连接显示属性设置　　图 2-267 历史表格数据库连接时间条件属性设置

(9) 存盘，进入运行环境，按以下顺序操作：启动→自动→输入中间区域→输入设定值，选择"数据报表"菜单中的 "数据报表"命令，即可看到历史报表，如图 2-268 所示。

思路拓展：此外，还可以使用"存盘数据浏览"构件实现历史数据的浏览，同时在使用过程要用到组对象，在该项目中用到的组对象是"数据存储组"，读者可自己思考具体如何制作，在这里给出运行效果图以供参考，如图 2-269 所示。在该工程中，它是在历史数据窗口中制作的。

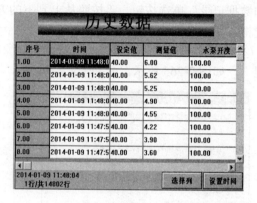

时间	控制方式	液位设定值	液位测量值	水泵开度
2014-01-09 10:16:55	自动方式	40.0	39.2	0.0
2014-01-09 10:16:54	自动方式	40.0	39.3	0.0
2014-01-09 10:16:53	自动方式	40.0	39.4	0.0
2014-01-09 10:16:52	自动方式	40.0	39.6	0.0
2014-01-09 10:16:51	自动方式	40.0	39.7	0.0
2014-01-09 10:16:50	自动方式	40.0	39.8	0.0
2014-01-09 10:16:49	自动方式	40.0	39.9	0.0
2014-01-09 10:16:48	自动方式	40.0	40.0	0.0
2014-01-09 10:16:47	自动方式	40.0	40.2	0.0
2014-01-09 10:16:46	自动方式	40.0	40.3	0.0

图 2-268　历史报表运行效果　　　图 2-269　用"存盘数据浏览"构件实现历史数据的浏览

2.3.9　参考控制流程及演示工程模拟调试

1. 演示工程中所用到的运行策略简介

(1) 在演示工程中主要用到了 9 个循环策略和 1 个用户策略，如图 2-270 所示。

名字	类型	注释
启动策略	启动策略	当系统启动时运行
退出策略	退出策略	当系统退出前运行
循环策略	循环策略	按照设定的时间循环运行
报警应答	循环策略	按照设定的时间循环运行
变量转换	循环策略	按照设定的时间循环运行
使用数据对象策略实现报警应答	循环策略	按照设定的时间循环运行
控制方式选择及通信模拟	循环策略	按照设定的时间循环运行
历史报警	用户策略	供其他策略、按钮和菜单等使用
模拟运行,手动控制	循环策略	按照设定的时间循环运行
模拟运行,双位控制	循环策略	按照设定的时间循环运行
水泵运行计时	循环策略	按照设定的时间循环运行
修改报警限值	循环策略	按照设定的时间循环运行
液位模拟	循环策略	按照设定的时间循环运行

图 2-270　演示工程中用到的策略

(2) 各循环策略及其功能。

① 报警应答。主要作用是告诉系统，操作员已经知道对应数据对象的报警产生，并做相应的处理，同时，MCGS 将自动记录下应答时间(要选取数据对象的报警信息自动存盘属性才有效)。

② 变量转换。主要作用是实现设定值归一化处理、液位测量值的归一化处理、液位测量值转化为对应模拟量及对应电压值、水泵开度的转化、输出值对应模拟量及对应电流的转化。

③ 使用数据对象策略实现报警值的修改。主要作用是利用数据对象策略构件实现报警应答，是报警应答的另一种实现方法。

④ 控制方式选择及通信模拟。主要作用将控制方式、通信状况以字符串的形式显示输出。

⑤ 模拟运行手动控制。主要作用是演示工程中模拟手动控制。

⑥ 模拟运行双位控制。主要作用是演示工程中模拟双位控制器的控制作用。

⑦ 水泵运行计时。主要作用是记录水泵的运行时间，为模拟水位做准备。

⑧ 修改报警限值。主要作用是采用 SetAlmValue 函数修改报警限值。

⑨ 液位模拟。主要作用是演示工程中根据水泵的开启时间、控制方式等模拟实际的水位。

(3) 用户策略及功能。用户策略的名称为历史报警，主要是采用报警信息浏览构件显示指定时间段内的所用报警信息。

2. 各循环策略的完整的参考脚本程序清单

(1) 报警应答策略的参考脚本程序清单如下。

```
PV.AnswerAlm ( )
蓄水箱液位.AnswerAlm ( )                    '对 PV、蓄水箱液位设置报警应答'
```

(2) 变量转换策略的参考脚本程序清单如下。

```
IF 启动 =1 THEN
    液位设定值归一化=SV / 50              '将设定值转化在 0.0~1.0'
ENDIF
IF 启动 =1 THEN
    液位测量值归一化=PV / 50              '将测量值转化为 6400~32000'
    液位测量值对应模拟量= ( 液位测量值归一化 * 0.8 + 0.2 ) * 32000
    液位测量值对应电压=液位测量值对应模拟量 / 32000 * 5
ENDIF                                      '将测量值转化为1~5V'
IF 启动 =1 THEN
    水泵的开度=OP * 100                    '将水泵的开度转化为0%~100%'
    输出值对应模拟量= (OP * 0.8 + 0.2 ) * 32000   '将输出值转化为6400~32000'
    输出值对应电流量=输出值对应模拟量 / 32000 * 20  '6400~32000转化为4~20mA'
ENDIF
```

(3) 使用数据对象策略实现报警值的修改，主要采用通过设置数据对象策略构件的属性实现，不涉及脚本程序。

(4) 控制方式选择及通信模拟策略的参考脚本程序清单如下。

```
IF com1=0 THEN
    通信="通信正常"
ELSE
    通信="通信异常"
ENDIF                                      '通信状态模拟'
 IF method=0 THEN
    控制方式显示="手动方式"
ELSE
    控制方式显示="自动方式"
ENDIF                                      '控制方式显示输出'
```

(5) 模拟运行手动控制策略的参考脚本程序清单如下。

```
OP=水泵的开度 / 100                        '手动控制时，人为设定水泵的开度'
SV = PV                                    '手动控制时，输出值等于设定值'
```

(6) 模拟运行双位控制策略的参考脚本程序清单如下。

```
IF 启动=1 THEN
   偏差e= PV- SV                        '偏差e计算'
ENDIF
IF 偏差e > 中间区域 THEN
   OP=0
ENDIF                                  '偏差e>中间区域，水泵关闭'
IF 偏差e < -1 * 中间区域 THEN
   OP=1                                '偏差e<-中间区域，水泵全开'
ENDIF
```

(7) 水泵运行计时策略的参考脚本程序清单如下。

```
IF 启动 =1 THEN
   com1=0
   进水阀=1                             '系统启动，进水阀打开'
ENDIF
IF 启动 =1 AND OP > 0 THEN
   水泵开启的时间=水泵开启的时间+1        '系统启动，输出大于零，水泵运行及时开始'
ENDIF
IF 启动 =0 THEN
   com1=1
   水泵开启的时间=0
   进水阀=0
   出水阀=0
   水泵的开度=0
ENDIF    '系统停止，通信状态显示异常，水泵运行时间为零，进水阀、出水阀关闭，水泵开度为零'
```

(8) 修改报警限值策略的参考脚本程序清单如下。

```
!SetAlmValue( 蓄水箱液位,蓄水箱液位下限,2)
!SetAlmValue( PV,水箱液位上限值,3)
```

(9) 液位模拟策略的参考脚本程序清单如下。

```
PV= PV+(OP-出水阀* 0.1) * 水泵开启的时间/1000 * 0.5
蓄水箱液位=蓄水箱液位-(OP-出水阀*0.1)* 水泵开启的时/ 1000 * 0.25
'水箱液位与水泵开度、开启时间、出水阀、水箱底面积都有关，综合因素得出水箱液位计算公式'
'蓄水箱液位与水泵开度、开启时间、出水阀、蓄水箱底面积都有关，综合因素得出蓄水箱液位计算
公式'
```

(10) 历史报警策略主要是通过报警信息浏览构件属性设置实现，不涉及脚本程序。

3. 工程再完善

工程完善主要是将所做的演示工程系统化，进一步理清各个用户窗口的作用，完善系统菜单设置，便于运行时进行各个用户窗口的自由切换。在该演示工程中共有 6 个用户窗口，分别是单容水箱控制流程、历史报警、实时报警、数据报表、历史数据、历史曲线。

单容水箱控制流程窗口：主要显示系统整体运行效果，其中包括运行画面动画模拟、系统运行方式选择、通信状态显示、实时数据显示输出、实时曲线及警灯报警。

历史报警窗口：显示历史报警信息。

实时报警窗口：显示实时报警信息并可以进行报警值的修改。

数据报表窗口：包括实时数据报表和历史数据报表。

历史数据浏览窗口：主要是利用存盘数据浏览构件对历史数据进行浏览。

历史曲线窗口：主要利用历史曲线构件实现变量历史曲线的显示输出。

为便于系统运行时各个用户窗口的切换，在主控窗口添加了 6 个操作菜单项，以供运行时使用，如图 2-271 所示。同时便于观察系统全貌，设置单容水箱控制流程窗口为启动窗口。

图 2-271　组态完整的主控窗口

4. 演示工程模拟调试运行

(1) 按下功能键 F5，进入运行环境，首先进入"单容水箱控制流程窗口"。系统处于初始状态：时钟显示实时时间，停止按钮、手动按钮以红色闪烁；通信异常字符以红色显示；输出框均为零；流动块不流动；进水阀和出水阀均为红色，表示关闭；警示灯均为绿色，表示没有产生报警；蓄水箱液位以湖蓝色填充满，表示水满；水箱没有填充为白色，表示水箱没有水；中间区域字符及对应输入框不显示，表示系统默认工作方式为手动。系统画面如图 2-272 所示。

(2) 单击"启动"按钮，通信状态显示变为绿色填充，表示通信正常；启动按钮开始闪烁，表示系统已经启动；其他部分没有任何变化。单击"自动"按钮，中间区域字符及对应输入框出现，默认中间区域为 2；表示自动控制。在液位设定值输入框中输入设定值(当前运行画面输入为 40)；打开出水阀，即可看到运行画面中各个输出框中数据的实时更新；水箱、蓄水箱液位的变化；实时曲线的变化等，如图 2-273 所示。

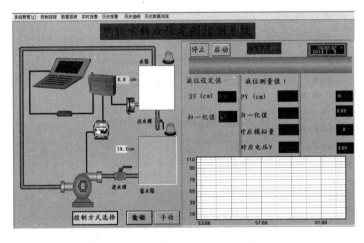

图 2-272　没有做任何选择的系统启动画面

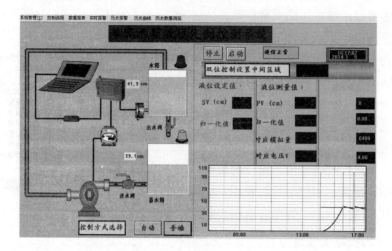

图 2-273　输入设定液位、中间区域以后的系统控制流程画面

(3) 单击运行窗口上的菜单，便可以切换到对应的窗口中。单击"数据报表"菜单后的画面如图 2-274 所示。单击"实时报警"菜单后的画面如图 2-275 所示。单击"历史报警"菜单后的画面如图 2-276 所示。单击"历史曲线"菜单后的画面如图 2-277 所示。单击"历史数据浏览"菜单后的画面如图 2-278 所示。

| 系统管理[S] | 控制流程 | 数据报表 | 实时报警 | 历史报警 | 历史曲线 | 历史数据浏览 |

单容水箱数据报表

实时报表

控制方式选择	自动方式
水箱液位设定值	40.0
水箱液位测量值	38.2
水泵开度	0
蓄水箱液位	30.9

历史报表

时间	控制方式	液位设定值	液位测量值	水泵开度
2014-01-09 16:20:09	自动方式	40.0	42.2	0.0
2014-01-09 16:20:08	自动方式	40.0	42.0	0.0
2014-01-09 16:20:07	自动方式	40.0	40.9	100.0
2014-01-09 16:20:06	自动方式	40.0	39.8	100.0
2014-01-09 16:20:05	自动方式	40.0	38.7	100.0
2014-01-09 16:20:04	自动方式	40.0	38.0	0.0
2014-01-09 16:20:03	自动方式	40.0	38.2	0.0
2014-01-09 16:20:02	自动方式	40.0	38.3	0.0
2014-01-09 16:20:01	自动方式	40.0	38.4	0.0
2014-01-09 16:20:00	自动方式	40.0	38.5	0.0

图 2-274　运行中的数据报表窗口

| 系统管理[S] | 控制流程 | 数据报表 | 实时报警 | 历史报警 | 历史曲线 | 历史数据浏览 |

实时报警

时间	对象名	报警类型	报警事件	当前值	界限值	报警描述
01-09 16:21:42	PV	上限报警	报警结束	39.9862	40	水箱液位过高
01-09 16:22:00	PV	上限报警	报警产生	40.0111	40	水箱液位过高
01-09 16:22:00	PV	上限报警	报警应答	40.0111		水箱液位过高
01-09 16:22:19	PV	上限报警	报警结束	39.986	40	水箱液位过高
01-09 16:22:37	PV	上限报警	报警产生	40.0108	40	水箱液位过高
01-09 16:22:37	PV	上限报警	报警应答	40.0108		水箱液位过高
01-09 16:22:55	PV	上限报警	报警结束	39.9857	40	水箱液位过高
01-09 16:23:13	PV	上限报警	报警产生	40.0106	40	水箱液位过高
01-09 16:23:14	PV	上限报警	报警应答	40.0106		水箱液位过高
01-09 16:23:32	PV	上限报警	报警结束	39.9854	40	水箱液位过高

| 蓄水箱液位下限值 | 3 | 水箱液位上限值 | 40 |

图 2-275　运行中的实时报警窗口

报警信息浏览

序号	报警对象	报警开始	报警结束	报警类型	报警值	报警限值	报警应答	内容注释
1	PV	01-03 11:19:21		上限报警	45.2	45	01-03 11:19:21	水箱液位过高
2	蓄水箱液位	01-03 11:19:58		下限报警	5.0	5	01-03 11:19:58	蓄水箱液位低于下
3	PV	01-07 00:41:34		上限报警	45.2	45	01-07 00:41:34	水箱液位过高
4	蓄水箱液位	01-07 00:42:12		下限报警	5.0	5	01-07 00:42:12	蓄水箱液位低于下
5	PV	01-07 00:47:13	01-07 00:47:13	上限报警	50.0	45		水箱液位过高
6	PV	01-07 00:47:41	01-07 00:47:41	上限报警	50.0	45		水箱液位过高
7	PV	01-09 09:55:41		上限报警	45.2	45	01-09 09:55:41	水箱液位过高
8	PV	01-09 10:12:41	01-09 10:14:14	上限报警	45.2	45	01-09 10:12:41	水箱液位过高
9	蓄水箱液位	01-09 10:13:22	01-09 10:14:55	下限报警	4.9	5	01-09 10:13:22	蓄水箱液位低于下
10	蓄水箱液位	01-09 10:15:13	01-09 10:15:33	下限报警	5.0	5	01-09 10:15:13	蓄水箱液位低于下
11	蓄水箱液位	01-09 10:15:51	01-09 10:16:12	下限报警	5.0	5	01-09 10:15:52	蓄水箱液位低于下
12	蓄水箱液位	01-09 10:16:30	01-09 10:16:49	下限报警	5.0	5	01-09 10:16:30	蓄水箱液位低于下
13	蓄水箱液位	01-09 10:17:07	01-09 10:17:25	下限报警	5.0	5	01-09 10:17:07	蓄水箱液位低于下
14	蓄水箱液位	01-09 10:17:43	01-09 10:18:02	下限报警	5.0	5	01-09 10:17:43	蓄水箱液位低于下
15	蓄水箱液位	01-09 10:18:20	01-09 10:18:38	下限报警	5.0	5	01-09 10:18:20	蓄水箱液位低于下
16	蓄水箱液位	01-09 10:18:59	01-09 10:19:15	下限报警	4.9	5	01-09 10:18:59	蓄水箱液位低于下
17	蓄水箱液位	01-09 10:19:36	01-09 10:19:51	下限报警	4.9	5	01-09 10:19:36	蓄水箱液位低于下
18	蓄水箱液位	01-09 10:20:12	01-09 10:20:28	下限报警	4.9	5	01-09 10:20:12	蓄水箱液位低于下
19	PV	01-09 15:54:31		上限报警	40.1	40	01-09 15:54:31	水箱液位过高
20	PV	01-09 16:15:32	01-09 16:15:55	上限报警	40.0	40	01-09 16:15:32	水箱液位过高
21	PV	01-09 16:16:16	01-09 16:16:38	上限报警	40.2	40	01-09 16:16:16	水箱液位过高

报警记录次数 32　设置[S]　打印[P]　退出[X]

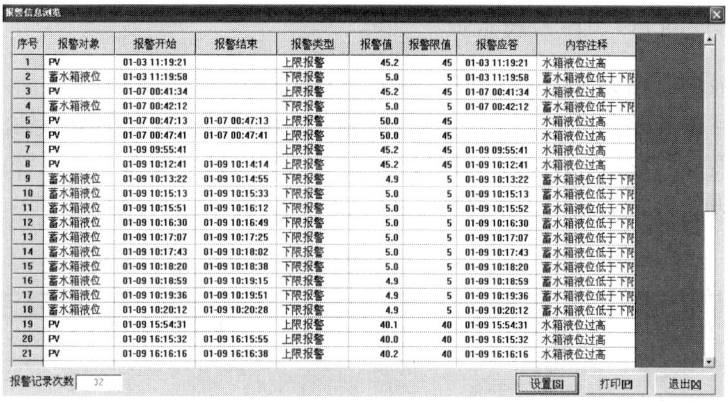

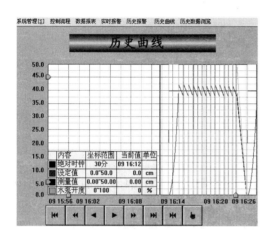

图 2-276　运行中的历史报警窗口

图 2-277　运行中的历史曲线窗口

系统管理[S]　控制流程　数据报表　实时报警　历史报警　历史曲线　历史数据浏览

历史数据

序号	时间	设定值	测量值	水泵开度
1.00	2014-01-09 16:27:4	0.00	0.00	0.00
2.00	2014-01-09 16:27:4	0.00	0.00	0.00
3.00	2014-01-09 16:27:4	40.00	42.28	0.00
4.00	2014-01-09 16:27:4	40.00	42.28	0.00
5.00	2014-01-09 16:27:3	40.00	42.28	0.00
6.00	2014-01-09 16:27:3	40.00	42.28	0.00
7.00	2014-01-09 16:27:3	40.00	42.28	0.00
8.00	2014-01-09 16:27:3	40.00	42.28	0.00

2014-01-09 16:27:43　1行/共16990行　选择列　设置时间

图 2-278　运行中的历史数据窗口

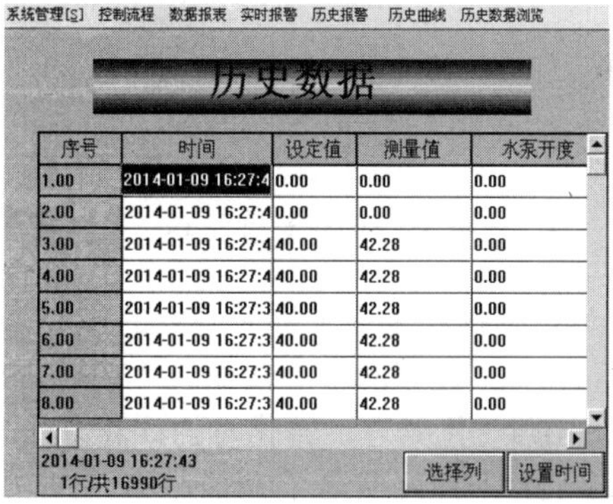

2.3.10　联机统调

联机统调时，S7-200PLC 既作为接口设备，也作为现场控制设备。因此控制程序在 PLC 中编写，MCGS 只负责运行监控和修改设定值等工作。

1. 监控工程建立

在组态环境中，打开“单容水箱液位监控系统模拟运行”，选择“文件”菜单中的“工程另存为”命令，在弹出的对话框中选择更改工程文件名为“单容水箱液位监控系统联机调试”并进行保存，保存路径为“D:\MCGS\WORK\单容水箱\单容水箱液位监控系统联机调试”。

2. 单容水箱系统硬件设备

本系统联机统调的主要硬件设备包括被控对象(水箱)、液位测量变送装置、控制器(S7-200CPU224 型 PLC、模拟量扩展模块 EM235)、PC 机一台、PPI 电缆一根、按钮若干、水泵驱动模块、水泵和蓄水箱。

3. PLC 程序的 I/O 分配及符号表

单容水箱液位监控系统的 PLC 控制系统 I/O 分配及符号表如表 2-18 所示。水箱液位信号测量值 PV 经过 AIW0 进入 PLC，PLC 得到的是 6400～32000 的数字量，经程序处理被还原为水位高度存入变量 VD100。VD100 将被送到 MCGS 中供显示、报警、报表输出和曲线显示。水位设定值、上限值、报警值在 MCGS 中赋值并送入 PLC。

表 2-18　单容水箱液位监控系统符号表及 I/O 分配表

			符号	地址	注释
1			水箱液位测量值	AIW0	压力变送器输出值（6400-32000）
2			控制器输出	AQW0	输出值控制泵的开度（6400-32000）
3			水箱液位设定值	VD104	从组态界面输入设定值（0-50cm）
4			水箱液位设定值归一化	VD704	水箱液位设定值归一化（0.0-1.0）
5			比例系数	VD712	比例系数
6			采样时间	VD716	采样时间
7			积分时间	VD720	积分时间
8			微分时间	VD724	微分时间
9			水箱液位测量值归一化	VD200	水箱液位测量值归一化（0.0-1.0）
10			水箱液位测量值输出	VD100	水箱实际液位（0-50cm，供显示输出）
11			定值控制选择	VB1000	为2表示定值控制
12			单容水箱控制选择	VB1010	为1表示单容控制
13			手动、自动选择	M10.0	为1表示自动控制，为0表示手动控制
14			PID运算输出	VD708	PID运算输出值（0.0-1.0）
15			从组态界面输入比例系数	VD112	界面输入比例系数
16			从组态界面输入采样时间	VD116	界面输入采样时间
17			从组态界面输入积分时间	VD120	界面输入积分时间
18			从组态界面输入微分时间	VD124	界面输入微分时间

4. 参考 PLC 程序及注释

控制程序采用子程序调用的形式。

(1) 主程序网络 1 功能。"VB1000=2"进行定值控制；将 VD104 设定的液位高度(0～50cm)归一化处理，转化时的计算方法为：VD704 = VD104/50。

(2) 子程序网络 1 功能。将 AIW0 输入的数字量(6400～32 000)归一化，并转换为实际液位供显示输出。其归一化计算方法为：VD200=(AIW0/32 000-0.2)*1.25。

实际液位转化输出计算方法为：VD100=(AIW0/32 000-0.2)*1.25*50。

(3) 子程序网络 2 功能。"VB1010=1"进行单容控制。

(4) 子程序网络 3 功能。"M10.0=1"自动控制 PID 控制。

(5) 子程序网络 4 功能。"M10.0=0"手动控制，VD108 为手动输入的水泵开度(以百分比的形式，即 0%～100%)。

(6) 子程序网络 5 功能。将控制器输出值(0.0～1.0)，转换为水泵的开度以百分比形式供显示输出，并转换为 0～32 000 信号控制泵的开度。

控制器输出转换为水泵的开度供显示输出，其计算方法为：VD108=VD708*100。

控制器输出转换为 0～32 000 实际控制泵的开度，其计算方法为：AQW0=VD708*32 000。

参考 PLC 程序如图 2-279～图 2-282 所示。

5. 脚本程序的修改与添加

联机统调时通过 S7-200PLC 与外部设备进行信息交换，所以之前所写的脚本程序应该修改或删除。其中，循环策略中报警应答、控制方式选择及通信状态显示、修改报警限值 3 个脚本策略需要保留并做修改；再有，还要添加进水阀控制和电流、电压转化及蓄水箱液位计算的两个循环策略；而历史报警策略保持不变。联机统调时，系统的运行策略窗口如图 2-283 所示。

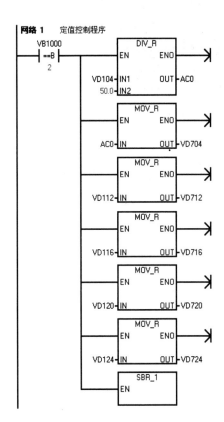

图 2-279 参考 PLC 主程序

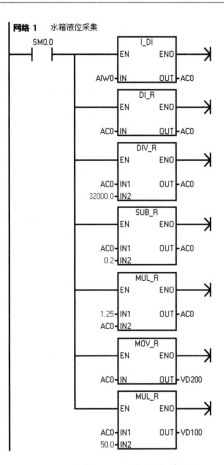

图 2-280 参考 PLC 子程序第①部分

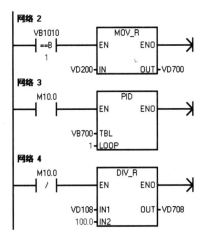

图 2-281 参考 PLC 子程序第②部分

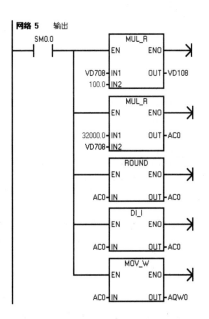

图 2-282 参考 PLC 子程序第③部分

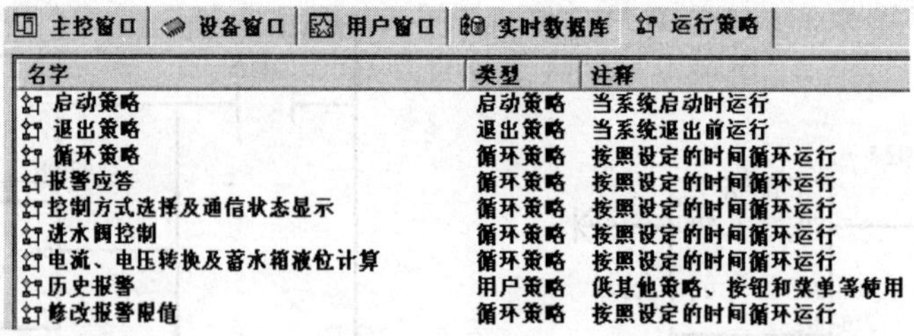
主控窗口 设备窗口 用户窗口 实时数据库 运行策略
名字 类型 注释
启动策略 启动策略 当系统启动时运行
退出策略 退出策略 当系统退出前运行
循环策略 循环策略 按照设定的时间循环运行
报警应答 循环策略 按照设定的时间循环运行
控制方式选择及通信状态显示 循环策略 按照设定的时间循环运行
进水阀控制 循环策略 按照设定的时间循环运行
电流、电压转换及蓄水箱液位计算 循环策略 按照设定的时间循环运行
历史报警 用户策略 供其他策略、按钮和菜单等使用
修改报警限值 循环策略 按照设定的时间循环运行

图 2-283 联机统调时的运行策略组态窗口

修改后的所有运行策略及脚本程序清单如下。

(1) 报警应答策略的参考脚本程序清单如下。

```
PV.AnswerAlm ( )
蓄水箱液位.AnswerAlm ( )            '对 PV、蓄水箱液位设置报警应答'
```

(2) 控制方式选择及通信状态显示策略的参考脚本程序清单如下。

```
IF method=1 THEN
   控制方式显示="自动"
Endif
IF method=0 THEN
   控制方式显示="手动"
   SV=PV
Endif                                    '控制方式显示'
IF com1=1 THEN
   通信="通信异常"
Endif
IF com1=0 THEN
   通信="通信正常"
Endif                                    '通信状态显示'
```

(3) 进水阀控制策略用于水泵开启时自动打开进水阀门。其参考脚本程序清单如下。

```
IF   OP > 0 THEN
        进水阀=1
Endif
```

(4) 电流、电压转化及蓄水箱液位计算策略的参考脚本程序清单如下。

```
液位测量值对应电压= (液位测量值对应模拟量 / 32000.0 )  * 5.0
输出值对应电流量= (输出值对应模拟量 / 32000.0)  * 20.0
蓄水箱液位=100-PV/2
```

思路拓展： 除了使用脚本程序实现变量的转换外，读者也可以尝试使用 MCSG 数据处理实现此功能，不妨动手试试吧！

(5) 修改报警限值策略的参考脚本程序清单如下。

```
!SetAlmValue(蓄水箱液位,蓄水箱液位下限,2)
!SetAlmValue(PV,水箱液位上限值,3)
```

(6) 历史报警策略，主要是采用报警信息浏览构件显示指定时间段内的所用报警信息。

6. PLC 通信设置

(1) 使用 PC/PPI 电缆连接计算机的 COM 口和 PLC 的通信端口，并进行通信设置。

打开 Step7-Micro/Win32 编程软件，设置通信参数如下：远程地址为 2；本地地址为 0；接口为 PC/PPI cable(COM1)；通信协议为 PPI；传送速率为 9.6Kbps；模式为 11 位。记住这些参数，以便于在 MCGS 系统中进行相应的通信设置。

(2) 退出 Step7-Micro/Win32 编程环境。

7. 在 MCGS 中进行 S7-200PLC 设备的连接与配置

在 MCGS 中对 S7-200PLC 进行连接的目的有 3 个：告诉计算机"单容水箱液位监控系统"使用 S7-200PLC 与外设进行信息交换；告诉计算机"单容水箱液位监控系统"S7-200PLC 使用 PC/PPI 电缆连接到计算机上；告诉计算机液位变送器、水泵等设备是通过 S7-200PLC 的哪个通道与计算机沟通的，在 MCGS 内各自对应哪个变量。

连接过程则包括添加设备、设置设备属性、将 MCGS 变量与 PLC 通道进行连接三部分。

1) 添加设备

添加设备的目的是告诉 MCGS 本系统通过什么接口设备和按钮、变送器的输入输出外设进行沟通。本系统中，所有外设都连接到 S7-200PLC 上，S7-200PLC 再通过 PC/PPI 电缆连接到计算机的串口上。对应地，需要在 MCGS 设备窗口中添加一个串口设备，再在串口下添加一个 PLC 设备。串口设备称为父设备，PLC 设备称为子设备。

(1) 单击工作台中的"设备窗口"标签，打开"设备窗口"选项卡。

(2) 双击"设备窗口"图标，打开"设备组态"窗口，窗口内为空白，没有任何设备。

(3) 单击工具条上的"工具箱"按钮，弹出"设备工具箱"对话框，若是初次使用，对话框中没有任何设备。单击"设备管理"按钮，弹出"设备管理"对话框。

(4) 在左侧可选设备列表中，找到"通用串口父设备"添加到右侧的选定设备列表中；再找到"西门子 S7-200PPI 设备"添加到右侧的选定设备列表中。

💡 **注意：** S7-200PLC 的串口通信父设备可以用"通用串口父设备"，也可用"串口通信父设备"。

(5) 单击"确认"按钮，返回到"设备工具箱"对话框，该对话框中就出现以上两个设备。然后按照先添加"通用串口父设备"，再添加"西门子 S7-200PPI 设备"的顺序，将它们添加到设备组态窗口中。至此，即完成设备的添加工作。

💡 **注意：** S7-200PPI 设备必须添加在"通用串口父设备"或"串口通信父设备"下。

2) 设置设备属性

(1) 设置"通用串口父设备"基本属性。

设备组态窗口中，双击"通用串口父设备 0-[通用串口父设备]"，打开"通用串口设备属性编辑"对话框，在"基本属性"选项卡中做以下设置：初始工作状态选择"1-启动"，表示启动该设备；最小采集周期设置为"200"；串口端口号选择"0-COM1"，表示选择 COM1 口；通信波特率选择"6-9600"，表示选择通信速率为 9.6Kbps；数据位位数选择"1-8

位"；停止位位数选择"0-1 位"，数据校验方式为"2-偶校验"，数据采集方式为"0-同步采集"。"电话连接"选项卡不做任何设置。

设置后，单击"确认"按钮，回到设备组态窗口。

(2) 设置"S7-200PPI 设备"基本属性。

双击"设备 0-S7_200PPI"，弹出"设备属性设置"对话框。在"基本属性"选项卡中，设置初始工作状态"1-启动"；最小采集周期"200"；设备地址"2"(这个地址须与 PLC 的远程地址一致)；通信等待时间设置为"100"。单击"确认"按钮退出。

3) 将 MCGS 变量与 PLC 通道进行连接

通道连接的目的是告诉 MCGS：液位测量值等变量是通过 PLC 哪个通道送进来的，水泵的开度等信号又是通过哪个通道送出去的。

(1) 添加相关类型的 PLC 通道。

① 双击"设备 0-S7_200PPI"，打开"基本属性"选项卡，在设备属性值一列，单击"设置设备内部属性"项，其右侧出现"…"按钮，单击该按钮，打开"设备西门子_S200PPI 通道属性设置"对话框。

② 根据实时数据库与 PLC 符号表之间的关系增加通道。单击"增加通道"按钮，弹出"增加通道"对话框，增加变量寄存器通道 VD104，"数据类型"为"32 位浮点数"；"操作方式"为"读写"型，如图 2-284 所示。

③ 用类似的方法增加其他通道。

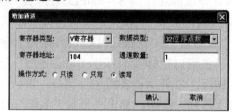

图 2-284   S7-200PLC"增加通道"对话框

④ 通道添加完毕，单击"确认"按钮，返回如图 2-285 所示的窗口。

(2) 通道连接。单击"通道连接"标签，打开"通道连接"选项卡，按照表 2-18 所示的单容水箱液位监控系统符号表及 I/O 分配表进行通道连接。连接后的效果如图 2-286 所示。

图 2-285   增加完通道的 S7-200PPI 设备的属性窗口

图 2-286   通道连接

8. 工程再完善

在演示工程中系统的启动、停止是通过按钮来实现的,通过前面的 PLC 程序分析可以看出在联机统调时,没有启动、停止按钮,那么实际中如何控制系统的停止、启动呢?

在这里是通过设置启动窗口(该系统中的启动窗口为“控制流程窗口”)的用户窗口属性来实现的。具体做法如下。

(1) 打开工作台的“用户窗口”选项卡, 选中“单容水箱控制流程”窗口,单击“窗口属性”按钮,弹出“用户窗口属性设置”对话框。

(2) 单击“启动脚本”标签,打开“启动脚本”选项卡,在脚本程序编辑环境中输入程序段,如图 2-287 所示。输入该段启动程序的目的是:在 MCGS 中单击“运行”按钮以后,会自动使系统处于手动的运行状态,且使水泵开度为零,同时给 PID 参数赋予默认值。

(3) 单击“循环脚本”标签,打开“循环脚本”选项卡,在脚本程序编辑环境中输入程序段,如图 2-288 所示。输入该段程序的目的是:运行时系统会自动执行“单容水箱定值控制程序”,即 PLC 程序的执行不需要手动按钮实现,而是当组态工程运行后会自动被执行。

(4) 单击“退出脚本”标签,打开“退出脚本”选项卡,在脚本程序编辑环境中输入程序段,如图 2-289 所示。

图 2-287　启动窗口输入启动脚本程序

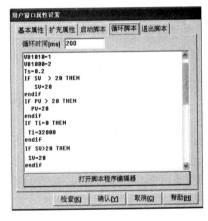

图 2-288　启动窗口输入循环脚本程序

9. 联机统调

在运行 PLC 程序和 MCGS 程序前,可以先做各设备调试,确定是否所有输入信号都能经 PLC 的输入通道正确送入 MCGS、MCGS 的输出信号都能经过 PLC 的输出通道送出。

(1) 检查无误后,接通系统电源。

(2) 从计算机中下载 PLC 程序到 PLC,并设置 PLC 为 RUN 状态,然后关闭 Step7 软件。

(3) 打开“设备属性设置”对话框的“设备调试”选项卡,如图 2-290 所示。看到“通讯状态”通道所对应的“通道值”为零,这说明信号传输正常,单击“确认”按钮,关闭“设备调试”选项卡。

(4) 按下功能键 F5,进入运行环境,可以观察到随着操作的进行,系统运行状态发生相应的变化。

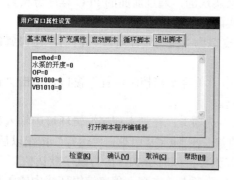

图 2-289　启动窗口中输入的退出脚本程序

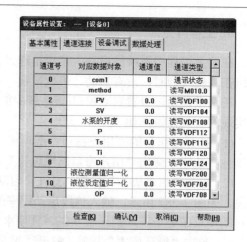

图 2-290　进入设备调试页

温馨提示

完成了单容水箱液位组态监控工程的制作，感觉又不一样了吧？又学到了很多新知识，如报警制作、报表制作、曲线输出、数据处理等。趁热打铁，赶紧进行归纳总结，让你的知识与技能更上一层楼！

参考模块前的新知识点提示，请读者归纳总结每个新知识点下的细节。顺便再做一做模块后的思考题，检测你对知识点的掌握情况。

本 章 小 结

本章以水泵运行控制、分拣单元搬运机械手控制和单容水箱液位控制等 3 个组态工程为例，详尽描述了每个组态工程的制作与调试过程。内容涉及工程制作的 6 个关键环节，即工程系统分析、新建工程、定义数据对象、制作工程画面、动画连接、联机统调，并将理论知识点融入其中。通过这 3 个工程的制作与学习，希望读者能熟练掌握组态工程设计、制作的方法与技巧。

思 考 题

1. MCGS 组态环境的工作台由哪几部分组成？各有何功能？

2. 新建组态工程进行存盘时应注意什么？

3. 实时数据库的作用是什么？数据对象有哪些类型？

4. 某个已被使用的数据对象名定义的不合适，需要更改，如何一次性将数据库以及与该数据对象关联部分的名字全部更改完成？

5. MCGS 运行策略组态中都包括哪些类型的策略？这些策略在使用上各有何不同？各实现何种功能？

6. 你对 MCGS 组态中的定时器策略构件了解多少？与定时器工作相关的参数有哪些？

7. 脚本程序的语句有哪些格式？编辑脚本程序要注意哪些事项？EXIT 语句的功能是什么？

8.　在设备组态时，需要对通用串口父设备和西门子 S7-200PPI 子设备进行哪些参数设置？

9.　在进行通道连接时，添加的读写型通道 VWUB000 代表什么含义？

10.　如何判断 MCGS 组态运行环境与 PLC 实现了正常通信连接？

11.　你知道，如何在运行环境中显示水泵的运行时间和暂停时间？

12.　怎样设计才可在上位机运行环境中修改运行时间和暂停时间？

13.　水泵运行控制演示工程和监控工程的区别是什么？

14.　在进行图符组合时，使用构成图符工具和使用合成单元工具有何不同？

15.　如何编辑制作带有可见度动画效果和闪烁动画效果的指示灯图符？

16.　如何将新编辑的图符添加到对象元件库中？

17.　在图符的动画属性设置页中，表达式指的是什么？

18.　什么是图符的显示输出属性？什么情况下会使用？

19.　什么是图符的位置动画连接？通过位置动画连接可实现哪些动画效果？

20.　如何利用某个数据对象值的变化控制其他数据对象值的变化？

21.　在搬运机械手组态工程中，垂直臂的伸缩效果是如何实现的？属性设置窗口的相关参数如何计算？

22.　输送线上料块的水平移动效果是如何实现的？属性设置窗口的相关参数又如何计算？

23.　为什么要将循环策略执行周期时间修改为 200ms？

24.　在搬运机械手组态工程制作过程中，曾出现机械手的垂直臂伸缩后回不到原点的现象，为什么？如何解决这一缺陷？

25.　如何实现搬运机械手旋转 180° 的动画效果？

26.　在设备组态过程中，若设备工具箱中没有所需设备，应当从哪儿选择？如何添加？

27.　如何删除多余的数据对象？

28.　怎样在上位机组态环境中，设置添加手动/自动控制选择开关？手动/自动控制方式的选择又如何实现？

29.　你会为工程制作封面吗？怎样装载位图到用户窗口中？

30.　你能为组态工程添加密码保护吗？

31.　什么是用户操作权限？如何对系统进行用户操作权限的配置？

32.　主控窗口的作用是什么？什么是启动属性？什么是内存属性？

33.　如何在上位机组态运行环境中修改 PLC 存储器中的数据？PLC 的 I 寄存器中的数据能通过上位机修改吗？

34.　如何读取并在上位机组态运行环境中显示 PLC 内部存储器中的数据？

35.　什么是 PID 控制？

36.　为什么要对压力变送器送来的测量信号进行归一化处理？它们是如何转换的？

37.　在单容水箱液位组态演示工程部分，如何实现液位高度变化的动画效果？监控工程中，液位高度变化的动画效果又是如何实现的？

38.　实时曲线和历史曲线有何不同？如何制作？

39.　如何实现液位低于下限值或高于上限值时，报警灯闪烁或警铃发出声响？

40. 实时报警和历史报警有何不同？实现历史报警的方法有哪些？

41. 怎样实现运行环境下修改报警极限值？系统内部函数!SetAlmValue(DatName，Value，Flag)的功能是什么？

42. 如何实现报警应答？系统内部函数!AnswerAlm(DatName)的功能是什么？

43. 如何使用用户策略实现存盘数据浏览？

44. 如何使用退出策略实现数据对象初始值的设定？

45. 什么是数据前处理？数据前处理可以在哪个窗口进行组态设置？

46. 什么是数据后处理？如何实现数据的提取？

47. 什么情况下需要设置数据对象的报警属性和存盘属性？如何设置？

48. 如何使用 MCGS 软件内部的模拟设备产生标准的正弦波、方波、三角波和锯齿波信号？

49. 如何利用启动策略实现系统初始化？如某控制系统要求，在 MCGS 进入运行环境时。在系统未启动前，将某 3 台设备的工作方式设置为手控控制。

50. 在某系统中，要求每隔 20s 使设备定时运行 5s，请问如何在循环策略中实现设备的定时运行？

51. 某锅炉控制系统有 6 台锅炉，现要求用户利用 MCGS 的用户策略实现对锅炉压力组对象的存盘数据浏览。

52. 如何利用数学函数计算参数值？如某控制系统要求利用脚本程序，根据系统的阻尼比计算系统的最大超调量。

53. 试在 MCGS 组态环境下，对一个工程进行运行策略组态，具体的内容是：新建一个用户策略，策略名称为"设备报警"，该策略的功能是执行一次存盘数据浏览。浏览的数据对象为组对象"压力"，利用循环策略调用该策略。

54. 如何设置用户权限？如某控制系统有 5 个用户窗口，请利用主控窗口组态实现以下控制功能。

① 建立下拉菜单。

② 5 个用户窗口分别由 5 位操作人员操作，为每人设定各自的权限。

③ 运行时每个用户窗口能显示操作人员的名字。

55. 在 MCGS 中，用户窗口分为几种类型？各有何特点和用途？如在某系统中，要求在 5 号设备报警时显示一个报警窗口，该报警窗口为模态窗口。关闭该报警窗口后才能执行其他窗口的操作。

第3章 通用版MCGS组态工程案例

内容说明

本章列举了 3 个典型的通用版组态工程案例。针对每个工程案例，简单介绍了参考设计与制作过程。读者可对案例工程进行模仿练习，加深印象，以便更好地掌握组态工程的设计与制作技巧和方法，并达到熟能生巧的效果。

教学知识点

通过对本章中组态工程的练习，读者可以获取的知识如下。

教学新知识	备　注	教学新知识	备　注
新工程的建立与存盘		组态工程制作的细节与技巧	重点
数据对象的添加与定义	重点	计数器策略构件的功能及应用	重点、难点
图符的属性设置与动画效果	重点、难点	新图符的编辑制作	重点
运行策略的类型、选择与应用	重点、难点	旋转动画效果的实现	重点
定时器策略构件的应用及属性设置	重点	脚本程序的编辑技巧	重点
设备窗口组态(添加设备、属性设置、通道连接)	重点、难点		
组态工程与 PLC 硬件系统联机统调	重点、难点		

教学方法

建议以学生为主体，规定时间，独立自主完成模仿训练任务。教学过程中，教师可适当为学生答疑解惑和辅导。

3.1 交通信号灯组态监控系统

【工程目标】

(1) 熟悉 MCGS 组建工程的一般步骤。

(2) 掌握简单组态界面设计，新图符制作，图符和按钮的组态，完成交通信号灯控制演示工程的设计。

(3) 掌握硬件设备的连接与调试运行，MCGS 的设备组态方法，实现 PLC 控制系统和MCGS 组态工程的联机调试，完成交通信号灯监控系统设计。

【工程要求】

用 PLC 实现交通信号灯的运行控制，使用上位机 MCGS 组态软件实现交通信号灯系统的监控。

1. PLC 系统控制要求

(1) 按下启动按钮，东西路红灯点亮，同时，南北路绿灯点亮，交通灯系统进入循环运行状态，运行规律如表 3-1 所示。

表 3-1　交通信号灯的运行规律

持续时间	东西路交通灯点亮规律	南北路交通灯点亮规律	东西路人行道指示灯点亮规律	备　注
30s	东西红灯点亮 30s，熄灭	南北绿灯点亮 22s 后，熄灭	东西路人行道绿灯点亮 27s	要求对南北路红、绿、黄灯的运行时间进行显示；对东西路人行道红、绿灯的运行时间进行显示
		南北绿灯闪 5s，熄灭		
		南北黄灯点亮 3s，熄灭		
20s	东西绿灯点亮 12s，熄灭	南北红灯点亮 20s，熄灭	东西路人行道红灯点亮 23s	
	东西绿灯闪 5s，熄灭			
	东西黄灯点亮 3s，熄灭			

(2) 按下停止按钮，所有灯熄灭，交通灯系统停止运行。

2. MCGS 监控工程技术要求

(1) 可通过上位机的启动和停止按钮，实现交通信号灯系统硬件设备的运行和停止控制。

(2) 可以通过上位机的组态工程，实现交通信号灯系统运行的实时监控。

(3) 交通信号灯系统的运行时间可在上位机的组态监控工程的运行环境中显示。

【组态监控系统设计过程参考】

3.1.1　工程系统分析

由控制要求知，交通信号灯系统由 PLC 编程控制运行。系统设置一个启动按钮，负责交通灯的启动运行控制；一个停止按钮，负责停止控制。并通过 MCGS 组态软件实现交通灯系统运行的监控。

1. 系统的硬件组成

(1) 系统的硬件输入设备：启动按钮、停止按钮。

(2) 硬件输出设备：东西路红灯，东西路绿灯，东西路黄灯；南北路红灯，南北路绿灯，南北路黄灯；带译码驱动器的数码显示器两个；东西路人行道绿灯，东西路人行道红灯。

(3) 控制单元：西门子 S7-200CPU226 PLC 及 PC/PPI 电缆一根。

(4) 监控单元：计算机及 MCGS 组态软件环境。

2. 初步确定组态监控工程的框架

(1) 需要一个用户窗口，一个设备窗口，实时数据库。

(2) 需要一个循环策略。

(3) 循环策略中使用定时器构件和脚本程序构件。

3. 工程设计思路

工程制作→模拟运行→PLC 系统设计→MCGS 工程设备组态→工程改进→联机运行→监控工程完善

3.1.2　新建工程

进入 MCGS 通用版的组态环境界面，选择"文件"菜单中的"新建工程"命令，并保存新工程。保存时，可选择更改工程文件名为"交通信号灯演示工程"，默认保存路径为"D:\MCGS\WORK\交通信号灯演示工程"。

3.1.3　定义数据对象

1. 系统数据对象的初步确定

通过对交通灯的 PLC 控制要求的分析，初步确定系统所需数据对象 15 个，如表 3-2 所示。

表 3-2　初步确定的数据对象

序　号	名　称	类　型	初　值	注　释
1	启动	开关型	0	控制交通灯系统启动运行，1 有效
2	停止	开关型	0	控制交通灯系统设备停止运行，1 有效
3	东西红灯	开关型	0	控制东西方向红灯运行，1 点亮，0 熄灭
4	东西绿灯	开关型	0	控制东西方向绿灯运行，1 点亮，0 熄灭
5	东西黄灯	开关型	0	控制东西方向黄灯运行，1 点亮，0 熄灭
6	南北红灯	开关型	0	控制南北方向红灯运行，1 点亮，0 熄灭
7	南北绿灯	开关型	0	控制南北方向绿灯运行，1 点亮，0 熄灭
8	南北黄灯	开关型	0	控制南北方向黄灯运行，1 点亮，0 熄灭
9	东西路人行道红灯	开关型	0	控制东西路人行道红灯点亮，1 点亮，0 熄灭
10	东西路人行道绿灯	开关型	0	控制东西路人行道绿灯点亮，1 点亮，0 熄灭
11	南北红灯倒计时	开关型	0	控制南北红灯倒计时显示，1 有效
12	南北绿灯倒计时	开关型	0	控制南北绿灯倒计时显示，1 有效
13	南北黄灯倒计时	开关型	0	控制南北黄灯倒计时显示，1 有效
14	人行道红灯倒计时	开关型	0	控制东西路人行道红灯倒计时显示，1 有效
15	人行道绿灯倒计时	开关型	0	控制东西路人行道绿灯倒计时显示，1 有效

2. 组态过程中数据对象的完善

组态过程中，新添加的数据对象 12 个，如表 3-3 所示。

表 3-3　后续添加的数据对象表

序　号	名　称	类　型	初　值	注　释
1	定时器 1 启动	开关型	0	控制定时器 1 启停，1 启动，0 停止
2	定时器 1 复位	开关型	0	控制定时器 1 复位，1 有效
3	定时器 1 计时时间	数值型	0	表示定时器 1 的当前值
4	定时器 1 时间到	开关型	0	表示定时器 1 的状态，1 表示计时时间到
5	定时器 2 启动	开关型	0	控制定时器 2 启停，1 启动，0 停止
6	定时器 2 复位	开关型	0	控制定时器 2 复位，1 有效
7	定时器 2 计时时间	数值型	0	表示定时器 2 的当前值
8	定时器 2 时间到	开关型	0	表示定时器 2 的状态，1 表示计时时间到
9	水平移动量	数值型	0	控制东西路上汽车的移动
10	垂直移动量	数值型	0	控制南北路上汽车的移动
11	南北绿灯闪烁	开关型	0	控制南北方向绿灯闪烁，1 闪烁，0 不闪烁
12	东西绿灯闪烁	开关型	0	控制东西方向绿灯闪烁，1 闪烁，0 不闪烁

3.1.4　制作组态工程画面

交通灯监控系统参考组态画面如图 3-1 所示。

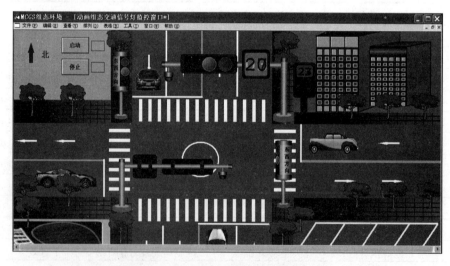

图 3-1　交通灯监控系统参考组态画面

画面可分成四大部分：道路及建筑物、南北方向交通灯、东西方向交通灯、东西路人行道指示灯等。

● 道路及建筑物：道路、楼体建筑、树木、停车位、汽车。

- 南北方向交通灯：灯柱、交通灯、摄像头、计时器。
- 东西方向交通灯：灯柱、交通灯。
- 东西路人行道指示灯：灯柱、指示灯、计时器。

画面中还包括一个启动按钮，一个停止按钮，分别控制交通灯系统的启动和停止。

1. 用户窗口的建立

进入 MCGS 组态的工作台，打开"用户窗口"选项卡，新建一个名为"交通信号灯监控窗口"的用户窗口；设置窗口位置为"最大化显示"，其他属性设置保持不变。再将窗口设置为启动窗口，当进入 MCGS 运行环境时，系统将自动加载该窗口。

2. 组态工程画面的编辑

1) 编辑绘制按钮图符

(1) 使用绘图工具箱中的"标准按钮"工具，分别画两个按钮。将两个按钮的标题分别更改为"启动"和"停止"。对字体及字体颜色进行设置，对齐方式均采用"中对齐"，按钮类型均为"标准 3D 按钮"。

(2) 使用绘图工具箱中的"标签"工具，画两个文本框，分别摆放到启动按钮和停止按钮的右侧。在两个文本框的"动画组态属性设置"对话框中，均选择"显示输出"选项。打开"显示输出"选项卡，"输出值类型"均选择"数值量输出"；"输出格式"均选择"向中对齐"；"表达式"文本框分别选择数据对象"启动"和"停止"。

如此设置，这两个文本框将分别用于显示"启动"和"停止"按钮的状态。

2) 编辑绘制建筑物及道路

(1) 画南北路。使用绘图工具箱中"矩形"工具，画一个大小合适的矩形，填充"深灰色"，即为道路；再使用"矩形"工具，画出大小合适的矩形，填充"白色"或"黄色"，并摆放到合适的位置，作为道路标志，如斑马线、车道分隔线等；使用常用符号工具箱中的"细箭头"工具，绘制"行车方向标志"。

选中所有南北路的图符，采用"合成单元"或"构成图符"的方式进行组合，如图 3-2 所示。

(2) 参考南北路的绘制方法，可编辑绘制东西路。

(3) 使用绘图工具箱中的"矩形"工具、常用符号工具箱中的"等腰三角形"工具和"平行四边形"工具等，按照"画图"→"填充颜色"→"摆放"→"组合"构成图符的方法，编辑绘制建筑物，如图 3-3 所示。

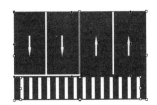

图 3-2　南北路"图符"组合示意图

图 3-3　建筑物示意图

(4) 使用"矩形"工具、"直线"工具和"斜线"工具，可编辑绘制出路两边的"人行道"和"停车位"。

(5) 使用绘图工具箱中的"插入元件"工具，从对象元件库中选择"树"图符到"动画组态窗口"中，调整至合适大小，并排列好位置。

3) 编辑绘制南北路交通灯图符

(1) 画交通灯柱。

① 从对象元件库中选择"管道95"和"管道118"到"动画组态窗口"中，采用"调整大小"→"排列位置"→"组合"的方法，绘制灯柱。

② 使用绘图工具箱的"椭圆"和"矩形"工具，采用"画图"→"调整大小"→"填充颜色"→"排列位置"→"组合"的方法，可以绘制出灯柱底座。

③ 对绘制好的"灯柱"和"灯柱底座"图符，使用"构成图符"或"合成单元"的方式进行组合。

(2) 画交通信号灯。

① 使用绘图工具箱的"圆角矩形"工具，采用"画图"→"调整大小"→"填充颜色"→"排列位置"→"组合"的方法，可以绘制出交通灯的底座。

② 使用绘图工具箱的"椭圆"工具，采用"画图"→"调整大小"→"填充颜色"的方法，先画一个大小合适，颜色为灰色的圆；再使用"椭圆"工具，采用同样方法画出一个大小相同，颜色为红色的圆；双击"红色圆"图符，进入其"动画组态属性设置"对话框，选中"可见度"复选框，打开"可见度"选项卡，在"表达式"文本框中输入"@开关量"，选中"确认"按钮退出。

③ 将两个圆，采用"中心对齐"的方式叠放在一起，红色的圆叠放在上层；同时选中两个圆，在"排列"菜单中选择"合成单元"命令进行组合，红灯图符编辑完成。

④ 采用对红灯组合图符进行"复制"→"粘贴"→"修改颜色"的方法，就可以编辑出黄灯图符。

⑤ 绿灯图符除了具有"可见度"属性以外，它还要闪烁，所以它比红灯和黄灯图符多了一个"闪烁效果"属性。在绘制时，对红灯组合图符采用"复制"→"粘贴"→"修改颜色"→"分解单元"→"增加闪烁效果属性"→"再合成单元"的方法。

⑥ 将编辑好的3个交通灯图符"等间距"排列于"交通灯底座"图符上，同时选中"底座"和"灯"，在"排列"菜单中选择"合成单元"命令进行组合，交通灯图符编辑完成。

(3) 使用对象元件库中的"管道95"和"管道118"，以及工具箱的"椭圆"工具，可以编辑绘制摄像头图符。

(4) 画交通灯上的计时器。

① 使用绘图工具箱的"圆角矩形"工具，采用"画图"→"调整大小"→"填充颜色"→"排列位置"→"组合"的方法，先绘制出计时器的背板。

② 再使用绘图工具箱的"标签"工具，绘制3个大小相同的文本框，文本框中分别输入字符"27"、"20"、"03"，字符颜色按顺序分别为绿色、红色和黄色。字符大小由读者自行设置。

③ 为每个文本框，均增加"可见度"属性和"显示输出"属性。

④ 将3个文本框，按照红色"20"排列在最上层，绿色"27"排列于中间，黄色"03"排列在最下层的顺序，采用"中心对齐"的方法叠放到一起，并选择"排列"菜单中的"合成单元"命令进行组合。

⑤ 将组合好的文本框排列到背板的上边，再次使用"合成单元"的方式进行组合。计时器编辑完成。

⑥ 将编辑完成的"灯柱"、"交通灯"、"摄像头"、"计时器"摆放好位置，采用"合成单元"的方法进行组合。

南北路交通灯组合图符编辑完成，如图 3-4 所示。

4) 编辑绘制东西路交通灯图符

(1) 使用对象元件库中的"管道 95"和"管道 118"，以及工具箱的"椭圆"工具，就可以编辑完成交通灯柱体图符的编辑绘制。

(2) 使用绘图工具箱的"矩形"工具，绘制黑色背板。

(3) 使用绘图工具箱的"椭圆"工具，参考南北路红绿灯图符的编辑方法，绘制 3 种颜色的交通灯图符。

(4) 将绘制好的所有图符摆放好位置，在"排列"菜单中选择"合成单元"命令进行组合，东西路交通灯编辑完成，如图 3-5 所示。

5) 编辑绘制东西路的人行道指示灯图符

(1) 使用绘图工具箱的"圆角矩形"工具，采用"画图"→"调整大小"→"填充颜色"→"排列位置"→"组合"的方法，先绘制出人行道指示灯的柱体。

(2) 画人行道灯的计时器。

① 使用绘图工具箱的"标签"工具，绘制两个大小相同的文本框，在文本框中分别输入字符"27"和 "23"，字符颜色按顺序分别为绿色和红色。字符大小由读者自行设置。

② 每个文本框，均增加"可见度"属性和"显示输出"属性。

③ 将两个文本框，按照红色"23"在上层，绿色"27"在下层的顺序，采用"中心对齐"的方法叠放到一起，并使用"合成单元"的方式进行组合。

(3) 画指示灯。

① 使用绘图工具箱中的"椭圆"工具和"折线"工具，采用"画图"→"摆放"→"组合"构成图符的方法，编辑绘制"卡通小人"型的绿色指示灯和红色指示灯各一个。

② 对绿灯图符增加"可见度"属性和"闪烁效果"属性。

③ 对红灯图符增加"可见度"属性。

④ 将绿灯图符和红灯图符同时选中，先按照绿灯在下、红灯在上的顺序叠放到一起，然后使用"合成单元"的方式进行组合。

(4) 将"柱体"、"计时器"和"指示灯"摆放好位置，如图 3-6 所示，然后全部选中，在"排列"菜单中选择"合成单元"命令进行组合。东西路人行道指示灯编辑完成。

图 3-4　南北路交通灯示意图　　图 3-5　东西路交通灯示意图　　图 3-6　人行道灯示意图

6) 装载汽车图符

搜集合适的汽车卡通图片。使用绘图工具箱中的"位图"工具，将汽车图片装载到组态画面中，然后调整至合适大小和位置。

3.1.5 动画连接

1. 按钮动画连接

(1) 对启动按钮进行动画连接。

① 双击"启动"按钮，在弹出的"标准按钮构件属性设置"对话框中，单击"操作属性"标签，打开该选项卡。选中"数据对象值操作"复选框，并在右侧第一个下拉列表框中选择"取反"操作。

② 单击第二个列表框的"？"按钮，在实时数据库中选择"启动"变量，再单击"确认"按钮退出。

(2) 使用同样的方法，在"停止"按钮的"操作属性"选项卡中，选中"数据对象值操作"复选框，第一个下拉列表框中选择"取反"操作；第二个列表框选择实时数据库中的"停止"变量。完成"停止"按钮的动画连接。

2. 南北路交通灯的动画连接

双击"南北路交通灯"组合图符，弹出"单元属性设置"对话框。单击"动画连接"标签，打开该选项卡，如图 3-7 所示。按照图元名顺序，组合图符中"计时器"的 3 个文本框，均具有"显示输出"和"可见度"两种属性；组合图符中的"绿色信号灯"具有"闪烁效果"和"可见度"两种属性；"红色信号灯"和"黄色信号灯"具有"可见度"属性。

(1) 计时器的动画连接。

① 单击第 2 行的图元名"标签"，单击弹出的"＞"按钮，打开"动画组态属性设置"对话框的"属性设置"选项卡，如图 3-8 所示。从静态属性的"字符颜色"为黄色，判断出该选项卡是黄色信号灯的"计时文本框"的属性设置选项卡。

图 3-7 南北路交通灯组合图符的"动画连接"选项卡　图 3-8 "文本框"的"属性设置"选项卡

② 单击"可见度"标签，打开"可见度"选项卡，属性设置如图 3-9 所示。

③ 返回到"动画连接"选项卡，单击第 4 行的图元名"标签"，单击弹出的"＞"按钮，进入"动画组态属性设置"对话框中的"属性设置"选项卡，从"字符颜色"为绿色，判断出该选项卡是绿色信号灯的"计时文本框"的属性设置选项卡。再单击"可见度"标

签，打开 "可见度"选项卡。在"表达式"文本框中输入数据对象"南北绿灯"；"当表达式非零时"选中"对应图符可见"单选按钮。单击"确认"按钮，再次返回到"动画连接"选项卡。

④ 使用同样的方法，对红灯文本框的"可见度"属性进行设置。注意，其关联的数据对象为"南北红灯"。

(2) 交通信号灯的动画连接。

① 在如图 3-7 所示的"动画连接"选项卡中，单击第 7 行的图元名"椭圆"，单击弹出的"＞"按钮，进入"动画组态属性设置" 对话框的"属性设置"选项卡中，从"填充颜色"为绿色，判断出该选项卡是绿色信号灯的属性设置选项卡，并判断出该"椭圆"为绿色信号灯。

② 单击"闪烁效果"标签，打开"闪烁效果"选项卡。在"表达式"文本框中输入数据对象"南北绿灯闪烁"；"闪烁实现方式"选择"用图元可见度变化实现闪烁"；"闪烁速度"选择"快"。

③ 再单击 "可见度"标签，打开 "可见度"选项卡。在"表达式"文本框中输入数据对象"南北绿灯"；"当表达式非零时"选中"对应图符可见"单选按钮。单击"确认"按钮，返回到"动画连接"选项卡。

④ 参考绿灯可见度属性的设置步骤，对黄灯和红灯的"可见度"属性进行设置，其关联数据对象分别为"南北黄灯"和"南北红灯"。

交通灯组合图符的动画连接结果，设置如图 3-10 所示。

图 3-9　"文本框"的"可见度"属性设置

图 3-10　南北路交通灯动画连接结果

3．东西路交通灯的动画连接

双击"东西路交通灯"组合图符，弹出"单元属性设置"对话框。打开"动画连接"选项卡，如图 3-11 所示。组合图符中的"绿色信号灯"具有"闪烁效果"和"可见度"两种属性；"红色信号灯"和"黄色信号灯"具有"可见度"属性。

(1) 参考南北绿灯的"闪烁效果"和"可见度"属性设置步骤，对东西绿灯的"闪烁效果"和"可见度"属性进行设置。注意，其关联的数据对象分别为"东西绿灯闪烁"和"东西绿灯"。

(2) 对东西黄灯和东西红灯的"可见度"属性进行设置，其关联数据对象分别为"东西黄灯"和"东西红灯"。

东西路交通灯组合图符动画连接结果，如图 3-12 所示。

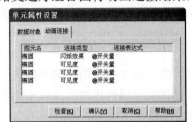 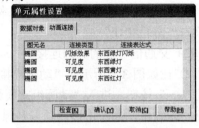

图 3-11　东西路交通灯组合图符的"动画连接"选项卡　　图 3-12　东西路交通灯动画连接结果

4. 东西路人行道指示灯的动画连接

双击"东西路人行道指示灯"组合图符，弹出"单元属性设置"对话框。打开"动画连接"选项卡，如图 3-13 所示。组合图符中"计时器"的两个文本框，均具有"显示输出"和"可见度"两种属性；组合图符中的"绿色信号灯"具有"闪烁效果"和"可见度"两种属性；"红色信号灯"具有"可见度"属性。

(1) 计时器的动画连接。

① 单击第二行的图元名"标签"，单击弹出的"＞"按钮，打开"动画组态属性设置"对话框中的"属性设置"选项卡。从"字符颜色"为绿色，判断出该选项卡是绿色信号灯的"计时文本框"的属性设置选项卡。

② 单击"可见度"标签，打开"可见度"选项卡。在"表达式"文本框中输入数据对象"东西路人行道绿灯"；"当表达式非零时"选中"对应图符可见"单选按钮。单击"确认"按钮，返回到"动画连接"选项卡。

③ 使用同样的方法，对第 4 行图元名为"标签"的图符进行"可见度"属性设置。注意，其关联的数据对象为"东西路人行道红灯"。

(2) 人行道信号灯的动画连接。

① 单击第 5 行的图元名"组合图符"，单击弹出的"＞"按钮，打开"动画组态属性设置"对话框，并打开"闪烁效果"选项卡。在"表达式"文本框中输入数据对象"东西路人行道绿灯"；"闪烁实现方式"选择"用图元可见度变化实现闪烁"；"闪烁速度"选择"快"。

② 再次打开"可见度"选项卡。在"表达式"文本框中输入数据对象"东西路人行道绿灯"；"当表达式非零时"选中"对应图符可见"单选按钮。单击"确认"按钮，返回到"动画连接"选项卡。

③ 单击第 7 行的图元名"组合图符"，单击弹出的"＞"按钮，进入"动画组态属性设置"对话框的"可见度"选项卡中。在"表达式"文本框中输入数据对象"东西路人行道红灯"；"当表达式非零时"选中"对应图符可见"单选按钮。单击"确认"按钮返回。

人行道指示灯组合图符的动画连接结果，如图 3-14 所示。

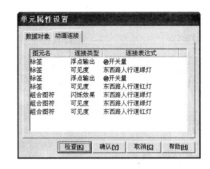

图 3-13　人行道指示灯组合图符的"动画连接"选项卡　　图 3-14　东西路人行道指示灯动画连接结果

5. 汽车的动画连接

(1) 南北路车辆的动画连接。

① 双击南北路南向(向南行驶)车辆,进入"动画组态属性设置" 对话框,打开 "属性设置"选项卡。选择位置动画连接中的"垂直移动"项。然后,打开"垂直移动"选项卡,参数设置如图 3-15 所示。

② 使用同样的方法,对南北路北向(向北行驶)车辆,进行 "垂直移动"属性设置,参数设置可参考图 3-15 所示。注意:最大移动偏移量为-470。

(2) 东西路车辆的动画连接。

① 双击东西路西向(向西行驶)车辆,进入"动画组态属性设置" 对话框,打开"属性设置"选项卡。选择位置动画连接中的"水平移动"项。然后,打开"水平移动"选项卡,参数设置如图 3-16 所示。

② 使用同样的方法,对东西路东向(向东行驶)车辆进行"水平移动"属性设置,参数设置可参考图 3-16 所示。注意:最大移动偏移量为1020。

图 3-15　南北路南向车辆垂直移动属性动画连接　　图 3-16　东西路西向车辆水平移动属性动画连接

3.1.6　参考控制流程程序

1. 添加定时器策略

(1) 设定循环策略执行周期时间为"200ms"。

(2) 在循环策略中添加定时器构件。

① 在"运行策略"选项卡中，单击"循环策略"选项，进入循环策略的"策略组态"窗口。

② 在该窗口中，添加两个定时器构件，命名为"定时器1"和"定时器2"。

(3) 定时器属性设置。

① 打开定时器1的"基本属性"对话框。设定值输入"30"；"当前值"选择数据对象为"定时器1计时时间"；"计时条件"选择"定时器1启动"变量；"复位条件"选择"定时器1复位"变量；"计时状态"选择"定时器1时间到"变量。单击"确认"按钮，退出并保存设置。

② 打开定时器2的"基本属性"对话框。设定值输入"20"；"当前值"设为"定时器2计时时间"；"计时条件"设为"定时器2启动"；"复位条件"设为"定时器2复位"；"计时状态"设为"定时器2时间到"。单击"确认"按钮，退出并保存设置。

(4) 用户还可根据需要，在窗口中自行添加能够控制定时器工作的按钮和显示定时器工作状态的文本框，如图3-17所示。

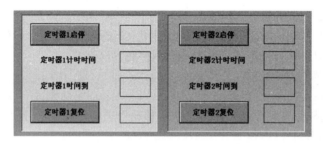

图 3-17　定时器控制按钮及状态显示文本框

2. 添加脚本策略

(1) 在循环策略的"策略组态"窗口中，添加一个脚本程序构件。

(2) 在脚本程序编辑环境中添加脚本程序段，参考脚本程序清单如下。

```
IF 东西红灯 = 1 THEN
      垂直移动量 = 垂直移动量 + 1
ENDIF
IF 东西红灯 = 0 THEN
      垂直移动量 = 0
ENDIF
IF 南北红灯 = 1 THEN
      水平移动量 = 水平移动量 + 1
ENDIF
IF 南北红灯 = 0 THEN
      水平移动量 = 0
ENDIF
IF 启动 = 1 AND 停止 = 0 THEN
      定时器1启动=1
      定时器1复位=0
      定时器2复位=0
```

```
ENDIF
IF 启动 = 0 THEN
        定时器 1 启动=0
ENDIF
IF 停止=1 THEN
        定时器 1 启动=0
        定时器 1 复位=1
        定时器 2 启动=0
        定时器 2 复位=1
ENDIF
IF 定时器 1 启动=1 THEN
  IF    定时器 1 计时时间 <= 30  THEN
          东西红灯 = 1
  ENDIF
  IF 定时器 1 计时时间 <22  THEN
          南北绿灯 = 1
          东西路人行道绿灯 = 1
          东西路人行道红灯= 0
          EXIT
  ENDIF
  IF 定时器 1 计时时间 >=22   AND  定时器 1 计时时间 < 27  THEN
          南北绿灯闪烁 = 1
  ENDIF
  IF 定时器 1 计时时间 >=27   AND  定时器 1 计时时间 < 30  THEN
        南北绿灯 = 0
        南北绿灯闪烁 = 0
        东西路人行道绿灯 = 0
        东西路人行道红灯=1
        南北黄灯 = 1
  ENDIF
  IF 定时器 1 计时时间 >=  30  THEN
          东西红灯=0
          南北黄灯= 0
          定时器 2 启动=1
  ENDIF
ENDIF
IF 定时器 2 启动=1 THEN
  IF    定时器 2 计时时间 <= 20  THEN
          南北红灯 = 1
  ENDIF
  IF 定时器 2 计时时间 <12  THEN
        东西绿灯 = 1
          EXIT
  ENDIF
  IF 定时器 2 计时时间 >=12  AND  定时器 2 计时时间 <17  THEN
        东西绿灯闪烁 = 1
  ENDIF
  IF 定时器 2 计时时间 >=17   AND  定时器 2 计时时间 < 20  THEN
      东西绿灯 = 0
```

```
            东西绿灯闪烁 = 0
            东西黄灯 = 1
        ENDIF
        IF 定时器 2 计时时间 >= 20  THEN
            南北红灯=0
            东西黄灯= 0
            定时器 1 启动=0
            定时器 1 复位=1
            定时器 2 启动=0
            定时器 2 复位=1
        ENDIF
    ENDIF
    IF 停止= 1  THEN
            南北红灯=0
            南北绿灯 = 0
            南北黄灯 = 0
            南北绿灯闪烁 = 0
            东西红灯=0
            东西绿灯 = 0
            东西黄灯 = 0
            东西绿灯闪烁 = 0
            东西路人行道红灯= 0
            东西路人行道绿灯 = 0
    ENDIF
```

3. 演示工程模拟调试运行

(1) 按下功能键 F5，进入运行环境，所有指示灯均为灰色及熄灭状态。

(2) 按下"启动"按钮，东西红灯点亮；南北绿灯点亮，南北交通灯的计时器显示时间为 27；东西路人行道绿灯点亮，人行道灯的计时器显示时间为 27；南北方向汽车相向行驶。

(3) 南北绿灯点亮持续 22s，再闪烁 5s 后，熄灭；然后南北黄灯点亮，持续时间 3s，南北交通灯的计时器将显示黄色的数字 3；此时东西路人行道绿灯熄灭，红灯点亮，计时器显示红色数字 23。

(4) 南北黄灯熄灭的同时，南北红灯点亮，南北交通灯的计时器显示红色的数字 20(南北红灯点亮时间 20s)；此时，东西红灯熄灭，东西绿灯点亮；东西方向汽车相向行驶。

(5) 东西绿灯点亮 12s，再闪烁 5s 后，熄灭；同时，东西黄灯点亮，持续时间 3s。

(6) 只要不按"停止"按钮，系统如此交替运行。按下停止按钮，所有灯熄灭，系统回到初始状态。

(7) 若需要重新开始，别忘了解除停止信号。

3.1.7　联机统调

在组态环境中，打开"交通信号灯演示工程"，将工程另存为"交通信号灯监控工程"，默认保存路径为"D:\MCGS\WORK\交通信号灯监控工程"。

1．PLC 控制系统调试运行

联机统调的主要硬件设备在工程分析中已经介绍过，这里不再复述。需要注意的是：因为实验室环境中 PLC 一般都是小型机，系统采用的西门子 S7-200CPU226 的 PLC 主机数字量输出端子不多，因此，在联机时，PLC 系统省略了人行道指示灯的倒计时显示的设计。

(1) 交通信号灯的 PLC 控制系统 I/O 分配如表 3-4 所示。

表 3-4　交通信号灯的 PLC 控制系统 I/O 分配表

输入设备及地址			输出设备及地址		
名　称	地　址	注　释	名　称	地　址	注　释
启动按钮	I0.0	控制交通灯系统启动运行	东西红灯	Q0.0	控制东西路红灯运行
停止按钮	I0.1	控制交通灯系统停止运行	东西绿灯	Q0.1	控制东西路绿灯运行
			东西黄灯	Q0.2	控制东西路黄灯运行
			南北红灯	Q0.3	控制南北路红灯运行
			南北绿灯	Q0.4	控制南北路绿灯运行
			南北黄灯	Q0.5	控制南北路黄灯运行
			东西路人行道绿灯	Q0.6	控制东西路人行道绿灯运行
			东西路人行道红灯	Q0.7	控制东西路人行道红灯运行
			数码显示器	QB1	$A_0B_0C_0D_0$，$A_1B_1C_1D_1$ (BCD 码输入端)

(2) PLC 参考程序中的符号表如图 3-18 所示。

			符号	地址	注释
1			东西红灯	Q0.0	
2			南北绿灯	Q0.4	
3			南北黄灯	Q0.5	
4			东西路人行道绿灯	Q0.6	
5			东西路人行道红灯	Q0.7	
6			南北红灯	Q0.3	
7			东西绿灯	Q0.1	
8			东西黄灯	Q0.2	
9			上位机启动	M1.0	
10			上位机停止	M1.1	

图 3-18　PLC 参考程序中的符号表

(3) PLC 参考程序如图 3-19～图 3-22 所示。

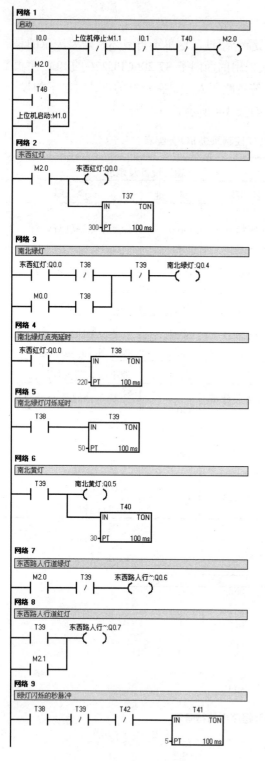

图 3-19　参考 PLC 程序 1

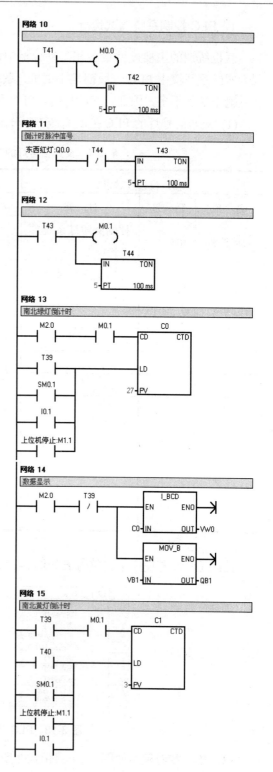

图 3-20　参考 PLC 程序 2

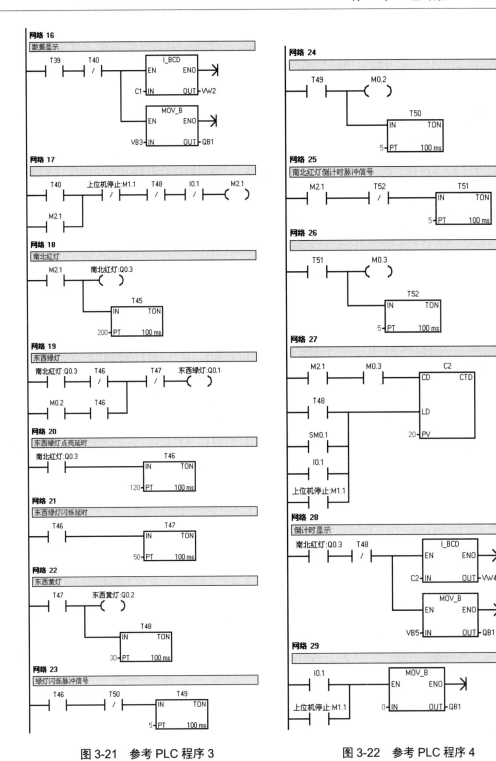

图 3-21　参考 PLC 程序 3　　　　图 3-22　参考 PLC 程序 4

2. MCGS 系统的设备窗口组态

(1) 在"设备组态"窗口中，添加 "通用串口父设备 0-[通用串口父设备]"和"设备

0-[西门子_S7200PPI]"子设备。

(2) 完成"通用串口父设备"属性设置和"西门子_S7200PPI"子设备的属性设置。

设置内容可参照"水泵控制监控工程"中的父设备和子设备的具体通信参数来设置。这里不再重复。

(3) 对设备构件进行通道连接。

① 先进入"西门子 S7_200PPI 通道属性设置"对话框,删除部分不需要的 I 寄存器通道,增加一些必需的 Q 寄存器、M 寄存器和 C 寄存器通道。

② 打开"通道连接"选项卡,建立各通道与实时数据库中相关数据对象的连接。建立通道连接时,相关数据对象所选择的通道编号要与 PLC 程序中的地址严格对应。连接关系如表 3-5 所示。注意:在进行通道连接前,需要在实时数据库中新添加 3 个初值为"0"的"数值型"数据对象,其名称分别为"南北绿灯计时"、"南北黄灯计时"和"南北红灯计时"。

表 3-5　设备通道连接参照表

数据对象	通道类型	功能注释
启动	只读 I000.0	读 PLC 的 I0.0 端子上的启动按钮的状态,改写"启动"变量的值
停止	只读 I000.1	读 PLC 的 I0.1 端子上的停止按钮的状态,改写"停止"变量的值
东西红灯	读写 Q000.0	读 PLC 的 Q0.0 端子上的数据,改写"东西红灯"变量的值
东西绿灯	读写 Q000.1	读 PLC 的 Q0.1 端子上的数据,改写"东西绿灯"变量的值
东西黄灯	读写 Q000.2	读 PLC 的 Q0.2 端子上的数据,改写"东西黄灯"变量的值
南北红灯	读写 Q000.3	读 PLC 的 Q0.3 端子上的数据,改写"南北红灯"变量的值
南北绿灯	读写 Q000.4	读 PLC 的 Q0.4 端子上的数据,改写"南北绿灯"变量的值
南北黄灯	读写 Q000.5	读 PLC 的 Q0.5 端子上的数据,改写"南北黄灯"变量的值
东西路人行道绿灯	读写 Q000.6	读 PLC 的 Q0.6 端子上的数据,改写"东西路人行道绿灯"变量的值
东西路人行道红灯	读写 Q000.7	读 PLC 的 Q0.7 端子上的数据,改写"东西路人行道红灯"变量的值
启动	读写 M001.0	读组态工程中"启动"变量的值,写入 PLC 的 M1.0 存储器位
停止	读写 M001.1	读组态工程中"停止"变量的值,写入 PLC 的 M1.1 存储器位
南北绿灯计时	读写 CWUB000	读 PLC 的计数器 C0 的当前值寄存器,改写"南北绿灯计时"变量的值
南北黄灯计时	读写 CWUB001	读 PLC 的计数器 C1 的当前值寄存器,改写"南北黄灯计时"变量的值
南北红灯计时	读写 CWUB002	读 PLC 的计数器 C2 的当前值寄存器,改写"南北红灯计时"变量的值

(4) 对设备进行在线调试。

① 接通所有相关设备电源，下载调试好的 PLC 程序，并将 S7-200PLC 设置为"RUN"模式。

② 关闭正在运行的西门子 Step7_Micro/Win32 编程软件。

③ 打开"设备调试"选项卡，观察最上边的"通信状态"标志为"0"，表示通信连接成功。再测试其他输入信号的连接状态是否正常。

3. 联机统调

(1) 删除定时器策略构件及其策略行。

(2) 保留表 3-5 中的数据对象以及"水平移动量"和"垂直移动量"这两个数据对象。其他数据对象均可以删掉。

(3) 修改脚本程序。对原有脚本程序进行删除和修改。修改并保留的参考脚本程序如下。

```
IF 东西红灯 = 1 THEN
   垂直移动量 = 垂直移动量 + 1
ENDIF
IF 东西红灯 = 0 THEN
   垂直移动量 = 0
ENDIF
IF 南北红灯 = 1 THEN
   水平移动量 = 水平移动量 + 1
ENDIF
IF 南北红灯 = 0 THEN
   水平移动量 = 0
ENDIF
```

(4) 修改部分图符构件属性。

① 在"动画组态交通信号灯监控窗口"中，修改启动和停止按钮的操作属性。具体步骤为：双击"启动"按钮，打开"操作属性"选项卡，将数据对象值操作的操作方式，由"取反"更改为"按 1 松 0"。对停止按钮的操作属性选项卡也做同样的修改。

② 对南北路交通灯的倒计时显示牌的文本框进行"显示输出属性"连接。具体步骤为：双击南北路交通灯图符，打开"动画连接"选项卡，对 3 个"标签"的显示输出属性进行设置。单击第一个"标签"右侧的" > "按钮，打开"显示输出"选项卡，"表达式"选择"南北黄灯计时"；输出值类型为"数值量输出"；输出格式为"向中对齐"，如图 3-23 所示。

③ 使用相同的方法，对第二个"标签"和第三个"标签"的"显示输出"属性进行设置，其关联的数据对象分别为"南北绿灯计时"和"南北红灯计时"。设置好的"动画连接"选项卡如图 3-24 所示。

④ "显示输出"属性设置完成后，别忘了将 3 个文本框里的文字"20，27，03"分别删除。

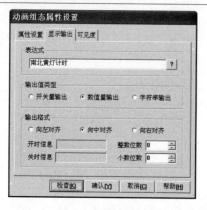

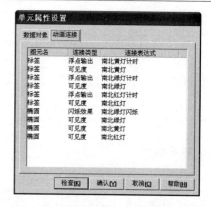

图 3-23　黄灯倒计时标签的"显示输出"选项卡　　　图 3-24　南北路交通灯的"动画连接"选项卡

⑤ 对东西路人行道灯牌的文本框，进行"显示输出属性"连接。具体步骤为：双击东西路人行道灯图符，打开"动画连接"选项卡，对两个"标签"的显示输出属性进行设置。单击第一个"标签"右侧的"＞"按钮，打开"显示输出"选项卡，"表达式"文本框选择"南北绿灯计时"；"输出值类型"为"数值量输出"；"输出格式"为"向中对齐"。

⑥ 使用同样的方法，对第二个文本框的"显示输出"属性进行设置，其关联的数据对象为"南北红灯计时"。

(5) 组态工程与 PLC 系统联机调试。将调试好的 PLC 程序下载到 PLC 中，退出 Step7_Micro/Win32 编程软件。再次检查，组态工程通信连接是否正常。按下 F5 键，进入运行环境，开始联机调试。初始状态，所有指示灯都处于熄灭状态，交通灯计时器上无任何数字。

① 按下硬件系统启动按钮，东西红灯和南北绿灯同时点亮，南北路计时器显示从 27 开始倒计时；东西路人行道绿灯点亮，计时器显示从 27 开始倒计时；南北路汽车通行。

② 南北绿灯点亮 22s 后，开始闪烁，5s 后南北路黄灯点亮；计时器显示从 3 开始倒计时；同时东西路人行道绿灯熄灭，人行道红灯点亮，计时器显示数字 20。

③ 3s 后，南北路黄灯熄灭，红灯点亮，计时器显示从 20 开始倒计时；同时，东西路人行道红灯计时器显示从 20 开始倒计时。东西路切换成绿灯；东西路汽车通行。

不按停止按钮，交通灯系统会如此循环运行。

④ 按下硬件停止按钮，所有灯瞬间熄灭，计时器清零。

观察硬件系统设备运行的同时，还要不断观察运行环境中，组态工程里图符的动画效果与硬件设备动作是否一致。

⑤ 在上位机组态运行环境中，按下上位机组态中的启动和停止按钮，看其是否能控制硬件系统的启动和停止运行。再继续观察组态窗口能否达到实时监控的效果。

若工程的各项功能符合系统技术要求，监控效果满意，则交通灯组态监控系统制作完成。

思考与拓展：上述工程中，交通灯系统各方向上的红、绿灯点亮时间在 PLC 程序中已经固定设置。若系统要求能够在上位机组态运行环境中修改东西路和南北路交通灯点亮时间，那么此工程又该如何修改与完善呢？请读者思考并尝试做一做。

3.2　仓储料块分拣检测组态监控系统

【工程目标】

(1) 熟悉 MCGS 组建工程的一般步骤。

(2) 掌握简单组态界面设计，图符的编辑，图符和按钮的组态；定时器、计数器策略的应用；完成仓储料块分拣检测系统演示工程的设计。

(3) 掌握 PLC 硬件设备的连接与调试运行；MCGS 的设备组态方法，实现 PLC 控制系统和 MCGS 组态工程的联机调试，完成仓储料块分拣检测监控系统制作。

【工程要求】

用 PLC 实现仓储料块分拣检测系统的运行控制，使用上位机 MCGS 组态软件实现仓储料块分拣检测系统的监控。分拣系统料块检测部分的实物如图 3-25 所示。

图 3-25　分拣系统料块检测输送部分实物

1. PLC 系统控制要求

储料仓中有不同颜色和不同芯质的料块 6 种，即黄色塑芯料块、黄色铝芯料块、黄色铁芯料块、蓝色塑芯料块、蓝色铝芯料块及蓝色铁芯料块。现需要将从储料仓中送出的料块进行分类检测。其方法是：在输送线的货物检测区，安装有 3 个传感器，分别为电感式传感器、电容式传感器和颜色检测传感器。货物进入检测区后，通过这 3 个传感器分别检测料块的颜色和料芯的材质属性，并将检测数据送入 PLC 中等待处理。

具体控制要求如下。

(1) 按下"启动"按钮，输送线开始运行，将从储料仓中出来的料块输送到指定接货区。

(2) 在料块经过检测区时，由传感器对料块的颜色和芯质做出判断，并发出相应的信号。当料块到达指定接货区，相应的指示灯点亮，表明不同颜色芯质的料块；同时，还要对通过输送线检测区的不同料块的数量进行统计。

(3) 按下"停止"按钮，输送线停止运行。

⚲ 注意：　该系统中，料块本应由储料仓后的推料气缸活塞杆推出，但为简化程序设计，料块由人工放置。

提示： 不同颜色芯质的料块通过检测区时，各传感器的状态如表3-6所示。

表3-6 传感器检测料块时的状态

料块 / 传感器	黄色塑芯料块	黄色铝芯料块	黄色铁芯料块	蓝色塑芯料块	蓝色铝芯料块	蓝色铁芯料块
颜色检测传感器	ON	ON	ON	OFF	OFF	OFF
电容式传感器	OFF	ON	ON	OFF	ON	ON
电感式传感器	OFF	OFF	ON	OFF	OFF	ON
备注	ON 表示传感器有输出信号；OFF 表示传感器没有输出信号					

2. MCGS 监控工程技术要求

(1) 可通过上位机的启动和停止按钮，实现输送线系统硬件设备的运行和停止控制。

(2) 可以通过上位机的组态工程，实现仓储料块分拣检测系统运行的实时监控。

(3) 可在上位机组态监控工程的运行环境中，显示不同料块的数量统计数据。

【组态监控系统设计过程参考】

3.2.1 工程系统分析

工程使用启动按钮、停止按钮控制输送线的运行状态；使用 4 个检测传感器的配合完成 6 种料块的检测与识别，通过 PLC 编程的方式对检测数据进行统计，对检测结果存储；并通过 MCGS 组态软件实现料块检测过程的监控。

1. 系统的硬件组成

(1) 系统的硬件输入设备：启动按钮、停止按钮、3 个接近开关(即颜色检测传感器、电感式传感器、电容式传感器)及光电开关(货到位检测传感器)。

(2) 硬件输出设备：输送线电动机(单相交流异步电机)、松下 VFO 型变频器、6 盏指示灯(用来表示不同颜色芯质的料块)。

(3) 集成电路单元板一块(货物分拣系统接口单元板)。

(4) 控制单元：西门子 S7-200 CPU226 PLC 及 PC/PPI 电缆一根。

(5) 监控单元：计算机及 MCGS 组态软件环境。

2. 初步确定组态监控工程的框架

(1) 需要一个用户窗口、一个设备窗口及实时数据库。

(2) 需要一个循环策略。

(3) 循环策略中使用定时器构件、脚本程序构件和计数器构件。

3. 工程设计思路

工程制作→模拟运行→PLC 系统设计→MCGS 工程设备组态→工程改进→联机运行→监控工程完善

3.2.2　新建工程

进入 MCGS 通用版的组态环境界面，新建工程，命名为"仓储料块分拣检测系统演示工程"，进行保存。

3.2.3　定义数据对象

1．系统数据对象的初步确定

通过对仓储料块分拣检测系统控制要求的分析，初步定义的数据对象为 13 个，如表 3-7 所示。

表 3-7　初步确定的数据对象

序　号	名　称	类　型	初　值	注　释
1	启动	开关型	0	系统启动运行控制信号，1 有效
2	停止	开关型	0	系统停止运行，1 有效
3	输送线	开关型	0	控制输送线电动机的运行状态，1 运行，0 停止
4	电容传感器	开关型	0	表示电容式接近开关的状态
5	电感传感器	开关型	0	表示电感式接近开关的状态
6	颜色检测	开关型	0	表示颜色检测传感器的状态
7	货到位检测	开关型	0	表示货到位检测传感器的状态
8	黄色塑芯	开关型	0	表示黄色塑芯料块
9	黄色铝芯	开关型	0	表示黄色铝芯料块
10	黄色铁芯	开关型	0	表示黄色铁芯料块
11	蓝色塑芯	开关型	0	表示蓝色塑芯料块
12	蓝色铝芯	开关型	0	表示蓝色铝芯料块
13	蓝色铁芯	开关型	0	表示蓝色铁芯料块

2．组态过程中数据对象的完善

组态过程中，继续添加的新数据对象有 31 个，如表 3-8 所示。

表 3-8　后续添加的数据对象表

序　号	名　　称	类　型	初　值	序　　号	名　　称	类　型	初　值
1	定时器启动	开关型	0	17	黄色铁芯数量统计	开关型	0
2	定时器复位	开关型	0	18	黄色铁芯计数器复位	开关型	0
3	计时时间	数值型	0	19	黄色铁芯计数结束	开关型	0
4	时间到	开关型	0	20	蓝色塑芯数量	数值型	0
5	水平移动量	数值型	0	21	蓝色塑芯数量统计	开关型	0
6	黄色	开关型	0	22	蓝色塑芯计数器复位	开关型	0
7	蓝色	开关型	0	23	蓝色塑芯计数结束	开关型	0
8	黄色塑芯数量	数值型	0	24	蓝色铝芯数量	数值型	0
9	黄色塑芯数量统计	开关型	0	25	蓝色铝芯数量统计	开关型	0
10	黄色塑芯计数器复位	开关型	0	26	蓝色铝芯计数器复位	开关型	0
11	黄色塑芯计数结束	开关型	0	27	蓝色铝芯计数结束	开关型	0
12	黄色铝芯数量	数值型	0	28	蓝色铁芯数量	数值型	0
13	黄色铝芯数量统计	开关型	0	29	蓝色铁芯数量统计	开关型	0
14	黄色铝芯计数器复位	开关型	0	30	蓝色铁芯计数器复位	开关型	0
15	黄色铝芯计数结束	开关型	0	31	蓝色铁芯计数结束	开关型	0
16	黄色铁芯数量	数值型	0				

3.2.4　制作组态工程画面

仓储料块分拣检测监控系统参考画面如图 3-26 所示。

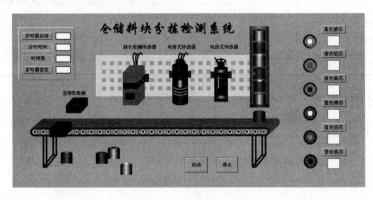

图 3-26　仓储料块分拣检测监控系统参考组态画面

画面可分成四部分：按钮、储料仓及料块、输送线、传感器。

1. 用户窗口的建立

进入 MCGS 组态工作台，新建一个用户窗口，名称为"料块分拣检测窗口"。

2. 组态工程画面的编辑

(1) 编辑绘制"启动"按钮和"停止"按钮。使用绘图工具箱中的"标准按钮"工具，分别绘制两个按钮，名称为"启动"和"停止"。

(2) 在画面的右侧，画 6 个料块的类型选择按钮。名称分别为"黄色塑芯"、"黄色铝芯"、"黄色铁芯"、"蓝色塑芯"、"蓝色铝芯"和"蓝色铁芯"。这 6 个按钮主要是为演示工程设置的。

(3) 画储料仓。使用绘图工具箱中"插入元件"工具，从对象元件库中选择"管道95"图符，调整至合适大小，作为储料仓。

(4) 编辑绘制料块。

① 使用绘图工具箱中的"矩形"工具和"椭圆"工具，采用"画图"→"填充颜色"→"叠放"→"组合"构成图符的方法，可绘制出储料仓中的料块。将画好的料块整齐摆放到储料仓中，完成储料仓料块的绘制。

② 编辑绘制窗口右侧的 6 种料块。

使用绘图工具箱中的"椭圆"工具，画一个大小合适的圆，填充上黄色(深色)；使用常用符号工具箱中的"星型"工具，画一个星型，并填充亮黄色(浅色)；再使用"星型"工具，画一个星型，填充白色(表示料块是塑料芯)。将这 3 个图形采用"中心对齐"的方式叠放到一起并全部选中，然后采用"构成图符"的方式进行组合，黄色塑芯料块绘制完成。

③ 按照上述步骤，完成黄色铝芯、黄色铁芯、蓝色塑芯、蓝色铝芯和蓝色铁芯料块的绘制。注意：料芯使用不同颜色区别开，如图 3-26 所示。

④ 使用步骤①介绍的方法，绘制出黄色和蓝色料块各一个。将画好的料块"中心对齐"叠放到储料仓出口正下方的输送线上。

(5) 编辑绘制输送线。从对象元件库中选择 4 个"传送带5"图符到用户窗口中，调整大小，并按底边对齐摆放，然后使用"构成图符"进行组合。还可使用"流动块"对输送线的侧边进行装饰，使用"直线"工具绘制输送线的底部支架。装饰完成，再次对"输送线"、"流动块"和"支架"，采用"合成单元"的方式进行组合。

(6) 编辑绘制传感器。4 个传感器的外形可以结合实物进行绘制。而传感器图符的编辑重点则是能够表示传感器输出状态的指示灯。传感器的具体绘制方法，在前期工程中已经有详细的叙述。这里仅以货到位检测传感器为例简单说明。

货到位检测传感器的状态指示灯是由两个大小相同的"红色灯图符"和"灰色灯图符"，通过"中心对齐"叠放，并采用"合成单元"的方式组合起来。这两个图符在组合前，均设置了"可见度"属性。这样，可通过动画连接，可实现货到位传感器有输出时显示红色，无输出时显示灰色的效果。

(7) 在窗口右侧 6 个料块的旁边，使用"标签"工具画 6 个大小相同的文本框，并将它们排列整齐。

3.2.5　动画连接

1．按钮动画连接

(1)　"启动"按钮和"停止"按钮的动画连接。

① 打开"启动"按钮的"操作属性"选项卡，选择"数据对象值操作"，"操作方式"为"取反"，"操作的数据对象"为"启动"。

② 使用同样的方式，对停止按钮的"操作属性"设置，其操作的数据对象为"停止"。

(2)　料块类型选择按钮的动画连接。

① 双击"黄色塑芯"按钮，在"操作属性"选项卡中，选择"数据对象值操作"，操作方式为"取反"，操作的数据对象为"黄色塑芯"。

② 其余 5 个料块选择按钮的"操作属性"设置方法，可参考步骤①。注意：操作的数据对象的名称与其按钮标题相同。

2．料块的动画连接

(1)　窗口右侧的 6 种料块的动画连接。

① 双击黄色塑芯料块图符，打开"属性设置"选项卡，选择"按钮动作"项；再打开"按钮动作"选项卡，选择"数据对象值操作"，操作方式为"取反"，操作的数据对象为"黄色塑芯计数器复位"。

② 对黄色铝芯料块图符也进行"按钮动作"属性设置。打开其"按钮动作"选项卡，选择"数据对象值操作"，操作方式为"取反"，操作的数据对象为"黄色铝芯计数器复位"。

③ 请按步骤①或步骤②的方法，对其余 4 个料块的"按钮动作属性"分别进行设置。不同之处，操作的数据对象按顺序分别为"黄色铁芯计数器复位"、"蓝色塑芯计数器复位"、"蓝色铝芯计数器复位"和"蓝色铁芯计数器复位"。

(2)　输送线上料块的动画连接。

① 双击输送线上蓝色料块，打开"动画组态属性设置"对话框，选中"可见度"复选框和"水平移动"复选框。

② 打开"水平移动"选项卡，各项参数设置如图 3-27 所示。注意：表达式的最大值 75，是根据料块移动到输送线左端所需时间以及脚本中定义的水平移动量的变化率等相关参数进行计算的。最大移动偏移量的值，也需要读者根据自己窗口中的实际参数去计算。

③ 打开"可见度"选项卡，"表达式"输入"蓝色"；当表达式非零时，选中"对应图符可见"单选按钮。

④ 请按步骤①～③的方法，对叠放在蓝色料块下边的黄色料块做同样的动画连接。注意："可见度"选项卡中的"表达式"选择数据对象"黄色"。

3．输送线的动画连接

双击输送线图符，打开"单元属性设置"对话框的"动画连接"选项卡，如图 3-28 所示。单击第一行图元名"流动块",打开其"流动属性"选项卡,"表达式"文本框中选择数据对象"输送线","当表达式非零时"选择"流块开始流动"。

以同样的方法。对图 3-28 中的剩余 3 个流动块进行流动属性设置。设置时,还需注意流动方向要与输送线运行方向一致。

图 3-27　"水平移动"的属性设置

图 3-28　输送线动画连接选项卡

4．标签框的动画连接

图 3-26 中 6 个文本框是用来显示料块个数的。对每个文本框,进行显示输出属性设置。

(1) 双击第一个文本框,打开"属性设置"选项卡,选择"显示输出"。再打开"显示输出"选项卡,"表达式"选择"黄色塑芯数量";"输出值的类型"设为"数值量输出";"输出格式"设为"向中对齐"。

(2) 对其余 5 个文本框,进行类似的"显示输出"属性设置。注意:它们关联的数据对象,按顺序分别为"黄色铝芯数量"、"黄色铁芯数量"、"蓝色塑芯数量"、"蓝色铝芯数量"及"蓝色铁芯数量"。

5．传感器的动画连接

(1) 电感式传感器的动画连接。双击电感传感器图符,打开"单元属性设置"对话框的"动画连接"选项卡,如图 3-29 所示,对传感器状态指示灯图符的可见度属性进行设置。

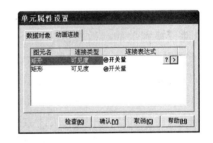

图 3-29　电感传感器的"动画连接"选项卡

① 打开第一个"矩形"的"可见度"选项卡,在"表达式"文本框中输入"电感传感器","当表达式非零时"选中"对应图符不可见"单选按钮。

② 打开第二个"矩形"的"可见度"选项卡,"表达式"设为"电感传感器","当表达式非零时"选中"对应图符可见"单选按钮。

(2) 按照电感式传感器的动画连接步骤,分别对电容式传感器、颜色检测传感器和货到位检测传感器的可见度属性进行设置。不同之处是:它们关联的数据对象分别为"电容传感器"、"颜色检测"和"货到位检测"。

3.2.6 参考控制流程程序

1. 添加定时器策略

(1) 设定循环策略执行周期时间为"200ms"。

(2) 进入循环策略的"策略组态"窗口，添加一个定时器策略。

(3) 定时器属性设置。打开"定时器基本属性"对话框，设定值输入"30"；当前值关联的数据对象为"计时时间"；计时条件关联的数据对象为"定时器启动"；复位条件关联的数据对象为"定时器复位"；计时状态关联的数据对象为"时间到"。

(4) 在材料分拣检测动画组态窗口中，添加能够控制定时器工作的按钮和能够显示定时器工作状态的文本框，如图 3-26 所示。然后再进行属性设置。

① 打开"定时器启动"按钮的"操作属性"选项卡，选择"数据对象值操作"，操作方式为"取反"，操作的数据对象为"定时器启动"。

② 打开"定时器复位"按钮的"操作属性"选项卡，设置其操作的数据对象为"定时器复位"，操作方式"取反"。

③ 分别对 4 个文本框进行"显示输出"属性设置，分别打开它们的"显示输出"选项卡，关联的数据对象，按顺序分别为"定时器启动"、"计时时间"、"时间到"、"定时器复位"；输出值的类型均为"数值量输出"；输出格式均为"向中对齐"。

2. 添加计数器策略

在循环策略的"策略组态"窗口中，添加 6 个计数器策略。分别为检测出的 6 种料块进行计数统计，如图 3-30 所示。然后对计数器的属性进行设置。

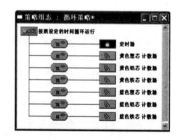

图 3-30　添加计数器策略

(1) 计数器参数。计数器通常用来对指定的事件进行计数，它是工程运算中经常用到的策略功能构件之一。与计数器属性设置相关的参数有以下 6 个。

① 计数对象。计数对象是指计数器作用的数据对象。这一数据对象可以是开关型、数值型或事件型。

② 计数事件。计数事件是指允许计数器进行计数操作的条件。当这些条件满足时，计数器的当前值加 1，完成一次计数统计。而计数器的计数条件又有以下 6 种。

- 数值型数据对象报警产生。
- 事件型数据对象报警产生。
- 开关型数据对象正跳变(即在上升沿时，当前值加 1 计数一次)。
- 开关型数据对象负跳变(即在下降沿时，当前值加 1 计数一次)。
- 开关型数据对象正负跳变(即先上升沿，再下降沿时，当前值加 1 计数一次)。
- 开关型数据对象负正跳变(即先下降沿，再上升沿时，当前值加 1 计数一次)。

③ 计数设定值。计数设定值是指计数器预期要完成的统计数量。它可以是一个具体的数值，也可以是一个表达式。当计数器的当前值累加到大于等于设定值时，计数器的计数状态为"1"，表示计数工作已完成；否则，计数状态为"0"。

④ 计数当前值。计数器在计数时实时累加，并输出具体数值。它一般与一个数值型数据对象相对应。利用计数器的当前值，可以设置不同的编程条件，从而满足不同的控制需求。

⑤ 复位条件。复位条件指对计数器的计数状态复位，并对当前值清零的条件。它可以对应一个开关型或数值型的数据对象，也可以对应一个表达式。当对应数据对象的值非零时，或对应的表达式条件成立时，计数器复位，即计数器的计数状态为"0"，同时当前值清零。

需要注意的是：计数器不会自动复位。当计数器的当前值累加到大于等于设定值时，计数器的计数状态为"1"，计数工作完成；若仍满足计数条件，计数器的当前值会继续累加，直至累加到最大值 65535 时，计数器的当前值会保持不变。若满足复位条件(即出现复位信号)计数器才恢复为"0"。

⑥ 计数状态。计数状态用于描述计数器的工作状态。一般对应一个开关型数据对象。当计数状态为"1"时，表示计数工作已完成。

(2) 设置黄色塑芯计数器的属性。

① 双击策略行末端的"计数器"构件，打开计数器"基本属性"对话框，如图 3-31 所示。

② 在"计数器基本属性"对话框中，"计数对象名"选择"黄色塑芯数量统计"变量；"计数器事件"选择"开关型数据对象正跳变"；"计数设定值"输入预期要统计的最大数量"15"；"计数当前值"选择"黄色塑芯数量"；"计数状态"选择"黄色塑芯计数结束"；"复位条件"选择"黄色塑芯计数器复位"。还可在"内容注释"文本框中将计数器的名称更改为"黄色塑 芯计数器"。

(3) 设置黄色铝芯计数器的属性。打开黄色铝芯计数器的"属性设置"对话框，对黄色铝芯计数器属性的设置如图 3-32 所示。

(4) 设置其余 4 个计数器的属性。仔细观察图 3-31 和图 3-32 的相似之处和不同之处，结合表 3-8 中的数据对象，继续完成其余 4 个计数器的属性设置。详细内容此处不再重复。

图 3-31　黄色塑芯计数器"基本属性"设置

图 3-32　黄色铝芯计数器"基本属性"设置

3. 添加脚本策略行

(1) 在循环策略的"策略组态"窗口中，再继续添加 6 个脚本程序策略，分别用于控制 6 种不同料块的检测识别，如图 3-33 所示。

图 3-33　添加的脚本程序策略

(2) 在脚本程序编辑环境中添加脚本程序段。

在编辑脚本程序时,要结合工程的控制要求,而且还要考虑到料块分拣检测过程中,3个检测传感器的输出信号的变化等因素(即表 3-6 中,各传感器检测料块时的输出状态)。

① 检测黄色塑芯料块的参考脚本程序清单如下。

```
IF 黄色塑芯 = 1 OR 黄色铝芯 = 1 OR  黄色铁芯 = 1 THEN
        黄色 = 1
ENDIF
IF 启动 = 1  AND 黄色塑芯 = 1 AND 停止 = 0  THEN
        定时器启动 = 1
        定时器复位 = 0
ENDIF
IF 启动 = 0 THEN
        定时器启动 = 0
ENDIF
IF 停止 = 1 THEN
        定时器启动 = 0
        定时器复位 = 1
        黄色塑芯 = 0
        黄色 = 0
        输送线 = 0
        水平移动量=0
ENDIF
IF 定时器启动 = 1 THEN
        输送线 = 1
  IF  黄色 = 1 THEN
        水平移动量 = 水平移动量 + 0.5
  ENDIF
  IF 计时时间 > 18 AND 计时时间 <19 THEN
        颜色检测 = 1
  ELSE
        颜色检测= 0
  ENDIF
  IF 计时时间 > 27 AND 计时时间 <29 THEN
     货到位检测 = 1
  ELSE
        货到位检测= 0
  ENDIF
  IF 货到位检测=1 AND 黄色塑芯 = 1 THEN
        黄色塑芯数量统计=1
  ENDIF
```

```
IF 计时时间 >= 30 THEN
        定时器启动 = 0
        定时器复位 = 1
        水平移动量 = 0
        黄色塑芯数量统计 = 0
        黄色塑芯= 0
        黄色 = 0
        输送线 = 0
    ENDIF
ENDIF
```

② 检测黄色铝芯料块的参考脚本程序清单如下。

```
IF 黄色塑芯 = 1 OR 黄色铝芯 = 1 OR  黄色铁芯 = 1 THEN
        黄色 = 1
ENDIF
IF 启动 = 1  AND 黄色铝芯 = 1 AND 停止 = 0  THEN
        定时器启动 = 1
        定时器复位 = 0
ENDIF
IF 启动 = 0 THEN
        定时器启动 = 0
ENDIF
IF 停止 = 1 THEN
        定时器启动 = 0
        定时器复位 = 1
        黄色铝芯 = 0
        黄色 = 0
        输送线 = 0
        水平移动量=0
ENDIF
IF 定时器启动 = 1 THEN
        输送线 = 1
  IF  黄色 = 1 THEN
        水平移动量 = 水平移动量 + 0.5
  ENDIF
  IF 计时时间 > 11 AND 计时时间 <12 THEN
        电容传感器 = 1
  ELSE
        电容传感器 = 0
  ENDIF
  IF 计时时间 > 18 AND 计时时间 <19 THEN
        颜色检测 = 1
  ELSE
        颜色检测= 0
  ENDIF
  IF 计时时间 > 27 AND 计时时间 <29 THEN
        货到位检测 = 1
  ELSE
        货到位检测= 0
  ENDIF
```

```
    IF 货到位检测=1 AND 黄色铝芯 = 1 THEN
            黄色铝芯数量统计=1
    ENDIF
    IF 计时时间 >= 30 THEN
            定时器启动 = 0
            定时器复位  = 1
            水平移动量 = 0
            黄色铝芯数量统计= 0
            黄色铝芯= 0
            黄色 = 0
            输送线 = 0
    ENDIF
ENDIF
```

(3) 脚本程序说明。

① 在脚本程序中定义了"水平移动量的变化率",并测出了料块到达各传感器时的具体时间,这样就可以用定时器的当前值控制传感器的状态,使得各传感器在产生输出信号的时候其状态指示灯点亮。所以,读者在编辑脚本程序时,不能完全照搬。

② 由于 6 个脚本程序的设计思路相同,具体内容也大同小异,所以,这里仅给出了两种料块检测过程的脚本程序。请读者仔细观察,检测黄色塑芯料块和检测黄色铝芯料块的脚本程序的相同之处和不同之处,找找规律,继续努力,自行完成检测其余 4 个料块用的脚本程序。

③ 此演示工程中,每个脚本程序策略都设置有一个执行条件。例如,检测黄色塑芯料块的脚本程序的执行条件是:黄色塑芯=1,即当数据对象"黄色塑芯"的值非零时,执行脚本程序。检测黄色铝芯料块的脚本程序执行条件是:黄色铝芯=1。请读者再根据规律,给每个脚本程序策略添加执行条件。

4. 演示工程模拟调试运行

(1) 按下功能键 F5,进入运行环境。

(2) 单击启动按钮,再单击黄色塑芯按钮,黄色料块出现在输送线上,同时输送线启动运行,料块向左移动。到达颜色检测传感器时,传感器指示灯点亮(表示有输出信号),料块离开,指示灯熄灭;当料块继续运行到达接货区的货到位检测传感器时,该传感器指示灯点亮,料块离开,指示灯熄灭。

(3) 在货到位检测传感器检测到料块后,黄色塑芯料块计数器计数一次,在黄色塑芯料块的数量显示文本框中,将显示数据"1"。再次单击黄色塑芯按钮,黄色料块则再次出现在输送线上,同时输送线启动运行,进入第二轮检测,料块到达接货区,数据显示将累加到"2"。

(4) 检测黄色铝芯料块时,输送线上将有 3 个传感器有输出,它们依次是"电容传感器"、"颜色检测传感器"和"货到位检测传感器"。同时,统计黄色铝芯料块的数量,并显示出来。

由此可知,在演示工程中,如果需要检测某种料块,只需先单击"启动"按钮,再单击各料块相应的选择按钮即可。料块检测完成后,料块的数量将被独立统计,并显示在相应的文本框中。

(5) 如果需要取消检测，只需按下停止按钮，即可取消本轮检测任务，但历史检测数据将保留。

(6) 如果需要对统计的数据清零，只需要单击数据显示文本框左侧的料块图符两次(计数器复位信号先置 1，再清 0)，就可以实现。

3.2.7 联机统调

将打开的"仓储料块分拣检测系统演示工程"另存为"仓储料块分拣检测系统监控工程"。

1. PLC 控制系统调试运行

联机统调的主要硬件设备在工程分析中已经介绍过，这里不再重复。

(1) 仓储料块分拣检测的 PLC 控制系统 I/O 分配如表 3-9 所示。

表 3-9　仓储料块分拣检测的 PLC 控制系统 I/O 分配

输入设备及地址			输出设备及地址		
名　称	地　址	注　释	名　称	地　址	注　释
启动按钮	I0.0	控制系统启动运行	变频器	Q0.0	控制输送线电机运行
停止按钮	I0.1	控制系统停止运行	黄色塑芯料块指示灯	Q0.1	表示黄色塑芯料块
电感式传感器	I0.2	检测料块的芯材	黄色铝芯料块指示灯	Q0.2	表示黄色铝芯料块
电容式传感器	I0.3	检测料块的芯材	黄色铁芯料块指示灯	Q0.3	表示黄色铁芯料块
颜色检测传感器	I0.4	检测料块是否为黄色	蓝色塑芯料块指示灯	Q0.4	表示蓝色塑芯料块
货到位检测传感器	I0.5	检测料块是否到达接货区	蓝色铝芯料块指示灯	Q0.5	表示蓝色铝芯料块
			蓝色铁芯料块指示灯	Q0.6	表示蓝色铁芯料块

(2) PLC 参考程序中的符号表如图 3-34 所示。

			符号	地址
1			启动按钮	I0.0
2			停止按钮	I0.1
3			电感式传感器	I0.2
4			电容式传感器	I0.3
5			颜色传感器	I0.4
6			货到位检测	I0.5
7			上位机启动控制	M0.5
8			上位机停止控制	M0.6
9			黄色塑芯计数清零	M1.1
10			黄色铝芯计数清零	M1.2
11			黄色铁芯计数清零	M1.3
12			蓝色塑芯计数清零	M1.4
13			蓝色铝芯计数清零	M1.5
14			蓝色铁芯计数清零	M1.6

图 3-34　PLC 参考程序中的符号表

(3) PLC 参考程序，如图 3-35 和图 3-36 所示。

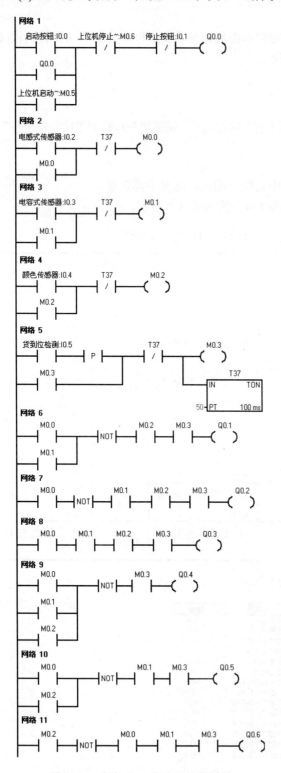

图 3-35　参考 PLC 程序的第①部分

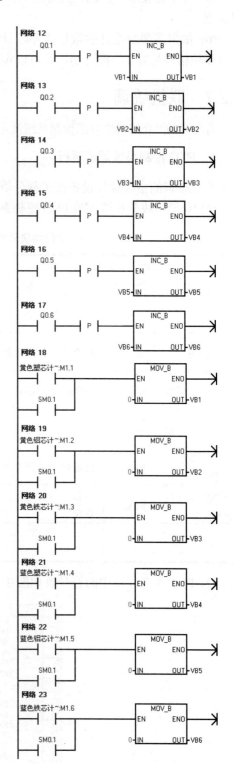

图 3-36　参考 PLC 程序的第②部分

2. MCGS 系统的设备窗口组态

(1) 在"设备组态"窗口中，添加 "通用串口父设备 0-[通用串口父设备]"和"设备 0-[西门子_S7200PPI]"子设备。

(2) 对"通用串口父设备"和"西门子_S7200PPI"设备分别进行属性设置，细节可参考"水泵监控工程"中的具体参数设置，此处不再重复。

(3) 打开"通道连接"选项卡，建立各通道与实时数据库中相关数据对象的连接，相关数据对象所选择的通道编号要与 PLC 程序中的地址严格对应。连接关系如表 3-10 所示。

表 3-10　设备通道连接参照表

数据对象	通道类型	功能注释
启动	只读 I000.0	读 PLC 的 I0.0 端子上的数据，改写"启动"变量的值
停止	只读 I000.1	读 PLC 的 I0.1 端子上的数据，改写"停止"变量的值
电感传感器	只读 I000.2	读 PLC 的 I0.2 端子上的电感传感器的状态，改写"电感传感器"变量的值
电容传感器	只读 I000.3	读 PLC 的 I0.3 端子上的电容传感器的状态，改写"电容传感器"变量的值
颜色检测	只读 I000.4	读 PLC 的 I0.4 端子上的颜色检测传感器的状态，改写"颜色检测"变量的值
货到位检测	只读 I000.5	读 PLC 的 I0.5 端子上的货到位检测传感器的状态，改写"货到位检测"变量的值
输送线	读写 Q000.0	读 PLC 的 Q0.0 端子上的数据，改写"输送线"变量的值
黄色塑芯	读写 Q000.1	读 PLC 的 Q0.1 端子上的数据，改写"黄色塑芯"变量的值
黄色铝芯	读写 Q000.2	读 PLC 的 Q0.2 端子上的数据，改写"黄色铝芯"变量的值
黄色铁芯	读写 Q000.3	读 PLC 的 Q0.3 端子上的数据，改写"黄色铁芯"变量的值
蓝色塑芯	读写 Q000.4	读 PLC 的 Q0.4 端子上的数据，改写"蓝色塑芯"变量的值
蓝色铝芯	读写 Q000.5	读 PLC 的 Q0.5 端子上的数据，改写"蓝色铝芯"变量的值
蓝色铁芯	读写 Q000.6	读 PLC 的 Q0.6 端子上的数据，改写"蓝色铁芯"变量的值
启动	读写 M000.5	读组态工程中 "启动"变量的值，写入 PLC 的 M0.5 存储器位
停止	读写 M000.6	读组态工程中 "停止"变量的值，写入 PLC 的 M0.6 存储器位
黄色塑芯计数器复位	读写 M001.1	读组态工程中 "黄色塑芯计数器复位"变量的值，写入 PLC 的 M1.1 存储器位
黄色铝芯计数器复位	读写 M001.2	读组态工程中 "黄色铝芯计数器复位"变量的值，写入 PLC 的 M1.2 存储器位
黄色铁芯计数器复位	读写 M001.3	读组态工程中 "黄色铁芯计数器复位"变量的值，写入 PLC 的 M1.3 存储器位
蓝色塑芯计数器复位	读写 M001.4	读组态工程中 "蓝色塑芯计数器复位"变量的值，写入 PLC 的 M1.4 存储器位

续表

数据对象	通道类型	功能注释
蓝色铝芯计数器复位	读写 M001.5	读组态工程中"蓝色铝芯计数器复位"变量的值，写入 PLC 的 M1.5 存储器位
蓝色铁芯计数器复位	读写 M001.6	读组态工程中"蓝色铁芯计数器复位"变量的值，写入 PLC 的 M1.6 存储器位
黄色塑芯数量	读写 VBUB001	读 PLC 的 V 存储器区的 VB1 字节数据，改写"黄色塑芯数量"变量的值
黄色铝芯数量	读写 VBUB002	读 PLC 的 V 存储器区的 VB2 字节数据，改写"黄色铝芯数量"变量的值
黄色铁芯数量	读写 VBUB003	读 PLC 的 V 存储器区的 VB3 字节数据，改写"黄色铁芯数量"变量的值
蓝色塑芯数量	读写 VBUB004	读 PLC 的 V 存储器区的 VB4 字节数据，改写"蓝色塑芯数量"变量的值
蓝色铝芯数量	读写 VBUB005	读 PLC 的 V 存储器区的 VB5 字节数据，改写"蓝色铝芯数量"变量的值
蓝色铁芯数量	读写 VBUB006	读 PLC 的 V 存储器区的 VB6 字节数据，改写"蓝色铁芯数量"变量的值

(4) 设备在线调试。接通所有相关设备电源，下载调试好的 PLC 程序，并将 S7-200PLC 设置为"RUN"模式。然后，关闭正在运行的西门子 Step7_Micro/Win32 编程软件，打开"设备调试"选项卡，进入"设备调试"窗口，检查系统通信连接成功与否。

3. 联机统调

(1) 删除定时器策略构件及其策略行。

(2) 删除计数器策略构件及其策略行。

(3) 保留表 3-10 中的数据对象以及"黄色"和"蓝色"这两个数据对象。其他数据对象均可以删掉。

(4) 修改脚本程序。先删除原有脚本程序策略构件及其策略行。再重新添加一个新的脚本程序策略，然后输入脚本程序段。

```
IF 黄色塑芯 = 1 OR 黄色铝芯 = 1 OR  黄色铁芯 = 1 THEN
   黄色 = 1
ELSE
   黄色 = 0
ENDIF
IF 蓝色塑芯 = 1 OR 蓝色铝芯 = 1 OR  蓝色铁芯 = 1 THEN
   蓝色 = 1
ELSE
   蓝色 = 0
ENDIF
```

(5) 在"动画组态料块分拣检测窗口"中，修改部分图符构件属性。

① 双击"启动"按钮，打开其"操作属性"选项卡，将数据对象值操作的操作方式，由"取反"更改为"按 1 松 0"。对停止按钮的操作属性选项卡也做同样的修改。

② 将输送线上的两个料块放置到输送线的最左端，并进行属性更改。

因为系统要检测的料块是随机出现的，组态环境中的料块移动效果与硬件系统的料块移动很难达到同步。所以，这里去掉了演示工程中的料块在输送线上移动的效果。仅是在检测结果出来时，用黄色料块和蓝色料块来分别表示。具体操作过程如下。

先将两个料块移动到输送线的最左端，然后打开各料块的"属性设置"选项卡，去掉"水平移动"属性，选择"可见度"属性。再打开黄色料块的"可见度"选项卡，"表达式"选择数据对象"黄色"；"当表达式非零时"选中"对应图符可见"单选按钮；在蓝色料块的"可见度"选项卡中，"表达式"选择数据对象"蓝色"；"当表达式非零时"选中"对应图符可见"单选按钮。

③ 对窗口右侧的 6 个料块增加闪烁属性。

双击黄色塑芯料块图符，打开其"属性设置"选项卡，选择"闪烁效果"属性，再打开"闪烁效果"选项卡，"表达式"选择"黄色塑芯"变量；"闪烁实现方式"选择"用图元可见度变化实现闪烁"；"闪烁速度"选择"快"。这样设置的效果是：当系统检测出是一个黄色塑芯料块时，该图符会闪烁。

使用同样的方法，对其余 5 个料块也增加闪烁效果属性。注意：各料块关联的数据对象不一样。

④ 去掉窗口右侧的 6 个料块选择按钮的操作属性。

双击黄色塑芯按钮，打开其"操作属性"选项卡，去掉它的"数据对象值操作"功能。使用同样方法，去掉其余 5 个按钮的"数据对象值操作"功能。这是因为硬件系统中，料块的出现是随机的。

(6) 确定调试好的 PLC 程序已经下载到 PLC，且已退出 Step7_Micro/Win32 编程软件；检查组态工程通信连接是否正常。然后按下功能键 F5，进入运行环境，开始联机调试。

下面以黄色塑芯料块的检测为例说明调试过程。

① 按下硬件系统启动按钮，在黄色塑芯料块通过输送线时，观察组态运行环境中各传感器指示灯的状态与系统硬件传感器指示灯的状态是否一致。

② 料块到达接货区后，观察硬件系统的黄色塑芯指示灯是否点亮，同时，组态环境中的黄色塑芯料块图符是否闪烁；黄色塑芯料块的数据统计文本框中的数据显示是否正确；输送线左端黄色料块图符是否出现。

③ 单击组态环境中的黄色塑芯料块图符两次(只需要一个由 0 到 1 的上升沿信号)，观察黄色塑芯料块的数量统计文本框中统计数据是否清零。

④ 将 6 种不同料块，取数个依次进行检测。按上述方法观察组态工程监控效果是否达到要求。

⑤ 单击上位机组态环境中的"启动"和"停止"按钮，观察其是否能控制硬件系统输送线电机的启动和停止运行。

若组态工程在运行环境中能达到实时监控的效果，且符合各项控制要求，仓储料块分拣检测监控工程的设计与调试工作就完成了。

3.3 多种液体混合搅拌组态监控系统

【工程目标】

(1) 掌握 MCGS 组建工程的一般步骤。

(2) 掌握基于 MCGS 软件的多种液体混合搅拌系统演示工程的设计。

(3) 掌握基于 PLC 控制和 MCGS 软件的多种液体混合搅拌监控系统设计。

【工程要求】

用 PLC 实现多种液体混合搅拌系统的运行控制，使用上位机 MCGS 组态软件实现多种液体混合搅拌系统的监控。

1. PLC 系统控制要求

设有多种液体 A、B 和 C 在容器内按照一定比例进行混合搅拌，其中，SL1、SL2、SL3 为液位高度检测传感器，当其被液面淹没时，传感器的状态为 ON；YV1、YV2、YV3、YV4 为电磁阀；M 为电动机。

(1) 初始状态。容器是空的，YV1、YV2、YV3、YV4 电磁阀均为关闭状态。SL1、SL2、SL3 为 OFF 状态；搅拌电机 M 为 OFF 状态。

(2) 按下"启动"按钮开始以下操作。

① YV1=ON，液体 A 注入容器，当液位上升达到 SL3 时，SL3=ON，使得 YV1=OFF，YV2=ON，液体 B 注入容器。

② 当液面达到 SL2 时，SL2=ON，使得 YV2=OFF，YV3=ON，液体 C 注入容器。

③ 当液面达到 SL1 时，SL1=ON，使得 YV3=OFF，M=ON，即关闭阀门 YV3，电动机 M 启动开始搅拌。

④ 电机经 10s 搅拌均匀后，M=OFF，停止搅拌。

⑤ 停止搅拌的同时，YV4=ON，排液电磁阀打开，排放液体，液面下降，当液面降至低于 SL3 时，再经 15s 容器排放空，YV4=OFF，完成一个操作周期。

⑥ 只要不按"停止"按钮，则自动进入下一操作周期。

(3) 停止操作。按下"停止"按钮，则在当前混合操作周期结束后才停止操作，回到初始状态。

2. MCGS 监控工程技术要求

(1) 可通过上位机的组态工程，对多种液体混合搅拌系统设备的运行状态进行实时监控。

(2) 可通过上位机的组态工程，实现多种液体混合搅拌系统的设备运行状态以文字的形式显示输出。

【组态监控系统设计过程参考】

3.3.1　工程系统分析

由控制要求可知，系统要求用"启动"按钮、"停止"按钮和 3 个检测传感器的信号，借助 PLC 编程的方式控制电磁阀 YV1、YV2、YV3、YV4 和电机 M 的自动打开与关闭；通过 MCGS 组态软件实现系统运行的监控。

1．系统的硬件组成

(1) 系统的硬件输入设备："启动"按钮、"停止"按钮、液面检测传感器 SL1、SL2、SL3。

(2) 硬件输出设备：搅拌电动机 M；电磁阀 YV1、YV2、YV3、YV4。

(3) 控制单元：西门子 S7-200PLC。

(4) 监控单元：计算机及 MCGS 组态软件环境。

2．初步确定组态监控工程的框架

(1) 需要一个用户窗口、一个设备窗口、实时数据库。

(2) 需要一个循环策略。

3．工程设计思路

工程制作→(演示工程)模拟运行→MCGS 工程设备组态→工程改进→联机运行→监控工程完成

3.3.2　新建工程

进入 MCGS 通用版的组态环境界面，新建工程，命名为"多种液体混合搅拌系统演示工程"，进行保存。

3.3.3　定义数据对象

通过对多种液体混合搅拌系统的控制要求的分析，确定系统所需数据对象 14 个，如表 3-11 所示。

表 3-11　数据对象

序　号	名　称	类　型	初　值	注　释
1	启动按钮	开关型	0	多种液体混合搅拌系统启动运行控制信号，1 有效
2	停止按钮	开关型	0	多种液体混合搅拌系统停止运行，1 有效
3	传感器 SL1	开关型	0	液位检测，0 表示液位未达到检测值
4	传感器 SL2	开关型	0	液位检测，0 表示液位未达到检测值
5	传感器 SL3	开关型	0	液位检测，0 表示液位未达到检测值

序　号	名　称	类　型	初　值	注　释
6	电磁阀 YV1	开关型	0	控制液体 A 的阀门 YV1 的打开与关闭,1 打开,0 关闭
7	电磁阀 YV2	开关型	0	控制液体 B 的阀门 YV2 的打开与关闭,1 打开,0 关闭
8	电磁阀 YV3	开关型	0	控制液体 C 的阀门 YV3 的打开与关闭,1 打开,0 关闭
9	电磁阀 YV4	开关型	0	控制排放液体的阀门 YV4 的打开与关闭,1 打开,0 关闭
10	搅拌电机 M	开关型	0	控制搅拌电机 M,1 启动,0 停止
11	搅拌时间 T	数值型	0	模拟运行时控制搅拌时间
12	排放时间	数值型	0	模拟运行时控制排放时间
13	储液罐液位模拟	数值型	0	模拟储液罐的液位变化
14	状态显示	字符型	初始状态	显示系统的工作状态

3.3.4　制作组态工程画面

多种液体混合搅拌监控系统参考画面如图 3-37 所示。画面中的设备可分成四大部分,即反应器、电磁阀、传感器和搅拌电机。

反应器部分:反应器,运行状态显示输出,液位显示输出。

电磁阀部分:电磁阀 YV1、YV2、YV3、YV4 以及分别表示电磁阀打开液体流入的箭头。

传感器部分:液位指示传感器 SL1、SL2、SL3。

搅拌电机部分:搅拌电机 M,搅拌器。

同时画面中还设计了一个"启动"按钮和一个"停止"按钮,分别用于多种液体混合搅拌监控系统的启动和设备的停止;时钟图符构件,用于显示当前实时时间。

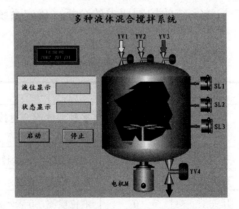

图 3-37　多种液体混合搅拌监控系统参考画面

1. 用户窗口的建立

进入 MCGS 组态工作台，新建一个用户窗口，命名为"多种液体混合搅拌监控窗口"。

2. 组态工程画面的编辑

(1) 在"多种液体混合搅拌监控窗口"的"动画组态窗口"中，使用绘图工具箱中的"标签"工具，制作一个内容为"多种液体混合搅拌系统"的文字标签。

(2) 使用绘图工具箱中的"标准按钮"工具，画两个按钮，名称分别为"启动"和"停止"。

(3) 从"对象元件库"中选择"反应器 22"，并调整位置和大小至满意效果，将其摆放到合适位置。

(4) 状态显示和液位显示输出的编辑绘制。

① 使用工具箱中的"凹平面"工具，画一个凹平面，并填充"浅湖蓝色"，调整位置和大小至满意效果，摆放到合适位置，并通过菜单设置"置于最后面"。

② 制作两个文字标签，文字内容为"液位显示"、"状态显示"。

③ 再制作两个文本框。打开"基本属性"选项卡，选择填充颜色为"粉色"。最后调整凹平面、文字标签之间的相互位置。

(5) 编辑绘制电磁阀。从对象元件库中选择"阀 52"，并调整其位置和大小，将其摆放到合适位置。采用对阀门进行"复制"→"粘贴"的方法，可编辑出同样大小的表示 YV2、YV3、YV4 的电磁阀。再使用文字标签对各阀门进行相应标注。

(6) 使用绘图工具箱中"细箭头"工具，画一个表示液体流入的"箭头"，打开"基本属性"选项卡，选择填充颜色为"湖蓝"。采用对箭头进行"复制"→"粘贴"→"更改颜色"的方法，可编辑出同样大小的表示液体 B 流入、液体 C 流入的箭头。使用文字标签对各阀门进行相应标注。

(7) 画传感器。从对象元件库中插入"传感器 4"，并调整其位置和大小，将其摆放到合适位置。采用"复制"→"粘贴"的方法，可编辑出同样大小的表示 SL2、SL3 的传感器。使用文字标签对各传感器进行标注。

(8) 画搅拌电机。从对象元件库中选择"马达 30"，调整其位置和大小，将其摆放到反应器的下方，设置排列在最底层，并使用文本标签对电机进行标注。

(9) 从对象元件库中选择插入"搅拌器 3"，并调其整位置和大小，将其摆放到反应器的中部，设置放在最顶层，且和马达 30 垂直对齐。

(10) 从对象元件库中选择插入"时钟 4"，并调整其位置和大小，用来在运行环境中，实时显示时间。

3.3.5　动画连接

1. 按钮动画连接

(1) 双击"启动"按钮，在弹出的"标准按钮构件属性设置"对话框中，打开"操作属性"选项卡，选中"数据对象值操作"复选框，操作方式"置 1"；关联数据对象"启动按钮"。单击"确认"按钮退出。

(2) 使用同样的方法，在"停止按钮"的"操作属性"选项卡中，选中"数据对象值操作"复选框，操作方式"置1"；关联数据对象为"停止按钮"。

2. 反应器的动画连接

(1) 双击"反应器"图符，打开"动画连接"选项卡。

(2) 单击图元名"折线"出现">"按钮，单击该按钮，打开"大小变化"选项卡。"表达式"选择数据对象"储液罐液位模拟"；大小变化连接中，"表达式"值为"0"时，最小变化百分比为"0"；"表达式"的值为"150"时，最大变化百分比为"100"；变化方向"向上"，变化方式"剪切"。单击"确认"按钮退出。

再打开"属性设置"选项卡，选择填充颜色为"紫色"，单击"确认"按钮。反应器的动画连接完成。

3. 运行状态的显示输出

(1) 双击"状态显示"文字旁边的文本框，打开"动画组态设置"对话框，选中"显示输出"复选框。

(2) 打开"显示输出"选项卡，表达式关联数据对象"状态显示"；"输出值类型"选择"字符串输出"；"输出格式"为"向中对齐"。单击"确认"按钮退出，文本框的动画连接设置完成。此设置表示：运行时设备的运行状态会以字符串的形式显示输出。例如，注入液体A时，将显示"注入液体A"；搅拌时会显示"搅拌混合液"等。

(3) 用相同的方法，设置"液位显示"文字旁边的文本框。不同的是，"表达式"为"储液罐液位模拟"；"输出类型"选择"数值量输出"；小数位选择"0"。该设置表示：运行时反应器的液位会实时地以整数的形式显示输出。

4. 电磁阀的动画连接

(1) 双击"电磁阀YV1"图符，打开"单元属性设置"对话框的"动画连接"选项卡，如图3-38所示。单击第3行图元名"组合图符"，再单击其右侧出现的">"按钮，打开"动画组态属性设置"对话框的"可见度"选项卡，具体设置如图3-39所示。

(2) 返回到"动画连接"选项卡中，单击第5行图元名"组合图符"，打开"动画组态属性设置"对话框的"可见度"选项卡，"表达式"选择"电磁阀YV1"；"当表达式非零时"选中"对应图符不可见"单选按钮。单击"确认"按钮退出。该设置表示：当电磁阀YV1打开(置1)时，电磁阀将以绿色的形式出现；当电磁阀YV1关闭(置0)时，电磁阀将以红色的形式出现。

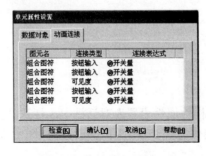

图3-38 电磁阀YV1的"单元属性设置"对话框

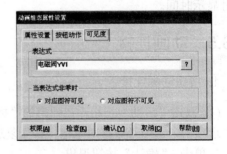

图3-39 电磁阀YV1的"可见度"选项卡

(3) 用同样的方法设置电磁阀 YV2、YV3、YV4。不同的是，表达式所连接的数据对象分别是电磁阀 YV2、电磁阀 YV3 和电磁阀 YV4。

5. 箭头的动画连接

在画面中，用相应的箭头表示了液体 A、液体 B、液体 C 及混合液的流向。

(1) 双击电磁阀 YV1 所对应的湖蓝色"箭头"，弹出"动画组态属性设置"对话框，选中"可见度"和"闪烁效果"复选框。

(2) 单击"动画组态属性设置"对话框中的"可见度"标签，打开"可见度"选项卡，"表达式"输入"电磁阀 YV1=1"；"当表达式非零时"选中"对应图符可见"单选按钮。

(3) 打开"闪烁效果"选项卡，表达式输入"电磁阀 YV1=1"；闪烁实现方式选择"用图元可见度变化实现闪烁"；闪烁速度选择"快速"。该设置表示：当电磁阀 YV1 打开(置1)即液体 A 流入时，箭头将出现并闪烁以表示液体 A 的流入；当电磁阀 YV1 关闭(置 0)即液体 A 停止流入时，箭头将消失。

(4) 用同样的方法设置液体 B、液体 C 及混合液流入所对应的箭头。不同的地方是，表达式中所输入的内容分别是电磁阀 YV2=1、电磁阀 YV3=1 和电磁阀 YV4=1。

6. 传感器的动画连接

(1) 双击传感器 SL1 所对应的图符，弹出"动画组态属性设置"对话框，选择"颜色动画连接"属性项中的"填充颜色"选项。

(2) 打开"填充颜色"选项卡，"表达式"输入"传感器 SL1=1"；增加分段点"0"和分段点"1"；然后根据个人喜好对"分段点对应颜色"进行更改设置。此工程中设置为"0"对应"白色"(即无色)，"1"对应"湖蓝色"。该设置表示：当传感器 SL1 为 ON(置1)时，对应图符将以湖蓝色填充点亮；当传感器 SL1 为 OFF 时(置 0)时，填充颜色消失。

(3) 用同样的方法设置传感器 SL2、SL3 对应图符。不同的地方是，表达式中所输入的内容分别为传感器 SL2=1、传感器 SL3=1。

7. 电机的动画连接

(1) 双击电机 M 所对应的图符，打开"单元属性设置"对话框的"动画连接"选项卡，单击第一行图元名"椭圆"，再单击其右侧的" > "按钮，打开"填充颜色"选项卡。在"表达式"文本框中输入数据对象"搅拌电机 M"；增加分段点"0"和分段点"1"；对"分段点对应颜色"进行更改设置，此工程中，设置为"0"对应"白色"(即无色)，"1"对应"粉色"。

(2) 单击"属性设置"标签，打开"属性设置"选项卡，根据喜好设置静态填充颜色；去掉"按钮动作"项；增加"闪烁效果"项。

(3) 打开"闪烁效果"选项卡，设置闪烁效果，可参考箭头的闪烁效果的设置方法，不同之处是：表达式对应的数据对象为"电机 M"。电机的动画连接完成。运行时，当电机启动，将会以不同于静止时的颜色闪烁，以示区别。

8. 搅拌器的动画连接

(1) 双击搅拌器图符，打开"动画连接"选项卡，单击第一行图元名"组合图符"，再单击其右侧的"＞"按钮，进入"可见度"选项卡，"表达式"关联"搅拌电机 M"；"当表达式非零时"选中"对应图符可见"单选按钮。

(2) 单击"属性设置"标签，打开"属性设置"选项卡，单击选择"填充颜色"和"闪烁效果"项，这样搅拌器同时又增加了两项动画连接属性。

(3) 打开"填充颜色"选项卡，根据自己喜好进行颜色的设置，方法参考电机 M 填充颜色设置。

(4) 打开"闪烁效果"选项卡，进行闪烁效果的设置，具体参考电机 M 闪烁效果设置；设置完毕单击"确认"按钮，回到"单元属性设置"对话框。

(5) 单击第二行图元名"组合图符"，再单击其右侧的"＞"按钮，进入"可见度"选项卡，"表达式"关联数据对象"搅拌电机 M"；"当表达式非零时"选中"对应图符可见"单选按钮，电机 M 的动画连接设置完毕。该设置表示：当电机 M 为 ON(置 1)时，搅拌器的 3 个叶瓣以粉色的形式闪烁，另外 3 个叶瓣静止不动且为灰色；当电机 M 为 OFF 时(置 0)时，6 个叶瓣同时消失，只剩搅拌杆。

3.3.6　参考控制流程程序

1. 添加循环策略

(1) 设定循环策略执行周期时间为"200ms"。

(2) 在循环策略的"策略组态"窗口中，添加一个脚本程序策略。添加脚本程序，参考脚本程序清单如下。

```
IF  储液罐液位模拟  > 50  AND 储液罐液位模拟 < 99 THEN
    传感器 SL1 = 0
    传感器 SL2 = 0
    传感器 SL3 = 1
ENDIF        '传感器 SL3 为 ON，传感器 SL2 为 OFF，传感器 SL1 为 OFF'
IF 储液罐液位模拟  > 100  AND 储液罐液位模拟 < 150 THEN
    传感器 SL1 = 0
    传感器 SL2 = 1
    传感器 SL3 = 1
ENDIF
IF  储液罐液位模拟 < 50 THEN
    传感器 SL1 = 0
    传感器 SL2 = 0
    传感器 SL3 = 0
ENDIF
IF 储液罐液位模拟  > 149  THEN
    传感器 SL1 = 1
    传感器 SL2 = 1
    传感器 SL3 = 1
ENDIF
IF 启动按钮 = 1 AND 储液罐液位模拟 < 51  AND  搅拌时间 T = 0    THEN
    电磁阀 YV1 = 1
    储液罐液位模拟=储液罐液位模拟+1
```

```
        状态显示 = "注入液体 A"
ENDIF                                  '注入液体 A'
IF  启动按钮 = 1 AND 储液罐液位模拟 <  101 AND 储液罐液位模拟 > 50 AND
    搅拌时间 T = 0 THEN
    储液罐液位模拟=储液罐液位模拟+1
    电磁阀 YV1 =0
    电磁阀 YV2 =1
    电磁阀 YV3 =0
    状态显示 = "注入液体 B"
ENDIF                                  '注入液体 B'
IF 启动按钮 = 1 AND 储液罐液位模拟 = 100 AND 搅拌时间 T = 0 THEN
    电磁阀 YV1 =0
    电磁阀 YV2 =0
    电磁阀 YV3 =1
    状态显示 = "注入液体 C"
ENDIF
IF 启动按钮 = 1 AND 储液罐液位模拟 <  150  AND 储液罐液位模拟 > 100 AND
  搅拌时间 T =  0  THEN
    储液罐液位模拟=储液罐液位模拟+1
    电磁阀 YV1 =0
    电磁阀 YV2 =0
    电磁阀 YV3 =1
    状态显示 = "注入液体 C"
    ENDIF                              '注入液体 C'
IF 启动按钮 = 1 AND 储液罐液位模拟  = 150   AND  搅拌时间 T < 100THEN
    储液罐液位模拟=储液罐液位模拟
    状态显示 = "搅拌"
    电磁阀 YV1 =0
    电磁阀 YV2 =0
    电磁阀 YV3 =0
    搅拌时间 T=搅拌时间 T + 1
    搅拌电机 M = 1
ENDIF                                  '搅拌'
IF 启动按钮 = 1 AND 搅拌时间 T  = 100   AND 储液罐液位模拟 > 50 THEN
    搅拌电机 M = 0
    电磁阀 YV1 =0
    电磁阀 YV2 =0
    电磁阀 YV3 =0
    电磁阀 YV4 = 1
    储液罐液位模拟 = 储液罐液位模拟 – 1
    状态显示 = "排混合液体"
ENDIF                                  '排混合液体,排放时间小于 10s'
IF 启动按钮 = 1 AND 搅拌时间 T  = 100   AND 储液罐液位模拟 < 51  AND 储液罐液位模
拟 > 0  AND 排放时间 < 150 THEN
    搅拌电机 M = 0
    电磁阀 YV1 =0
    电磁阀 YV2 =0
    电磁阀 YV3 =0
    电磁阀 YV4 = 1
```

```
        排放时间 = 排放时间 + 1
        储液罐液位模拟 = 储液罐液位模拟 - 0.3
        状态显示 = "排混合液体"
ENDIF                                    '排混合液体,排放时间为最后5s'
IF 启动按钮 = 1 AND 排放时间 = 150 THEN
     搅拌时间 T = 0
     电磁阀 YV1 = 0
     电磁阀 YV2 = 0
     电磁阀 YV3 = 0
     电磁阀 YV4 = 0
     储液罐液位模拟 = 0
     状态显示 = "液体排放结束"
ENDIF                                    '混合液体排放结束'
IF 停止按钮 = 1 THEN
     搅拌时间 T = 搅拌时间 T
     排放时间 = 排放时间
     电磁阀 YV1 = 0
     电磁阀 YV2 = 0
     电磁阀 YV3 = 0
     电磁阀 YV4 = 0
     搅拌电机 M = 0
     储液罐液位模拟 = 储液罐液位模拟
ENDIF                                    '按"停止"按钮,保持现场信息'
IF 启动按钮 = 1 THEN
     停止按钮 = 0
ENDIF
IF 停止按钮 = 1 THEN
     启动按钮 = 0
ENDIF
```

2. 演示工程模拟调试运行

(1) 按下功能键 F5,进入运行环境,系统处于初始状态:时钟显示实时时间,液位显示输出为"0",状态显示输出为"初始状态",电磁阀均为红色且静止;传感器均为蓝色(本色),反应器中没有液体,搅拌器只显示搅拌棒,不显示叶瓣。

(2) 单击"启动"按钮,电磁阀 YV1 变为绿色,表示液体 A 流入的箭头开始闪烁,反应器液位上升,并以紫色填充;液位数值实时显示,状态显示输出为"注入液体 A"。

(3) 当液面达到传感器 SL3 时,传感器 SL3 变为湖蓝色;电磁阀 YV1 变为红色,表示液体 A 流入的箭头停止闪烁并消失;电磁阀 YV2 变为绿色,表示液体 B 流入的箭头开始闪烁;液位持续上升,状态显示输出为"注入液体 B"。

(4) 当液面达到传感器 SL2 时,传感器 SL2 变为湖蓝色;电磁阀 YV2 变为红色,表示液体 B 流入的箭头停止闪烁并消失;电磁阀 YV3 变为绿色,表示液体 C 流入的箭头开始闪烁;液位持续上升,状态显示输出为"注入液体 C"。

(5) 液面达到传感器 SL1 时,传感器 SL1 变为湖蓝色;电磁阀 YV3 变为红色,表示液体 C 流入的箭头停止闪烁并消失;液位停止上升,液位显示输出文本框显示"150";状态显示输出文本框显示"搅拌";电机上的椭圆变为粉色并开始闪烁,搅拌器的叶瓣显示,其中 3 瓣为粉色闪烁,3 瓣为灰色静止。

(6) 搅拌时间到,电磁阀 YV4 变为绿色,表示混合液流出的箭头开始闪烁;液位开始下降,传感器 SL1 变为蓝色;状态显示输出为"排混合液";电机上的椭圆变为白色并停止闪烁,搅拌器的叶瓣消失。

(7) 随着液位的下降,传感器 SL2、SL3 的颜色变为初始的蓝色。

(8) 当液体完全排出时,电磁阀 YV4 变为红色,表示混合液流出的箭头停止闪烁并消失;液位显示输出文本框显示"0";状态显示输出文本框显示"混合液体排放结束"。一个工作周期完成。

(9) 运行过程中,如果单击"停止"按钮,系统就会保持原有的工作状态;再次单击"启动"按钮,系统恢复原有的工作状态,继续运行。

(10) 模拟演示工程只运行一个工作周期,若要重新开始,需要重新进入运行环境,并单击"启动"按钮。

3.3.7　联机统调

打开"多种液体混合搅拌系统演示工程",将工程另存为"多种液体混合搅拌系统监控工程"。

1. PLC 控制系统调试运行

联机统调的主要硬件设备在工程分析中已经介绍过,这里不再重复。

(1) 多种液体混合搅拌系统的 PLC 控制系统 I/O 分配如表 3-12 所示。

表 3-12　多种液体混合搅拌的 PLC 控制系统 I/O 分配表

输入设备及地址			输出设备及地址		
名　称	地　址	注　释	名　称	地　址	注　释
启动按钮	I0.0	启动按钮,1 有效	电磁阀 YV1	Q0.3	阀门 YV1 的打开与关闭,1 打开,0 关闭
停止按钮	I1.0	停止按钮,1 有效	电磁阀 YV2	Q0.4	阀门 YV2 的打开与关闭,1 打开,0 关闭
传感器 SL1	I0.1	液位检测,1 表示液位达到检测值	电磁阀 YV3	Q0.5	阀门 YV3 的打开与关闭,1 打开,0 关闭
传感器 SL2	I0.2	液位检测,1 表示液位达到检测值	电磁阀 YV4	Q0.6	阀门 YV4 的打开与关闭,1 打开,0 关闭
传感器 SL3	I0.3	液位检测,1 表示液位达到检测值	搅拌电机 M	Q1.0	搅拌电机 M 的启动与停止,1 启动,0 停止

(2) 参考 PLC 程序如图 3-40 和图 3-41 所示。

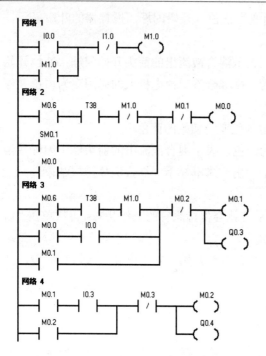

图 3-40　参考 PLC 程序第一部分

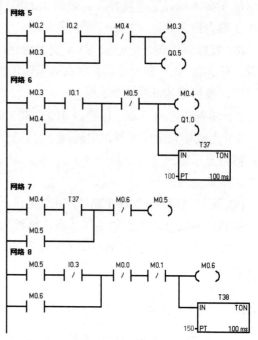

图 3-41　参考 PLC 程序第二部分

2. 脚本程序的修改与添加

删除以前所有的脚本程序，在循环策略中重新添加脚本程序段。

```
IF  电磁阀 YV1 = 1  OR 电磁阀 YV2 = 1 OR 电磁阀 YV3 = 1 THEN
    储液罐液位模拟 = 储液罐液位模拟 + 1
ENDIF                '注入液体，液面上升'
IF  电磁阀 YV4 = 1 THEN
    储液罐液位模拟 = 储液罐液位模拟 - 1
ENDIF                '排混合液，液面下降'
```

3. 在 MCGS 中进行 S7-200PLC 设备的连接与配置

(1) 在设备窗口中选择添加设备构件。

(2) 设置"通用串口父设备"基本属性和"西门子_S7200PPI"基本属性。

(3) 将 MCGS 变量与 PLC 通道进行连接。设备通道的连接参照图 3-42 所示。

(4) 设备在线调试。

将 PLC 程序下载后，在 Step7 中设置 PLC 为 RUN 状态，然后关闭 Step7，再在设备属性窗口中单击"设备调试"标签进入"设备调试"选项卡，可以观察到随着运行状态的变化，通道的值随之变化，如图 3-43 所示，这说明信号传输正常，单击"确认"按钮，关闭"设备调试"对话框。

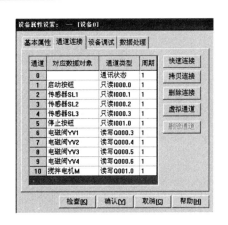

图 3-42　设备连接参考界面

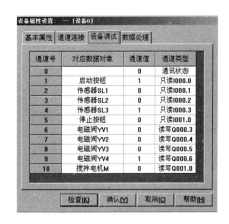

图 3-43　设备调试界面

4. 联机统调

(1) 按下功能键 F5，进入运行环境，系统处于初始状态：时钟显示实时时间，液位显示输出为"0"，状态显示输出为"初始状态"，电磁阀均为红色且静止；传感器均为蓝色，反应器中没有液体，搅拌器只显示搅拌棒，不显示叶瓣。

(2) 按下硬件启动按钮，观察组态画面的变化情况，可以看到随着设备的运行，画面也随之发生变化。

温馨提示：

照猫画虎很有意思吧！你真的画出了一只"虎"吗？有何收获？不同的工程，不同的特点，不同的挑战，不同的感受，总结一下吧！顺便再做一做模块后的思考题，检测你对知识点的理解与掌握情况。

本 章 小 结

此章简明扼要地介绍了三个典型组态工程，即交通信号灯组态监控系统、仓储料块分拣检测组态监控系统和多种液体混合搅拌组态监控系统的制作过程。内容不仅涵盖前期所学知识，如工程的建立与保存、数据对象的定义、图符的属性设置与动画效果、循环策略的使用、定时器策略构件的应用及属性设置、设备窗口组态(添加设备、属性设置、通道连接)，PLC 硬件电路设计与 PLC 程序设计，系统软、硬件联机统调细节与注意事项等，还包括一些新知识点，如计数器策略构件的功能及应用、新图符的编辑制作、旋转动画效果的实现等。通过本章的学习与训练读者能够达到熟能生巧的效果。

思 考 题

1. 你会编辑制作传感器图符吗？会编辑交通信号灯图符吗？如何将新编辑的图符添加到对象元件库中？

2. 在交通灯组态监控工程中，如何在上位机运行环境下，读取并显示南北路交通灯运行时间？

3. 通过组态工程的设计与制作，你认为组态演示工程和监控工程有何异同？

4. 你了解组态软件中的计数器策略构件吗？与计数器相关的参数有哪些？如何对计数器属性进行设置？

5. 仓储料块分拣检测演示工程中，共添加了几个脚本程序策略构件？这些脚本程序策略是同时执行的吗？你会设置策略执行条件吗？

6. 仓储料块分拣检测监控工程中，如何在运行环境中读取并显示不同颜色芯质的料块的统计数量的？

7. 多液混合搅拌组态工程中，搅拌器旋转搅拌的动画效果是如何实现的？你是否有不同的设计方法？

8. 液位的升降动画效果如何制作？

第4章　通用版 MCGS 组态工程实践

内容说明

独立思考，强化训练也是教学的一个重要环节，是培养学生独立工作、决策、判断，并使用所学理论解决实际问题、巩固知识技能，从而获取实践经验的重要途径。本模块为读者提供了 5 个典型的控制工程，读者自行完成工程的 PLC 系统和组态监控系统设计制作。在这里，读者可以充分发挥自己的想象力和创造力，学以致用，大胆地进行自我挑战，再接再厉，展现全新的自我。

教学方法

建议以学生为主体，规定时间，独立自主完成工程的设计与制作。教师对学生的作品进行点评。

4.1　多组竞赛抢答器组态监控系统

【工程目标】

(1) 掌握 MCGS 组建工程的一般步骤。

(2) 掌握简单组态界面设计、位图的装载、声音的处理、图符和按钮的组态，完成竞赛抢答器控制系统演示工程的制作。

(3) 掌握硬件设备的连接与调试运行，MCGS 的设备组态方法，实现 PLC 控制系统和 MCGS 组态工程的联机调试，完成竞赛抢答器监控系统制作。

【工程要求】

抢答器在日常生活中有着较为广泛的应用，它适用于很多类型和不同规模的比赛，所以设计抢答器系统具有一定的实用价值。本设计要求下位机采用 PLC 控制，通过上位机 MCGS 组态工程实现监控。竞赛抢答器控制系统的工艺过程及控制要求具体如下。

某高校在竞赛活动中，需要设置一个 5 路(5 个组)的抢答器控制系统，机电专业一组，包含两名成员，自动化专业一组，包含两名成员；剩下 3 个组，预留给非自动化类专业的挑战选手，每个组各 1 名成员。系统设置一个报警灯，进行违规或超时报警。5 个组的桌面上分别设置有一个抢答有效指示灯和一个记分牌。系统设置有一个电铃，用于提示抢答成功；同时，有一个显示牌，显示抢答有效的组号，有一个计时牌，显示有效答题时间。

1. PLC 控制要求

(1) 5 组抢答器中，机电专业组有两个抢答按钮；自动化专业组有两个抢答按钮，无论哪个成员抢答成功都有效。非自动化专业的 3 个组，每组都只有 1 个按钮。且任意时刻，5 个组中，只能有一组成功抢答，其他组无效。

(2) 主持人桌面上有个启动抢答器系统工作的比赛开关，该开关闭合后，抢答器开始工作，每组选手的初始分为 50 分。当主持人说完题目并按下"抢答开始"按钮后，才可以抢答，若提前抢答则犯规，报警指示灯点亮，抢答选手的桌灯点亮，并显示该组的号码。

(3) 当主持人宣布抢答开始，并按下"抢答开始"按钮后，10s 之内，若有人抢答，则该组桌灯亮，电铃响 2s，并且显示该组的号码，该组有 15s 的时间作答，回答正确，由主持人通过加分按钮，一次加 10 分，回答错误，则由主持人通过减分按钮，一次减 10 分，若超过 15s 仍未答完，则报警灯点亮，本轮抢答无效。

(4) 若抢答开始后，10s 之内无人抢答，则报警指示灯亮，本轮抢答无效，且选手无法再抢答。

(5) 每轮抢答后，可利用复位按钮进行复位操作。

2. MCGS 组态监控工程技术要求

(1) 可以通过上位机组态工程，实现抢答器控制系统运行的实时监控。

(2) 可通过上位机运行环境中的"比赛开始"按钮，实现抢答器硬件控制系统的启动运行；可通过组态运行环境中的"开始抢答"按钮，实现硬件系统组成员"有效抢答"的启动；可通过组态运行环境中"复位"按钮，控制硬件系统设备的复位。

(3) 答题过程的计时时间，能在上位机组态运行环境中显示；且可以在上位机的组态运行环境中调整。

(4) 可通过上位机组态运行环境中的"加分"和"减分"按钮实现分值的加、减控制，同时，还可在组态运行环境中实时显示每组当前的得分值。

3. 参考用户窗口

竞赛抢答器组态监控系统参考用户窗口如图 4-1 所示。

图 4-1 竞赛抢答器监控系统参考组态画面

4.2　自动送料装车组态监控系统

【工程目标】

(1) 掌握 MCGS 组建工程的一般步骤。

(2) 掌握简单组态界面设计，图符、按钮的组态；运行策略组态；完成自动送料装车系统演示工程的设计。

(3) 掌握 PLC 硬件设备的连接与调试运行；MCGS 的设备组态方法，实现 PLC 控制系统和 MCGS 组态工程的联机调试，完成自动送料装车监控系统制作。

【工程要求】

用 PLC 实现自动送料装车系统的运行控制，使用上位机 MCGS 组态软件实现装车系统的监控。

1. PLC 系统控制要求

(1) 初始状态。红色指示灯 HL2(即停止状态指示灯)点亮，绿色指示灯 HL1(即运行状态指示灯)熄灭，料仓进料阀门 K1，料仓出料阀门 K2，输送线电动机 M1、M2、M3 皆为 OFF 状态(即静止状态)；料仓中的低仓位检测传感器 S2=OFF，满仓位检测传感器 S1=OFF，车装满检测传感器 S3=OFF。

(2) 启动操作。

① 当装载车到来时，按下启动按钮 SB1，绿色指示灯点亮，即 HL1=ON；红色指示灯熄灭，即 HL2=OFF；同时进料阀门 K1 打开，即 K1=ON，开始进料。

② 料仓中的料位到达低仓位时，低仓位检测传感器 S2=ON，即可打开料仓出料阀门 K2。

③ 阀门 K2 打开，延时 2s 后，电动机 M1 启动，再延时 2s，电动机 M2 启动，再延时 2s 后，电动机 M3 启动，装载车装料。

④ 装载车的料装满，即车装满检测传感器 S3= ON，料仓出料阀门 K2 关闭，2s 后，电动机 M3 关闭；再延时 2s，电动机 M2 关闭，再延时 2s，电动机 M1 关闭；M1 关闭的同时，红灯点亮，绿灯熄灭；装车过程结束。

⑤ 对于进料阀门 K1 的动作要求是：料仓中的料满，即满仓位检测传感器 S1=ON，停止进料，K1 关闭；当料仓中的料位低于低仓位检测传感器 S2，即 S2 由 ON 变为 OFF 时，进料阀门 K1 可重新打开。

(3) 停止操作。按下停止按钮 SB2，所有设备立即停止动作。主要用于处理装车时的紧急事故。

2. MCGS 监控工程技术要求

(1) 可通过上位机的组态监控工程，对自动送料装车系统设备的运行状态进行实时监控。

(2) 可通过上位机组态工程中的启动和停止按钮，实现自动送料装车系统的设备运行和停止控制。

(3) 参考用户窗口。自动送料装车组态监控系统参考用户窗口如图 4-2 所示。

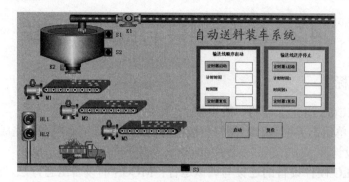

图 4-2   自动送料装车监控系统参考组态画面

4.3   仓储运料小车定位控制组态监控系统

【工程目标】

(1) 掌握 MCGS 组建工程的一般步骤。

(2) 掌握简单组态界面设计，图符、按钮的组态，完成仓储运料小车定位控制系统演示工程的制作。

(3) 掌握硬件设备的连接与调试运行、MCGS 的设备窗口组态方法，实现 PLC 控制系统和 MCGS 组态工程的联机调试，完成仓储运料小车定位控制监控系统制作。

【工程要求】

工程使用了天津源锋科技的模块化生产线(简称 MPS 训练装置)的平面仓储系统，实物结构如图 4-3 所示。仓储系统主要由储料仓、直线导轨运料小车、步进电机及驱动器、气动元件及传感器等组成。仓储系统是通过网络读取分拣系统的工作信号以及存储的数据值，将分拣系统送来的不同颜色芯质的料块，送至指定的不同料库中。6 种料块分别是黄色塑芯、黄色铝芯、黄色铁芯、蓝色塑芯、蓝色铝芯和蓝色铁芯。

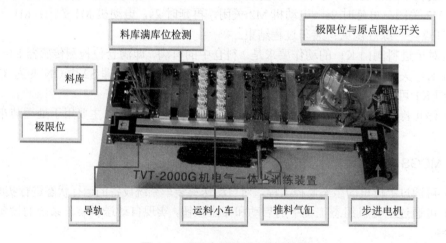

图 4-3   平面仓储系统实物结构图

平面仓库：1～8 号料库，每个料库末端各装有一个限位开关，实现满仓位检测。

直线导轨运料小车：直线导轨 1 个，运料小车 1 个，导轨左右两侧安装的极限位检测用的限位开关 2 个，标志运料小车原点位置的限位开关 1 个。

步进电机：是将电脉冲信号转变为角位移或线位移的开环控制元件。步进电机用于控制运料小车的水平运行。

气动元件：小车上的推料气缸，控制气缸动作的电磁阀。电磁阀为二位五通单电控带手动控制。

1. PLC 控制要求

仓储运料小车定位控制系统的控制过程要求如下。

(1) 初始状态。小车停在原点位置，标志原点的限位开关输出信号为 ON，同时，初始状态指示灯点亮，步进电机为 OFF 状态，推料气缸在初始位置，电磁阀线圈在失电状态。满仓位检测为 OFF 状态。

(2) 启动操作。按下启动按钮，系统进入启动运行状态，运行指示灯点亮。启动后的运行过程如下。

① 人工放置料块到小车上，按下该料块的选择按钮，PLC 开始向步进电机发脉冲信号，控制步进电机启动正转运行，运料小车左移，将料块送至指定的仓库入口，电机停止运行。同时，推料气缸的活塞杆伸出，将料块推入料库，延时 2s，活塞杆复位，步进电机启动反转运行，运料小车右移，返回原点位置停下来，原点限位开关再次为 ON，一次运料过程结束。小车在原点等待下一个入库的料块。

② 每一种料块入库均要进行数量统计。

(3) 停止操作。按下复位按钮，系统回到初始状态。

提示：　① 系统启动前，先对每一种料块，分别指定好存放的仓库库位。1 号料库和 8 号料库可作为备用仓库，在其他料库存满的情况下(即料库的满仓位检测有输出信号时)，可将料块临时存放到备用料库中。对 6 种料块，分别设置 6 个选择按钮。

　② 分别测量并计算小车从原点位置运行到各个指定仓库入口处的距离(即小车的定位距离)，并计算出每个定位距离所需要的脉冲数。

　③ 料块由人工放置到小车上。

2. MCGS 组态监控工程技术要求

(1) 可以通过上位机组态工程，实现仓储系统运料小车定位控制的实时监控。

(2) 可通过上位机组态中的"启动"按钮，给硬件系统设备启动命令；可通过"复位"按钮，控制硬件系统设备的复位。

(3) 可在上位机组态运行环境中，通过料块选择按钮实现料块类型的选择。

(4) 每一种料块的入库数量，能在上位机组态运行环境中显示。

3. 参考用户窗口

仓储运料小车定位控制监控系统的参考用户窗口如图 4-4 所示。

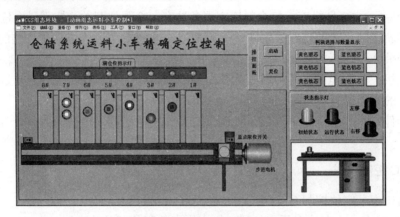

图 4-4 仓储运料小车定位控制监控系统参考组态画面

4.4 自动生产线立体仓库单元组态监控系统

【工程目标】

(1) 掌握 MCGS 组建工程的一般步骤。

(2) 掌握简单组态界面设计，图符、按钮的组态，完成立体仓库单元控制系统演示工程的制作。

(3) 掌握硬件设备的连接与调试运行，MCGS 的设备组态方法，实现 PLC 控制系统和 MCGS 组态工程的联机调试，完成立体仓库单元监控系统制作。

【工程要求】

本工程使用的是上海英集斯的模块化生产线的立体仓库单元，实物结构如图 4-5 所示。

立体仓库单元模块化生产线的最后一单元，用于接收前一单元送来的工件，按照预定的工件信息自动运送至相应指定的仓位口，并将工件推入立体仓库完成工件的存储功能。立体仓库单元主要由立体仓库、直线驱动模块、工件推料装置、电气控制板、CP 电磁阀岛及操作面板等组成。

直线驱动模块主要由步进电机、步进电机驱动器、电感式接近开关、行程开关等组成。电感式接近开关用于 X 轴和 Y 轴上对应滚珠丝杠螺母滑动块回到原点位置时的检测和标志。行程开关则安装在 X 轴和 Y 轴两行程终端位置，防止滚珠丝杠螺母滑动块产生运动过冲。

工件推料装置：主要由一个双作用直线气缸、推块和推块导槽组成。双作用直线气缸由一个二位五通单电控带手控的电磁换向阀控制。

1. PLC 控制要求

(1) 初始状态。系统上电后，即进入初始状态，操作面板上的复位指示灯闪烁指示。

(2) 复位操作。按下复位按钮，复位指示灯熄灭，运行指示灯闪烁。直线气缸的活塞杆复位，X 轴和 Y 轴滚珠丝杠螺母滑块回归原点位置。

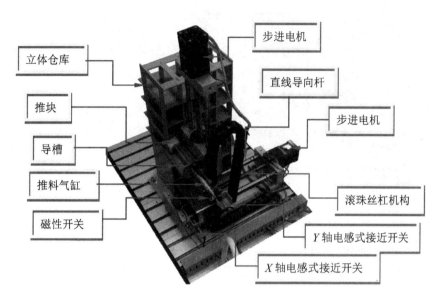

图 4-5 自动生产线立体仓库单元实物结构

(3) 启动操作。按下启动按钮，运行指示灯常亮指示。系统运行时的过程如下。

① X 轴和 Y 轴的步进电动机共同驱动滚珠丝杠滑动块运行。使工作平台运动到等待工件的位置(立体仓库从上到下的第 3 层首格外)。

② 因为是单站操作，可人工将工件放置到推块导槽内，根据工件类型自动选择存储仓位，延时 3s 后，工作平台运送工件到达存储仓位。

③ 直线气缸活塞杆伸出，将工件推入仓库，当检测活塞杆伸出到位的磁性开关有输出信号时，直线气缸活塞杆缩回。

④ 当检测活塞杆缩回到位的磁性开关有输出信号时，工作平台返回原点位置，等待下一个工件。

(4) 立体仓库单元有手动单周期和自动循环两种工作模式。无论哪种工作模式，立体仓库单元都必须处于初始复位状态方可允许启动。

提示： 程序设计前期，需根据不同时刻 X 轴、Y 轴运动距离，计算两台步进电机不同运行时刻所需脉冲数量。

2. MCGS 组态监控工程技术要求

(1) 可以通过上位机组态工程，实现自动生产线立体仓库单元控制系统运行的实时监控。

(2) 可通过上位机组态中的"启动"按钮，给立体仓库单元硬件控制系统启动命令；可通过上位机组态中的"复位"按钮，实现立体仓库控制系统复位操作。

3. 参考用户窗口

立体仓库监控系统用户窗口的运行效果参考图如图 4-6 所示。

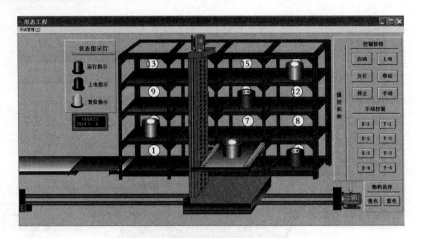

图 4-6　立体仓库监控系统运行效果参考图

4.5　自动化生产线分拣单元组态监控系统

【工程目标】

(1) 掌握 MCGS 组建工程的一般步骤。

(2) 掌握简单组态界面设计，图符、按钮、表格和曲线的组态，完成分拣单元控制系统演示工程的制作。

(3) 掌握硬件设备的连接与调试运行，MCGS 的设备窗口组态方法，实现 PLC 控制系统和 MCGS 组态工程的联机调试，完成分拣单元监控系统制作。

【工程要求】

本工程使用的亚龙 YL-335B 自动化生产线的分拣单元。实物如图 4-7 所示。

分拣单元是自动生产线中的最末单元，完成对上一单元送来的已加工、装配的工件进行分拣，使不同颜色的工件分流进入不同的料槽。当输送站送来的工件到传送带上，被入料口光电传感器检测到时，即启动变频器，将工件送入分拣区进行分拣。

分拣单元主要结构组成为传送和分拣机构、传送带驱动机构、变频器模块、电磁阀组、接线端口、PLC 模块、按钮/指示灯模块与底板等。

在分拣单元中，电机是传动机构的主要部分，电机转速的快慢由变频器控制，其作用是驱动传送带的运行。传送带用于输送物料到分拣区的各个物料槽，3 个物料槽分别用于存放加工好的金属工件、黑色工件和白色工件。

分拣单元使用了 3 个二位五通的带手控开关的单电控电磁阀，构成其装置的电磁阀组。这些电磁阀安装在汇流板上，分别对 3 个推料气缸的气路进行控制，以改变各气缸的动作状态。每个气缸的前极限位置各装有一个磁性开关，可用来检测推料气缸活塞杆的位置。当推料气缸将物料推出时，磁性开关动作输出信号为 1；反之，输出信号为 0。

在传送带入料口位置，装有一个漫射式光电传感器，用以检测是否有物料送过来。在传送带的上方分别装有两个光纤传感器，可以通过调节光纤传感器的灵敏度，判别黑白两种颜色物料。

综上所述，分拣单元具体输入/输出设备有：电机 1 个，旋转编码器 1 个，金属传感器 1 个，漫射式光电开关 1 个，控制推料气缸的单电控电磁阀 3 个，气缸极限位磁性开关 3 个，光纤传感器 2 个。

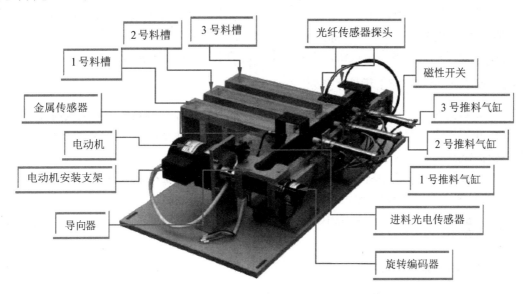

图 4-7　自动生产线分拣单元实物结构

自动生产线分拣单元控制的工艺过程及控制要求具体如下。

1. PLC 控制要求

本设计中，分拣单元作为独立设备使用时，需要有工件，工件可以通过人工方式放置。只要将工件放置到漫射式光电传感器前边的工件导向器处即可。

(1) 初始状态下。设备上电，电源接通后，分拣单元的 3 个单电控电磁阀线圈都处于失电状态，即 3 个推料气缸都在初始位置；3 个气缸极限位磁性开关均为 OFF 状态，漫射式光电开关为 OFF 状态，2 个识别颜色的光纤传感器为 OFF 状态，金属传感器为 OFF 状态。"正常工作"指示灯 HL1 常亮，表示设备准备好；否则，该指示灯以 1Hz 频率闪烁。

(2) 启动操作。按下启动按钮，系统启动，设备运行指示灯 HL2 常亮，设备的具体运行过程如下。

① 在传送带的导向器位置，人工放置好工件时，漫射式光电开关有信号输出，变频器启动，控制电动机驱动传送带运行，将物料送往分拣区。

② 若进入分拣区的工件为金属物料，则检测金属物料的金属传感器有输出信号，该信号作为 1 号推料气缸的启动信号，在金属物料到达 1 号料槽入口处时，1 号推料气缸活塞杆伸出，将物料推入料槽。

③ 若进入分拣区的工件为白色物料，则白色物料的光纤传感器有输出信号，该信号作为 2 号推料气缸的启动信号，在白色物料到达 2 号料槽入口处时，2 号推料气缸活塞杆伸出，将物料推入料槽。

④ 若进入分拣区的工件为黑色物料，则黑色物料的光纤传感器有输出信号，该信号作

为 3 号推料气缸的启动信号,在白色物料到达 3 号料槽入口处时,3 号推料气缸活塞杆伸出,将物料推入料槽。

⑤ 气缸推料的同时,电动机停止运行。气缸动作,气缸的极限位磁性开关有输出信号,延时 2s,控制气缸动作的电磁阀线圈失电,气缸活塞杆复位,电机重新启动。

⑥ 系统运行过程中,需要统计金属物料,白色物料和黑色物料的入库数量。

⑦ 系统出现故障时,设备不能正常运行,则故障指示灯 HL3 点亮。

(3) 停止操作。按下停止按钮,系统停止当前的工作,回到初始状态。

2. MCGS 组态监控工程技术要求

(1) 可以通过上位机组态工程,实现自动生产线分拣单元控制系统运行的实时监控。

(2) 可通过上位机组态运行环境中的启动按钮,控制硬件系统设备的启动;通过上位机组态运行环境中的停止按钮,控制硬件系统设备的复位。

(3) 金属物料、白色物料和黑色物料的统计数量,能在上位机组态运行环境中显示;且可以在上位机的组态运行环境中处理。

(4) 可在上位机组态运行环境中修改电机运行频率,并能通过实时曲线监控变频器运行时频率的变化趋势。

3. 参考用户窗口

自动生产线分拣单元监控系统的参考用户窗口如图 4-8 所示。

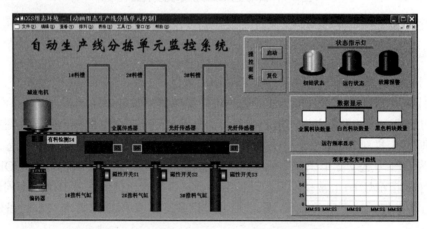

图 4-8　自动生产线分拣单元监控系统参考组态画面

第二部分

嵌入版 MCGS 组态

第 5 章　嵌入版 MCGS 组态软件认知

内容说明

　　本章介绍嵌入版组态软件与通用版组态软件的相似与不同之处，并以 4 层升降电梯组态监控工程为例，详尽描述嵌入版组态工程案例的设计与制作过程。通过此内容的学习，使读者熟悉嵌入版组态软件的功能及应用，熟练掌握嵌入版组态工程的制作技巧与方法。

教学知识点

　　通过对本章内容的学习，读者可以获取的教学新知识如下。

教学新知识	备　注	教学新知识	备　注
嵌入版软件与通用版软件的异同	重点	嵌入版组态软件工具箱及工具的功能	重点
嵌入版软件的安装与功能	重点	嵌入版组态用户窗口的建立，画面编辑，图符组态	重点
嵌入版组态软件的结构	重点	嵌入版组态运行策略的选择及应用(启动策略应用)	重点
嵌入版组态工程的下载	重点	设备窗口组态(添加设备、属性设置、通道连接)	重点
嵌入版组态工程设备构件属性设置	重点	嵌入版组态工程与 PLC 硬件设备联机统调	重点
嵌入版组态工程的建立与存盘		TPC7062K 触摸屏	重点

教学方法

　　一体化教学方法。教师为主导：提出任务，分解知识点；学生为主体：制订计划，自主学习，完成任务，学生体验"做中学，学中做"的乐趣。

　　MCGS 嵌入版是在 MCGS 通用版的基础上开发的，专门应用于嵌入式计算机监控系统的组态软件，MCGS 嵌入版包括组态环境和运行环境两部分，它的组态环境能够在基于 Microsoft 的各种 32 位 Windows 平台上运行，运行环境则是在实时多任务嵌入式操作系统 Windows CE 中运行。适用于应用系统对功能、可靠性、成本、体积、功耗等综合性能有严格要求的专用计算机系统。通过对现场数据的采集处理，以动画显示、报警处理、流程控制和报表输出等多种方式向用户提供解决实际工程问题的方案，在自动化领域有着广泛的应用。此外，MCGS 嵌入版还带有一个模拟运行环境，用于对组态后的工程进行模拟测试，方便用户对组态过程的调试。

5.1 嵌入版与通用版的异同

1. 嵌入版与通用版相同之处

嵌入版和通用版组态软件有很多相同之处。

(1) 相同的操作理念。组态环境都是简单直观的可视化操作界面，无须具备计算机编程的知识，就可以在短时间内开发出一个具备专业水准的计算机应用系统。

(2) 相同的组态平台。都是运行于 Windows 95/98/Me/NT/2000 等及以上操作系统下。

(3) 相同的硬件操作方式。都是通过挂接设备驱动来实现和硬件的数据交互，这样用户不必了解硬件的工作原理和内部结构，通过设备驱动的选择就可以轻松地实现计算机和硬件设备的数据交互。

2. 嵌入版与通用版的不同之处

虽然嵌入版和通用版有很多相同之处，但嵌入版和通用版是适用于不同控制要求的，所以二者之间又有明显的不同。

(1) 与通用版相比，性能不同。

① 功能作用不同。虽然嵌入版中也集成了人机交互界面，但嵌入版是专门针对实时控制而设计的，应用于实时性要求高的控制系统中，而通用版组态软件主要应用于实时性要求不高的监测系统中，它的主要作用是用来做监测和数据后台处理，如动画显示、报表等，当然对于完整的控制系统来说二者都是不可或缺的。

② 运行环境不同。嵌入版运行于嵌入式系统；通用版运行于 Microsoft Windows 95/98/Me/NT/2000 等以及以上版本的操作系统。

③ 体系结构不同。嵌入版的组态和通用版的组态都是在通用计算机环境下进行的，但嵌入版的组态环境和运行环境是分开的，在组态环境下组态好的工程要下载到嵌入式系统中运行，而通用版的组态环境和运行环境是在一个系统中。

(2) 与通用版相比，嵌入版新增了部分功能。

① 模拟环境的使用。嵌入式版本的模拟环境 CEEMU.exe 的使用，解决了用户组态时必须将 PC 机与嵌入式系统相连的问题，用户在模拟环境中就可以查看组态的界面美观性、功能的实现情况以及性能的合理性。

② 嵌入式系统函数。通过函数的调用，可以对嵌入式系统进行内存读写、串口参数设置、磁盘信息读取等操作。

③ 工程下载配置。可以使用 USB 通信或 TCP/IP 进行与下位机的通信，同时可以监控工程下载情况。

(3) 与通用版相比，嵌入版也有不能使用的功能。

① 动画构件中的文件播放、存盘数据处理、多行文本、格式文本、设置时间、条件曲线、相对曲线和通用棒图。

② 策略构件中的音响输出、Excel 报表输出、报警信息浏览、存盘数据复制、存盘数据浏览、修改数据库、存盘数据提取、设置时间范围构件。

③ 脚本函数中不能使用的有：运行环境操作函数中!SetActiveX、!CallBackSvr；数据对象操作函数中!GetEventDT、!GetEventT、!GetEventP、!DelSaveDat；系统操作中!EnableDDEConnect、!EnableDDEInput、!EnableDDEOutput、!DDEReconnect、!ShowDataBackup、!Navigate、!Shell、!TerminateApplication、!AppActive、!Winhelp；ODBC数据库函数、配方操作。

④ 数据后处理，包括 Access、ODBC 数据库访问功能。

⑤ 远程监控。

5.2 MCGS 嵌入版的安装

MCGSE 6.8 嵌入版软件的具体安装步骤如下。

(1) 启动 Windows，在相应的驱动器中插入光盘。

(2) 插入光盘后会自动弹出 MCGS 组态软件安装界面。

(3) 在安装程序窗口中选择"安装 MCGS 组态软件嵌入版"，弹出选择安装程序窗口。安装嵌入版分为两部分，即安装 MCGS 主程序和安装 MCGS 驱动。默认设置为全部选中，也可以选择只安装 MCGS 主程序，以后再安装 MCGS 驱动程序。单击"继续"按钮，启动安装程序，开始安装 MCGS 嵌入版主程序。

(4) 按提示步骤操作，随后，安装程序将提示指定安装目录，用户不指定时，系统默认安装到 D:\MCGSE 目录下，建议使用默认目录。

(5) MCGS 嵌入版主程序安装完成后，开始安装 MCGS 嵌入版驱动，安装程序将把驱动安装至 MCGS 嵌入版安装目录\Program\Drivers 目录下。

(6) 单击"下一步"按钮，选择要安装的驱动，默认选项为一些常用的设备驱动，包括通用设备、西门子 PLC、欧姆龙 PLC、三菱 PLC 设备和研华模块的驱动。

(7) 安装过程完成后，系统将弹出对话框提示安装完成，选择立即重新启动计算机或稍后重新启动计算机，建议重新启动计算机后再运行组态软件，结束安装。

图 5-1 嵌入版安装后图标

安装完成后，Windows 操作系统的桌面上添加了如图 5-1 所示的两个快捷方式图标，分别用于启动 MCGS 嵌入式组态环境和模拟运行环境。

5.3 MCGS 嵌入版组态软件的主要功能

1. 简单、灵活的可视化操作界面

MCGS 嵌入版采用全中文、可视化、面向窗口的开发界面。以窗口为单位，构造用户运行系统的图形界面，使得 MCGS 嵌入版的组态工作既简单直观，又灵活多变。

2. 实时性强、有良好的并行处理性能

MCGS 嵌入版是真正的 32 位系统，充分利用了多任务、按优先级分时操作的功能，以

线程为单位对在工程作业中实时性强的关键任务和实时性不强的非关键任务进行分时并行处理，使嵌入式 PC 机广泛应用于工程测控领域成为可能。例如，MCGS 嵌入版在处理数据采集、设备驱动和异常处理等关键任务时，可在主机运行周期时间内插空进行像打印数据一类的非关键性工作，实现并行处理。

3. 丰富、生动的多媒体画面

MCGS 嵌入版以图像、图符、报表、曲线等多种形式，为操作员及时提供系统运行中的状态、品质及异常报警等相关信息；用大小变化、颜色改变、明暗闪烁、移动翻转等多种手段，增强画面的动态显示效果；对图元、图符对象定义相应的状态属性，实现动画效果。MCGS 嵌入版还为用户提供了丰富的动画构件，每个动画构件都对应一个特定的动画功能。

4. 完善的安全机制

MCGS 嵌入版提供了良好的安全机制，可以为多个不同级别用户设定不同的操作权限。此外，MCGS 嵌入版还提供了工程密码功能，以保护组态开发者的成果。

5. 强大的网络功能

MCGS 嵌入版具有强大的网络通信功能，支持串口通信、Modem 串口通信、以太网 TCP/IP 通信，不仅可以方便、快捷地实现远程数据传输，还可以与网络版相结合通过 Web 浏览功能，在整个企业范围内浏览监测到所有生产信息，实现设备管理和企业管理的集成。

6. 多样化的报警功能

MCGS 嵌入版提供多种不同的报警方式，具有丰富的报警类型，方便用户进行报警设置，并且系统能够实时显示报警信息，对报警数据进行应答，为工业现场安全可靠地生产运行提供有力的保障。

7. 实时数据库为用户分步组态提供极大方便

MCGS 嵌入版由主控窗口、设备窗口、用户窗口、实时数据库和运行策略 5 个部分构成，其中实时数据库是一个数据处理中心，是系统各个部分及其各种功能性构件的公用数据区，是整个系统的核心。各个部件独立地向实时数据库输入和输出数据，并完成自己的差错控制。在生成用户应用系统时，每一部分均可分别进行组态配置，独立建造，互不相干。

8. 支持多种硬件设备，实现"设备无关"

MCGS 嵌入版针对外部设备的特征，设立设备工具箱，定义多种设备构件，建立系统与外部设备的连接关系，赋予相关的属性，实现对外部设备的驱动和控制。用户在设备工具箱中可方便选择各种设备构件。不同的设备对应不同的构件，所有的设备构件均通过实时数据库建立联系，而建立时又是相互独立的，即对某一构件的操作或改动，不影响其他构件和整个系统的结构，因此 MCGS 嵌入版是一个"设备无关"的系统，用户不必担心因外部设备的局部改动而影响整个系统。

9. 方便控制复杂的运行流程

MCGS 嵌入版开辟了"运行策略"窗口，用户可以选用系统提供的各种条件和功能的策略构件，用图形化的方法和简单的类 Basic 语言构造多分支的应用程序，按照设定的条件和顺序，操作外部设备，控制窗口的打开或关闭，与实时数据库进行数据交换，实现自由、精确地控制运行流程，同时也可以由用户创建新的策略构件，扩展系统的功能。

10. 良好的可维护性

MCGS 嵌入版系统由五大功能模块组成，主要的功能模块以构件的形式来构造，不同的构件有着不同的功能，且各自独立。3 种基本类型的构件(设备构件、动画构件、策略构件)完成了 MCGS 嵌入版系统的三大部分(设备驱动、动画显示和流程控制)的所有工作。

11. 用自建文件系统来管理数据存储，系统可靠性更高

由于 MCGS 嵌入版不再使用 Access 数据库来存储数据，而是使用了自建的文件系统来管理数据存储，所以与 MCGS 通用版相比，MCGS 嵌入版的可靠性更高，在异常掉电的情况下也不会丢失数据。

总之，MCGS 嵌入版组态软件具有强大的功能，并且操作简单，易学易用。同时使用 MCGS 嵌入版组态软件能够避开复杂的嵌入版计算机软、硬件问题，而将精力集中于解决工程问题本身，根据工程作业的需要和特点，组态配置出高性能、高可靠性和高度专业化的工业控制监控系统。

5.4　MCGS 嵌入版系统的构成

1. 嵌入版 MCGS 组态软件的结构体系

MCGS 嵌入式体系结构分为组态环境、模拟运行环境和运行环境 3 部分。

组态环境和模拟运行环境相当于一套完整的工具软件，可以在 PC 机上运行。用户可根据实际需要裁减其中内容。它帮助用户设计和构造自己的组态工程并进行功能测试。

运行环境则是一个独立的运行系统，它按照组态工程中用户指定的方式进行各种处理，完成用户组态设计的目标和功能。运行环境本身没有任何意义，必须与组态工程一起作为一个整体，才能构成用户应用系统。一旦组态工作完成，并且将组态好的工程通过 USB 通信或以太网下载到下位机的运行环境中，组态工程就可以离开组态环境而独立运行在下位机上。从而实现了控制系统的可靠性、实时性、确定性和安全性。

2. 嵌入版 MCGS 组态环境的组成

由 MCGS 嵌入版生成的用户应用系统，其结构由主控窗口、设备窗口、用户窗口、实时数据库和运行策略 5 个部分构成，其功能类似于 MCGS 通用版的用户应用系统，这里不再复述。

5.5 MCGS 嵌入版工程下载及工程上传

1. 概述

用户现场调试和修改工程后，经常要给已经运行了一段时间后的 TPC 重新下载工程。之前版本在每次下载的时候会自动删除屏上工程产生的所有数据，为了让用户根据需求有所选择，对下载配置选项进行了优化，用户可以自主选择需保留的数据。现场调试时从屏里直接上传工程，然后使用，可以避免用户版本管理混乱造成的错误。

2. 下载功能

在组态环境下选择"工具"菜单中的"下载配置"命令，将弹出"下载配置"对话框，如图 5-2 所示。

1) 设置域

(1) 背景方案：用于设置模拟运行环境屏幕的分辨率。用户可根据需要选择。包含 8 个选项。

(2) 连接方式：用于设置上位机与下位机的连接方式，包括两个选项。

① TCP/IP 网络。通过 TCP/IP 网络连接。选择此项时，下方显示目标机名输入框，用于指定下位机的 IP 地址。

② USB 通信：通过 USB 连接线连接 PC 和 TPC。USB 通信方式仅适用于具有 USB 从口的 TPC，否则只能使用 TCP/IP 通信方式。

2) 功能按钮

(1) 通信测试：用于测试通信情况。

(2) 工程下载：用于将工程下载到模拟运行环境，或下位机的运行环境中。

(3) 启动运行：启动嵌入式系统中的工程运行。

(4) 停止运行：停止嵌入式系统中的工程运行。

(5) 模拟运行：工程在模拟运行环境下运行。

(6) 联机运行：工程在实际的下位机中运行。

(7) 驱动日志：用于搜集驱动工作中的各种信息。

3) 下载选项

(1) 清除配方数据。重新下载时是否清除屏中原来工程的配方数据(包括计划曲线的配方数据)。

(2) 清除历史记录。重新下载时是否清除屏中原工程中保存的存盘数据。

(3) 清除报警记录。重新下载时是否清除屏中以前运行时的报警记录。

(4) 支持工程上传。下载后是否可以上传现在正在下载的原工程至 PC 机。下载默认设置为选中第一项和第三项，且只有在下载时选中"支持工程上传"的工程才可从屏上传至 PC 机。

3. 上传功能

在组态环境下，选择"文件"菜单中的"上传工程"命令，弹出"上传工程"对话框，如图 5-3 所示。在该对话框中进行正确的设置，即可上传工程到 PC 机。图中各选项设置含义如下。

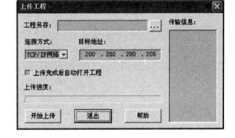

图 5-2　"下载配置"对话框　　　　　　图 5-3　"上传工程"对话框

(1) 工程另存：设置工程上传到 PC 机的路径及文件名。

(2) 连接方式：USB 通信或者 TCP/IP 方式，可根据屏的通信方式来选择。

(3) 目标地址：设置连接方式为 TCP/IP 时需要设置此项，此项为屏的 IP 地址。

设置好以上项目后单击"开始上传"按钮，当进度条满时，上传完成，如果上传时选中了"上传完成后自动打开工程"复选框，工程上传完成后会自动打开。

5.6　MCGS 嵌入版的运行

MCGS 嵌入版组态软件包括组态环境、运行环境、模拟运行环境三部分。其中，组态环境和模拟运行环境运行在上位机中；运行环境安装在下位机中。组态环境是用户组态工程的平台。模拟运行环境可以在 PC 上模拟工程的运行情况，用户可以不必连接下位机，对工程进行检查。运行环境是下位机真正的运行环境。

当组态好一个工程后，可以在上位机的模拟运行环境中试运行，以检查是否符合组态要求。也可以将工程下载到下位机中，在实际环境中运行。下载新工程到下位机时，如果新工程与旧工程不同，将不会删除磁盘中的存盘数据；如果是相同的工程，但同名组对象结构不同，则会删除该组对象的存盘数据。

5.7　设备构件的属性设置

1. 概述

在设备窗口内配置了设备构件之后，接着应根据外部设备的类型和性能，设置设备构件的属性。不同的硬件设备，属性内容大不相同，但对大多数硬件设备而言，其对应的设备构件应包括以下各项组态操作：设置设备构件的基本属性；建立设备通道和实时数据库之间的连接；设备数据通道处理内容的设置；硬件设备的调试。

MCGS 嵌入版设备中一般都包含有一个或多个用来读取或者输出数据的物理通道，MCGS 嵌入版把这样的物理通道称为设备通道。设备通道只是数据交换用的通路，而数据输入到哪儿和从哪儿读取数据以供输出，则必须由用户指定和配置。实时数据库是 MCGS 嵌入版的核心，各部分之间的数据交换均须通过实时数据库。因此，所有的设备通道都必须与实时数据库连接。通道连接是由用户指定设备通道与数据对象之间的对应关系，这是设备组态的一项重要工作。如不进行通道连接组态，则 MCGS 嵌入版无法对设备进行操作。

2. 设备构件的属性设置

在设备组态窗口内，选择设备构件，单击工具条中的"属性"按钮或者执行"编辑"菜单中的"属性"命令，或者使用鼠标双击该设备构件，即可打开选中构件的属性设置窗口。

设备编辑窗口由设备的驱动信息、基本信息、通道信息及功能按钮 4 个部分组成。

1) 驱动信息

在这个信息栏中包括驱动的版本信息、模板信息、驱动文件路径、驱动预留信息，通道处理复制信息。

2) 基本信息

要使 MCGS 嵌入版能正确操作 PLC 设备，必须按以下的步骤来使用和设置本构件的属性。

(1) 内部属性。用来组态要具体操作哪些寄存器。

(2) 设备名称。可根据需要来对设备进行重新命名，但不能和设备窗口中已有的其他设备构件同名。

(3) 最小采集周期。在 MCGS 嵌入版中，系统对设备构件的读写操作是按一定的时间周期来进行的，"最小采集周期"是指系统操作设备构件的最快时间周期。

(4) 初始工作状态。用于设置设备的起始工作状态，设置为启动时，在进入 MCGS 嵌入版运行环境时，MCGS 嵌入版即自动开始对设备进行操作，设置为停止时，MCGS 嵌入版不对设备进行操作，但可以用 MCGS 嵌入版的设备操作函数和策略在 MCGS 嵌入版运行环境中启动或停止设备。

(5) PLC 地址。如直接的 RS232 方式则为 0，用适配器时地址是自己设置。

(6) 通信等待时间。通信数据接收等待时间，默认设置为 300ms，不能设置太小，否则会导致通信连接不上。

(7) 快速采集次数。对选择了快速采集的通道进行快采的频率(建议不使用)。

3) 通道信息

通道信息内容是设备窗口中间的表格部分，内容包括索引、连接变量、通道名称、通道处理、调试数据、采集周期及信息注释。

4) 功能按钮

(1) 增加设备通道。实现功能和内部属性中增加通道功能一样。增加通道立即反映到通道信息表格中和内部属性的通道信息栏中。

(2) 删除设备通道。删除选中通道信息表格中选中的一个或多个通道。

(3) 删除全部通道。删除选中通道信息表格中所有的通道内容，通信状态除外。

(4) 快速连接变量。为通道信息表格的通道连接变量提供一种方便、快捷的连接方式，可实现多通道连接。有两种连接方式：自定义变量连接和默认设备变量连接。如果所定义的变量没有在实时数据库中定义，则在单击设备组态窗口下面的"确认"按钮时会给出提示，自动把所有变量添加到实时数据库中。

(5) 删除连接变量。选中通道信息表格中一行或多行(不管有没有连接变量都可以)，单击该功能按钮即可删除选中通道连接的变量。

(6) 删除全部连接。删除通道信息表格中的所能通道连接的变量。

(7) 通道处理删除。删除选中通道中的通道处理方法。

(8) 通道处理复制。只对选中的通道中索引号最小的通道处理进行复制，且只复制其通道处理方法，内容注释不复制。

(9) 通道处理粘贴。把复制的通道处理方法粘贴到选中的一个通道中，通道处理注释默认为"#通道处理：处理方法的序号"。

(10) 通道处理全删。删除通道信息栏中所有通道的通道处理。

(11) 启用设备调试。使用设备调试窗口可以在设备组态的过程中，很方便地对设备进行调试，以检查设备组态设置是否正确、硬件是否处于正常工作状态，同时，可以直接对设备进行控制和操作，方便了设计人员对整个系统的检查和调试。当启用设备调试后，所有的功能都变为不可用，直到停止设备调试。

(12) 停止设备调试。只有当启用了设备调试后该功能才可用。

(13) 设备信息导入。使用该功能可以从外界导入编辑好或保存好的通道信息内容，方便使用者的组态。导入内容包括变量名、变量类型、通道名称、读写类型、寄存器名称、数据类型、寄存器地址。

(14) 打开设备帮助。打开对应设备的帮助内容。

(15) 设备组态检查。进行工程正确性检查。

(16) 确认。保存在设备组态窗口中进行的操作，并进行正确性检查。

(17) 取消。不保存设备组态窗口中进行的所有操作。

5.8　四层升降电梯组态监控系统

【工程目标】

(1) 熟悉嵌入版 MCGS 软件组建工程的一般步骤。

(2) 掌握四层升降电梯组态界面设计，图符制作，图符和按钮的组态。

(3) 掌握硬件设备的连接与调试运行，MCGS 的设备组态方法，实现 PLC 控制系统和 MCGS 组态工程的联机调试，完成四层电梯监控系统设计。

【工程要求】

用 PLC 实现四层升降电梯系统的运行控制，使用上位机 MCGS 组态软件实现电梯系统的监控。

1. PLC 系统控制要求

(1) 轿厢停于一层或二层，或者三层时，按 SB4 按钮呼梯，轿厢上升至 SQ4 停。

(2) 轿厢停于四层或三层，或者二层时，按 SB1 按钮呼梯，轿厢下降至 SQ1 停。

(3) 轿厢停于一层，若按 SB2 按钮呼梯，轿厢上升至 SQ2 停，若按 SB3 按钮呼梯，轿厢上升至 SQ3 停。

(4) 轿厢停于四层，若按 SB3 按钮呼梯，轿厢下降至 SQ3 停，若按 SB2 按钮呼梯，轿厢下降至 SQ2 停。

(5) 轿厢停于一层，而 SB2、SB3、SB4 按钮均有人呼梯，轿厢上升至 SQ2 暂停后，继续上升至 SQ3，再暂停后，继续上升至 SQ4 停止。

(6) 轿厢停于四层，而 SB1、SB2、SB3 按钮均有人呼梯，轿厢下降至 SQ3 暂停后，继续下降至 SQ2，再暂停后，继续下降至 SQ1 停止。

(7) 轿厢在楼梯间运行时间超过 12s，电梯停止运行。

(8) 轿厢上升(或下降)途中，任何反方向下降(或上升)的按钮呼梯均无效。

在一楼、二楼、三楼、四楼分别安装指示灯 HL1、HL2、HL3、HL4，呼叫按钮 SB1、SB2、SB3、SB4，限位开关 SQ1、SQ2、SQ3、SQ4。

2. MCGS 监控工程技术要求

(1) 可通过上位机组态工程中的按钮模拟一层到四层的内呼信号和外呼信号。

(2) 可以在上位机组态工程中监控电梯系统各设备的状态及运行情况。

(3) 上位机组态画面中，具有各楼层呼叫指示灯显示功能。

【工程制作】

使用 MCGS 嵌入版完成一个实际的应用系统，首先必须在 MCGS 嵌入版的组态环境下进行系统的组态生成工作，然后将系统放在 MCGS 嵌入版的运行环境下运行。本章逐步介绍在 MCGS 嵌入版组态环境下构造一个用户应用系统的过程，以便对 MCGS 嵌入版系统的组态过程有一个全面的了解和认识。

5.8.1 工程系统分析

系统楼层呼叫时可以由外部按钮呼叫，也可以由组态工程画面中的内选信号或外呼按钮呼叫；各楼层呼叫后，由 PLC 程序处理呼叫信息，控制相应楼层显示灯点亮，控制轿厢运行到相应楼层；轿厢到位后的限位开关指示、呼叫信号呼叫后楼层指示灯点亮、电机运行状态显示及轿厢的上升和下降动作等功能，由上位机 MCGS 组态工程完成。

1. 系统的硬件组成

(1) 系统的硬件设备：三相交流异步电动机、外呼按钮、内呼按钮、楼层到位开关、楼层显示指示灯、电机状态指示灯。

(2) 控制单元：西门子 S7-200PLC，CPU224 系列。

(3) 监控单元：计算机及 TPC7062K 触摸屏。

2. 初步确定组态监控工程的框架

(1) 需要两个用户窗口，一个设备窗口，实时数据库。

(2) 需要 2 个策略，启动策略，循环策略。

(3) 循环策略中使用 4 个定时器，1 个脚本程序。

3．工程设计思路

工程制作→MCGS 工程设备组态→工程改进→PLC 程序编制→PLC 程序调试→PLC 程序运行→MCGS 系统工程运行→联机运行→监控工程完成

4．监控系统工作方式

本系统由 PLC 完成控制任务，控制信号由组态画面进行选择，也可以由外部开关控制。

5.8.2　新建工程

打开 MCGS 嵌入版组态环境，选择"文件"菜单中的"新建工程"命令，在弹出的"新建工程设置"对话框中，选择"TPC 类型"为"TPC7062K"，单击"确定"按钮，系统自动创建一个新工程。

选择"文件"菜单中的"工程另存为"命令，选择更改工程文件名为"四层升降电梯监控系统"进行保存，保存路径为"F:\四层升降电梯监控系统"。在保存新工程时，可以随意更换工程文件的名称。但需注意，每个工程文件名后会加上后缀".MCE"。

5.8.3　定义数据对象

实时数据库是 MCGS 嵌入版系统的核心，也是应用系统的数据处理中心，系统各部分均以实时数据库为数据公用区，进行数据交换、数据处理和实现数据的可视化处理。

打开工作台中的"实时数据库"选项卡，单击"新增对象"按钮，建立如表 5-1 所示的数据对象。

表 5-1　系统数据对象

序 号	对象名称	初 值	类 型	注 释
1	一层开门	10	数值型	一层层门值(3-10)：3 为开到位状态，10 为关闭状态
2	二层开门	10	数值型	二层层门值(3-10)：3 为开到位状态，10 为关闭状态
3	三层开门	10	数值型	三层层门值(3-10)：3 为开到位状态，10 为关闭状态
4	四层开门	10	数值型	四层层门值(3-10)：3 为开到位状态，10 为关闭状态
5	一层内呼	0	开关型	轿厢内部一层呼叫按钮：1 有效
6	二层内呼	0	开关型	轿厢内部二层呼叫按钮：1 有效
7	三层内呼	0	开关型	轿厢内部三层呼叫按钮：1 有效
8	四层内呼	0	开关型	轿厢内部四层呼叫按钮：1 有效
9	一层外呼	0	开关型	轿厢外部一层呼叫按钮：1 有效
10	二层外呼	0	开关型	轿厢外部二层呼叫按钮：1 有效

序 号	对象名称	初 值	类 型	注 释
11	三层外呼	0	开关型	轿厢外部三层呼叫按钮：1 有效
12	四层外呼	0	开关型	轿厢外部四层呼叫按钮：1 有效
13	一楼关门到位	0	开关型	一楼关门到位限位开关，中间变量
14	二楼关门到位	0	开关型	二楼关门到位限位开关，中间变量
15	三楼关门到位	0	开关型	三楼关门到位限位开关，中间变量
16	四楼关门到位	0	开关型	四楼关门到位限位开关，中间变量
17	一楼计时到	0	开关型	一楼开门到位延时定时器 1 的计时状态
18	二楼计时到	0	开关型	二楼开门到位延时定时器 2 的计时状态
19	三楼计时到	0	开关型	三楼开门到位延时定时器 3 的计时状态
20	四楼计时到	0	开关型	四楼开门到位延时定时器 4 的计时状态
21	一楼开门标志	0	开关型	一楼开门标志，中间变量
22	二楼开门标志	0	开关型	二楼开门标志，中间变量
23	三楼开门标志	0	开关型	三楼开门标志，中间变量
24	四楼开门标志	0	开关型	四楼开门标志，中间变量
25	一楼开门到位	0	开关型	一楼开门到位限位开关，中间变量
26	二楼开门到位	0	开关型	二楼开门到位限位开关，中间变量
27	三楼开门到位	0	开关型	三楼开门到位限位开关，中间变量
28	四楼开门到位	0	开关型	四楼开门到位限位开关，中间变量
29	一楼平层	0	开关型	一楼平层信号，中间变量
30	二楼平层	0	开关型	二楼平层信号，中间变量
31	三楼平层	0	开关型	三楼平层信号，中间变量
32	四楼平层	0	开关型	四楼平层信号，中间变量
33	一楼指示灯	0	开关型	一楼有呼叫时对应指示灯：1 为绿色点亮，0 为红色熄灭来自 PLC 信号
34	二楼指示灯	0	开关型	二楼有呼叫时对应指示灯：1 为绿色点亮，0 为红色熄灭来自 PLC 信号
35	三楼指示灯	0	开关型	三楼有呼叫时对应指示灯：1 为绿色点亮，0 为红色熄灭来自 PLC 信号
36	四楼指示灯	0	开关型	四楼有呼叫时对应指示灯：1 为绿色点亮，0 为红色熄灭来自 PLC 信号
37	平层	0	开关型	中间变量
38	上升	0	开关型	电梯轿厢上升标志，来自 PLC 信号
39	上升 1	0	开关型	中间变量

续表

序 号	对象名称	初 值	类 型	注 释
40	下降	0	开关型	电梯轿厢下降标志，来自 PLC 信号
41	下降 1	0	开关型	中间变量
42	运行	0	数值型	模拟电梯轿厢上升的变量(-315-0)：0 为一楼，-105 为二楼，-210 为三楼，-315 为四楼

5.8.4　制作组态工程画面

四层升降电梯工程组态好后，主画面最终运行效果如图 5-4 所示。内选信号和外呼按钮均可以呼叫电梯。呼叫电梯后，相应楼层指示灯会点亮；黄色方块代表轿厢，模拟轿厢上升和下降动作；绿色部分是每层层门，电梯到达相应楼层后，相应限位开关会动作，同时层门会自动打开，3s 后自动关闭；电机正反转的状态由两个指示灯来模拟。

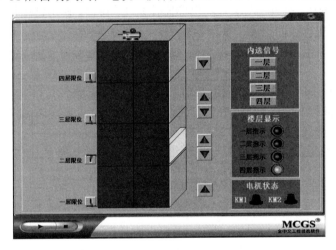

图 5-4　主画面运行效果

1. 封面制作

在 MCGS 嵌入版组态软件的工作台上，单击"用户窗口"标签，打开"用户窗口"选项卡，再单击"新建窗口"按钮，生成"窗口 0"。选中"窗口 0"图标，单击"窗口属性"按钮，打开"用户窗口属性设置"对话框，将窗口名称更改为"封面"，并设置背景颜色为"棕色"。单击"确认"按钮退出。

(1) 在封面窗口的动画组态窗口中，使用工具箱中的"标签"按钮，制作文字标签，制作一个内容为"四层升降电梯监控系统"的文字标签，然后在其"动画组态属性设置"对话框中设置字体、字号及字体颜色等。

(2) 使用工具箱中的标准按钮工具，制作"进入系统"按钮，并调整其到合适位置。

(3) 使用工具箱中的位图按钮，在画面中绘制一定大小图符，选中图符并右击，从弹出的快捷菜单中选择"装载位图"，从计算机中选择相应的位图插入，并调整其大小及位置。最终封面效果如图 5-5 所示。

图 5-5 系统封面

2. 主画面制作

新建用户窗口，并将窗口名称命名为"四层升降电梯监控系统"。窗口位置选中"最大化显示"。

(1) 电梯框架制作。打开"四层升降电梯监控系统"窗口，使用常用符号工具箱中的"凹平面"工具，绘制电梯正面框架；使用绘图工具箱中的"直线"工具，绘制电梯侧面轮廓。

(2) 层门制作。电梯的层门是由绘图工具箱中的"矩形"工具绘制成的。具体步骤如下。

① 单击工具箱中的"矩形"按钮，绘制一定大小的矩形。

② 双击矩形图符，打开"动画组态属性设置"对话框。设置静态属性的填充颜色为"绿色"，并选中"大小变化"复选框，单击"确认"按钮退出。

③ 复制画好的矩形，将两个矩形进行组合，作为电梯一楼的层门，制作好的层门如图 5-6 所示。

④ 用同样的方法制作电梯其他楼层的层门，将做好的层门移动至电梯正面框架上，并调整位置。

(3) 轿厢制作。使用常用符号工具箱中的"立方体"工具，绘制一定大小的长方体。并对长方体的属性进行设置。设置静态属性的填充颜色为"黄色"，并选中"垂直移动"复选框。制作好的轿厢如图 5-7 所示。

(4) 平层开关制作。从对象元件库中选择"开关 17"到窗口，并调整其位置，作为一层平层开关，如图 5-8 所示。使用工具箱中的标签按钮，制作一个内容为"一层限位"的文字标签。并在其"动画组态属性设置"对话框中，设置静态属性中的填充颜色为"没有填充"；边线颜色为"没有边线"，字符颜色为"蓝色"。

同理，制作其他楼层的平层开关，并放于合适位置。

(5) 外呼按钮制作。从对象元件库中，选取两个"按钮 49"，作为二楼及三楼的外呼按钮。再次选取"按钮 49"到窗口中，然后使用"排列"子菜单中的"分解单元"命令，分解图符，将分解后的图符分别作为一楼及四楼的外呼按钮，如图 5-9 所示。

图 5-6 电梯层门

图 5-7 电梯轿厢

图 5-8 限位开关

图 5-9 各楼层外呼按钮

(6) 内选信号制作。

① 使用工具箱的"标准按钮"工具，添加 4 个按钮。双击其中一个按钮，打开"标准按钮构件属性设置"对话框中的"基本属性"设置选项卡。字体颜色、字形、字号读者可自行设置，其他属性设置如图 5-10 所示。同理，设置其余 3 个按钮。注意：文本框分别输入"二层"、"三层"及"四层"。

② 单击工具箱常用符号中的"凹槽平面"按钮，绘制一个凹槽平面，使用"排列"子菜单中的"最后面"命令，设置其排列在最下层。再将内呼按钮放置在凹槽平面之上。然后制作标签"内选信号"，如图 5-11 所示。

图 5-10　标准开关属性设置　　　　图 5-11　四层升降电梯监控系统

(7) 楼层显示及电机状态指示灯制作。

① 从对象元件库中选取 4 个"指示灯 3"，作为四层电梯系统中一层指示灯、二层指示灯、三层指示灯及四层指示灯；从"对象元件库管理"中选取两个"指示灯 1"作为电机状态指示灯。

② 制作标签"楼层显示"、"一层指示"、"二层指示"、"三层指示"、"四层指示"及"电机状态"等。

③ 制作两个"凹槽平面"，设置凹槽平面叠放到最下层，将 4 个楼层指示灯及相应标签放在其中一个凹槽平面上。同理，将两个状态指示灯及相应标签放置在另一个凹槽平面上，如图 5-11 所示。

完整的四层电梯升降系统如图 5-11 所示。

5.8.5　动画连接

1. 层门动画连接

打开"四层升降电梯监控系统"窗口，双击一层层门图符，打开"动画连接"选项卡，如图 5-12 所示。单击右侧"＞"按钮，打开"大小变化"选项卡，其具体设置如图 5-13 所示。

设置完毕，返回"动画连接"选项卡，单击第二行的"矩形"，再单击其右侧的"＞"按钮，打开"动画组态属性设置"对话框的"大小变化"选项卡，各项设置可参考图 5-13

所示。注意："变化方向"选择"向右"。

使用同样的方法分别设置其他楼层层门的"大小变化"属性，但注意，表达式分别为"二层开门"、"三层开门"及"四层开门"。

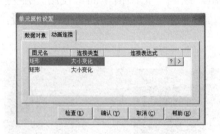

图 5-12　层门单元属性设置

图 5-13　左侧层门大小变化属性设置

2. 轿厢动画连接

双击电梯轿厢，打开"动画组态属性设置"对话框的"垂直移动"选项卡，"表达式"文本框选择数据对象"运行"。垂直移动连接中，设置"当表达式的值为""0"时，最小移动偏移量为"0"；"表达式"的值为"100"时，"最大移动偏移量"为"100"。

3. 限位开关动画连接

(1) 双击一层限位开关图符，打开"单元属性设置"对话框，分别选中"按钮输入"及"可见度"，右侧分别出现"？"按钮，单击该按钮，在数据库中分别选择"一楼平层"。

(2) 单击"动画连接"标签，打开"动画连接"选项卡，如图 5-14 所示。

(3) 单击第一行"组合图符"，再单击右侧出现的"＞"按钮，打开"动画组态属性设置"对话框中的"按钮动作"选项卡。选择"数据对象值操作"，操作方式"取反"，单击第二个下拉列表框右侧的"？"按钮，在数据库中选择数据对象"一楼平层"。单击"确认"按钮，返回到"动画连接"选项卡中。

(4) 单击第二行"组合图符"右侧出现的"＞"按钮，打开"动画组态属性设置"对话框中的"可见度"选项卡。表达式关联数据对象为"一楼平层"；"当表达式非零时"选中"对应图符可见"单选按钮。单击"确认"按钮，返回到"动画连接"选项卡中。

(5) 单击第三行"组合图符"右侧出现的"＞"按钮，打开"动画组态属性设置"对话框中的"按钮动作"选项卡。按照步(3)的设置方法，进行"按钮动作"属性设置。

(6) 单击第四行"组合图符"右侧出现的"＞"按钮，打开"动画组态属性设置"对话框中的"可见度"选项卡。按照步(4)的设置方法，进行"可见度"属性设置。不同之处是，选中"对应图符不可见"单选按钮。

(7) 使用"一层限位开关"属性设置方法对其他楼层的限位开关进行设置。注意，它们的表达式分别关联数据对象为"二楼平层"、"三楼平层"及"四楼平层"。

4. 外呼按钮及内选信号动画连接

(1) 双击一楼外呼开关图符，打开"标准按钮构件属性设置"对话框，单击"操作属性"

标签，打开"操作属性"选项卡，属性设置如图 5-15 所示。

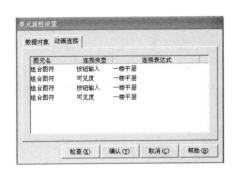

图 5-14　一层限位开关单元属性设置

图 5-15　一楼外呼按钮操作属性设置

(2) 使用同样的方法，对其他楼层外呼按钮进行设置，不同之处是，"数据对象值操作"中，关联的数据对象分别为"二层外呼"、"三层外呼"及"四层外呼"。

(3) 设置各楼层内选信号时，分别选中各楼层内选按钮，属性设置参照图 5-15 进行。不同之处是，"数据对象值操作"中，关联的数据对象分别为"一层内呼"、"二层内呼"、"三层内呼"及"四层内呼"。

5．指示灯动画连接

(1) 双击一层指示灯图符，打开"动画组态属性设置"对话框的"可见度"选项卡，选项设置如图 5-16 所示。

(2) 参照图 5-16 所示，设置其他楼层指示灯的"可见度"属性，不同之处是，"表达式"分别关联数据对象为"二楼指示灯"、"三楼指示灯"及"四楼指示灯"。

(3) 双击电机状态指示灯 KM1，打开"单元属性设置"对话框的"动画连接"选项卡，再单击"组合图符"右侧出现的"＞"按钮，打开"填充颜色"选项卡，属性设置如图 5-17 所示。

(4) 同理，设置电机状态指示灯 KM2，将"表达式"设为"下降"。

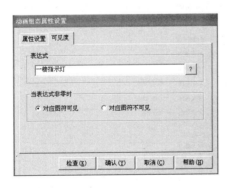

图 5-16　楼层显示指示灯属性设置

图 5-17　电机状态指示灯属性设置

6. 设置启动窗口

返回工作台，选中封面窗口并右击，在弹出的快捷菜单中选择"设置为启动窗口"命令。

5.8.6 控制流程程序

1. 添加启动策略

在系统工作台中，打开"运行策略"选项卡，双击"启动策略"，并增加一个脚本程序策略，如图 5-18 所示。

图 5-18 系统添加启动策略

2. 添加循环策略

在系统工作台中，打开"运行策略"选项卡，双击"循环策略"，增加一个脚本程序和 4 个定时器构件，如图 5-19 所示。

图 5-19 系统添加循环策略

(1) 打开循环策略的"策略属性设置"对话框，更改定时循环执行周期时间为"200ms"。

(2) 定时器属性设置。分别双击策略行末端的 4 个"定时器"构件，打开"定时器"的"基本属性"选项卡，属性设置分别如图 5-20～图 5-23 所示。

图 5-20 一楼开门到位定时器属性设置

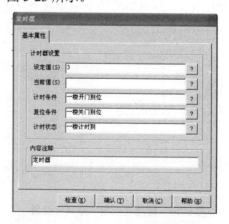

图 5-21 二楼开门到位定时器属性设置

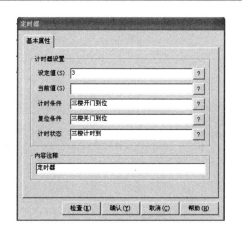

图 5-22　三楼开门到位定时器属性设置　　　图 5-23　四楼开门到位定时器属性设置

3. 编写脚本程序

(1) 编写启动脚本程序。双击图 5-18 所示的启动策略行末端的 "脚本程序" 构件，在脚本程序编辑窗口中添加脚本程序段。参考脚本程序清单如下。

```
运行 = 0
一层开门=10
二层开门=10
三层开门=10
四层开门=10
```

(2) 编写循环脚本程序。双击图 5-19 所示的循环策略行末端的 "脚本程序" 构件，在脚本程序编辑窗口中添加脚本程序段。参考脚本程序清单如下。

```
IF 上升=1 THEN
    运行 = 运行 - 5
    上升 1=1
ELSE
    运行 = 运行
ENDIF
IF 下降=1 THEN
    运行 = 运行 + 5
    下降 1=1
ELSE
    运行 = 运行
ENDIF
IF (一楼平层=1) or (二楼平层=1) or (三楼平层=1) or (四楼平层=1) THEN
    运行 = 运行
    平层=1
ENDIF
IF (上升 1=1)and(平层=1) THEN
    上升=0
```

```
ELSE
    上升1=0
ENDIF
IF (下降1=1)and(平层=1) THEN
    下降=0
ELSE
    下降1=0
ENDIF
IF 运行=0 THEN
    一楼平层=1
ELSE
    一楼平层=0
ENDIF
IF 运行=-105 THEN
    二楼平层=1
ELSE
    二楼平层=0
ENDIF
IF 运行=-210 THEN
    三楼平层=1
ELSE
    三楼平层=0
ENDIF
IF 运行=-315 THEN
    四楼平层=1
ELSE
    四楼平层=0
ENDIF
IF 一楼指示灯=1 THEN
    一楼开门标志=1
ENDIF
IF 二楼指示灯=1 THEN
    二楼开门标志=1
ENDIF
IF 三楼指示灯=1 THEN
    三楼开门标志=1
ENDIF
IF 四楼指示灯=1 THEN
    四楼开门标志=1
ENDIF
IF (一楼开门标志=1 and 一楼平层=1 ) THEN
    一层开门=一层开门-1
ENDIF
IF 一层开门=3 THEN
    一楼开门标志=0
```

```
        一楼开门到位=1
        一楼关门到位=0
ENDIF
IF 一楼计时到=1 THEN
    一层开门=一层开门+1
ENDIF
IF 一层开门=10 THEN
    一楼关门到位=1
    一楼开门到位=0
ENDIF
IF (二楼开门标志=1 and 二楼平层=1 ) THEN
    二层开门=二层开门-1
ENDIF
IF 二层开门=3 THEN
    二楼开门标志=0
    二楼开门到位=1
    二楼关门到位=0
ENDIF
IF 二楼计时到=1 THEN
    二层开门=二层开门+1
ENDIF
IF 二层开门=10 THEN
    二楼关门到位=1
    二楼开门到位=0
ENDIF
IF (三楼开门标志=1 and 三楼平层=1 ) THEN
    三层开门=三层开门-1
ENDIF
IF 三层开门=3 THEN
    三楼开门标志=0
    三楼开门到位=1
    三楼关门到位=0
ENDIF
IF 三楼计时到=1 THEN
    三层开门=三层开门+1
ENDIF
IF 三层开门=10 THEN
    三楼关门到位=1
    三楼开门到位=0
ENDIF
IF (四楼开门标志=1 and 四楼平层=1 ) then
    四层开门=四层开门-1
ENDIF
IF 四层开门=3 THEN
    四楼开门标志=0
```

```
        四楼开门到位=1
        四楼关门到位=0
ENDIF
IF 四楼计时到=1 THEN
        四层开门=四层开门+1
ENDIF
IF 四层开门=10 THEN
        四楼关门到位=1
        四楼开门到位=0
ENDIF
```

5.8.7 联机统调

1. 系统通信的建立

(1) 在设备窗口中添加硬件设备。

① 打开工作台的"设备窗口"选项卡，双击"设备窗口"图标，进入"设备组态"窗口。

② 打开"设备工具箱"对话框。单击"设备管理"按钮，弹出"设备管理"对话框。从"可选设备"列表框中双击"通用串口父设备"，添加到右侧选定设备列表框中。再找到"西门子_S7200PPI"，添加到右侧选定设备列表框中，如图 5-24 所示。

③ 单击"确认"按钮，回到"设备工具箱"。双击"设备工具箱"中的"串口通信父设备"，再双击"西门子 S7-200PPI"，添加串口父设备及设备 0 到"设备组态"窗口中。

(2) 通用串口父设备参数设置。

双击"通用串口父设备 0-[串口通信父设备]"，弹出"通用串口设备属性编辑"对话框，打开"基本属性"选项卡。按实际情况进行设置，串口端口号为"COM1"，通信波特率选择"9600"，数据位位数为"8 位"，停止位位数"1 位"，校验方式为"偶校验"。参数设置完毕，单击"确认"按钮退出。

💡 **注意：** 若系统为在线模拟，串口端口号为 COM1，若将程序下载至人机界面，则串口端口号为 COM2。

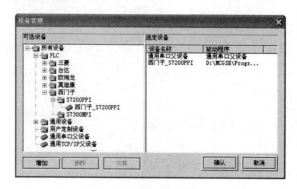

图 5-24　添加设备

(3) 增加系统通道。双击[西门子 S7-200PPI]，打开"设备编辑"对话框，选中"设备属性名"中的"内部属性"，出现■■按钮，单击该按钮，弹出"西门子 S7-200PLC 通道属性设置"对话框，添加相应通道，添加的通道内容参照表 5-2 所示。

表 5-2　系统通道建立一览表

序　号	通　道	读写类型	备　注	序　号	通　道	读写类型	备　注
1	Q0.0	只读数据	与一楼指示灯建立关联	10	M1.3	只写数据	与四层内呼建立关联
2	Q0.1	只读数据	与二楼指示灯建立关联	11	M1.4	只写数据	与一层外呼建立关联
3	Q0.2	只读数据	与三楼指示灯建立关联	12	M1.5	只写数据	与二层外呼建立关联
4	Q0.3	只读数据	与四楼指示灯建立关联	13	M1.6	只写数据	与三层外呼建立关联
5	Q0.4	只读数据	与上升建立关联	14	M1.7	只写数据	与四层外呼建立关联
6	Q0.5	只读数据	与下降建立关联	15	M2.0	只写数据	与一楼平层建立关联
7	M1.0	只写数据	与一层内呼建立关联	16	M2.1	只写数据	与二楼平层建立关联
8	M1.1	只写数据	与二层内呼建立关联	17	M2.2	只写数据	与三楼平层建立关联
9	M1.2	只写数据	与三层内呼建立关联	18	M2.3	只写数据	与四楼平层建立关联

(4) 通道建立连接。将各通道与数据库中的数据对象建立连接关系，连接后的通道如图 5-25 所示。

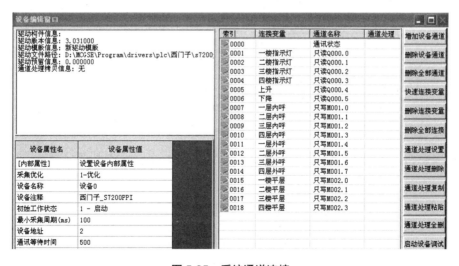

图 5-25　系统通道连接

(5) 设备在线调试。在图 5-25 中，单击右侧"启动设备调试"按钮，可以在线调试"西门子 S7-200PPI"。如果"通信状态"调试数据为 0，表示通信正常，否则 MCGS 组态软件与西门子 S7_200 PLC 设备通信失败。

2. 系统 PLC 控制程序设计

(1) 系统 I/O 分配。了解系统设计要求及工艺过程，进行需求分析，确定组态软件与 PLC 的输入输出点。本系统选用西门子 S7-200 系列 PLC，系统 I/O 分配如表 5-3 所示。

表 5-3　系统 I/O 分配表

输　入			输　出		
设　备	地　址	备　注	设　备	地　址	备　注
SB1	I0.0	一层外呼	HL1	Q0.0	一层指示灯
SB2	I0.1	二层外呼	HL2	Q0.1	二层指示灯
SB3	I0.2	三层外呼	HL3	Q0.2	三层指示灯
SB4	I0.3	四层外呼	HL4	Q0.3	四层指示灯
SB5	I0.4	一层内呼	KM1	Q0.4	电梯上行
SB6	I0.5	二层内呼	KM2	Q0.5	电梯下行
SB7	I0.6	三层内呼			
SB8	I0.7	四层内呼			
SQ1	I1.0	一层平层			
SQ2	I1.1	二层平层			
SQ3	I1.2	三层平层			
SQ4	I1.3	四层平层			

(2) I/O 接线图绘制，如图 5-26 所示。

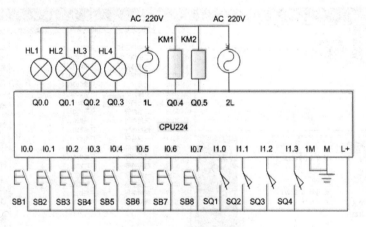

图 5-26　系统 I/O 接线图

(3) 编辑符号表。系统由外部开关模拟运行时，PLC 程序中的符号如表 5-4 所示。系统由组态画面上开关模拟时，PLC 程序中的符号如表 5-5 所示。

表 5-4　外部开关控制时的符号表

序　号	符　号	地　址	序　号	符　号	地　址
1	一层指示灯	Q0.0	11	一层外呼	I0.4
2	二层指示灯	Q0.1	12	二层外呼	I0.5
3	三层指示灯	Q0.2	13	三层外呼	I0.6
4	四层指示灯	Q0.3	14	四层外呼	I0.7
5	电梯上行	Q0.4	15	一层平层	I1.0
6	电梯下行	Q0.5	16	二层平层	I1.1
7	一层内呼	I0.0	17	三层平层	I1.2
8	二层内呼	I0.1	18	四层平层	I1.3
9	三层内呼	I0.2	19	上行同呼叫	M0.0
10	四层内呼	I0.3	20	下行同呼叫	M0.2

表 5-5　组态画面上开关控制时的符号表

序　号	符　号	地　址	序　号	符　号	地　址
1	一层指示灯	Q0.0	11	一层外呼	M1.4
2	二层指示灯	Q0.1	12	二层外呼	M1.5
3	三层指示灯	Q0.2	13	三层外呼	M1.6
4	四层指示灯	Q0.3	14	四层外呼	M1.7
5	电梯上行	Q0.4	15	一层平层	M2.0
6	电梯下行	Q0.5	16	二层平层	M2.1
7	一层内呼	M1.0	17	三层平层	M2.2
8	二层内呼	M1.1	18	四层平层	M2.3
9	三层内呼	M1.2	19	上行同呼叫	M0.0
10	四层内呼	M1.3	20	下行同呼叫	M0.2

(4) PLC 参考程序，如图 5-27～图 5-29 所示。

3. 系统调试

(1) 打开 V4.0 Step 7 Micro Win SP3 软件，下载四层升降电梯监控系统 PLC 程序并运行，调试 PLC 程序并修改，直至结果正确。

(2) 运行四层升降电梯监控系统 PLC 程序，关闭 V4.0 Step 7 MicroWin SP3。

(3) 打开 MCGS 嵌入版开发环境，运行组态程序，进行系统调试。

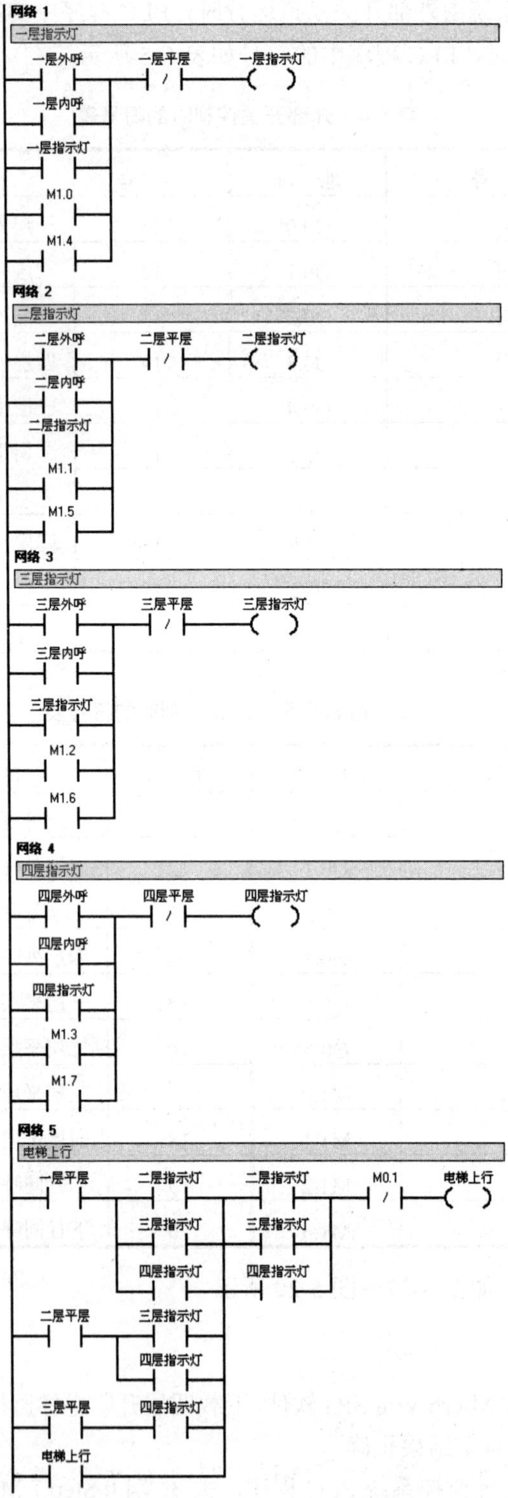

网络 1

一层指示灯

```
  一层外呼      一层平层      一层指示灯
───┤├──────┬────┤/├────────( )
  一层内呼   │
───┤├───────┤
  一层指示灯 │
───┤├───────┤
    M1.0     │
───┤├───────┤
    M1.4     │
───┤├───────┘
```

网络 2

二层指示灯

```
  二层外呼      二层平层      二层指示灯
───┤├──────┬────┤/├────────( )
  二层内呼   │
───┤├───────┤
  二层指示灯 │
───┤├───────┤
    M1.1     │
───┤├───────┤
    M1.5     │
───┤├───────┘
```

网络 3

三层指示灯

```
  三层外呼      三层平层      三层指示灯
───┤├──────┬────┤/├────────( )
  三层内呼   │
───┤├───────┤
  三层指示灯 │
───┤├───────┤
    M1.2     │
───┤├───────┤
    M1.6     │
───┤├───────┘
```

网络 4

四层指示灯

```
  四层外呼      四层平层      四层指示灯
───┤├──────┬────┤/├────────( )
  四层内呼   │
───┤├───────┤
  四层指示灯 │
───┤├───────┤
    M1.3     │
───┤├───────┤
    M1.7     │
───┤├───────┘
```

网络 5

电梯上行

```
  一层平层     二层指示灯    二层指示灯     M0.1    电梯上行
───┤├─────┬────┤├─────────┤├────────┤/├────( )
          │   三层指示灯    三层指示灯
          ├────┤├─────────┤├──
          │   四层指示灯    四层指示灯
          │    ┤├──         ┤├──
  二层平层 │   三层指示灯
───┤├─────┤────┤├──
          │   四层指示灯
          │    ┤├──
  三层平层 │   四层指示灯
───┤├─────┤────┤├──
  电梯上行 │
───┤├─────┘
```

图 5-27　PLC 系统参考程序 1

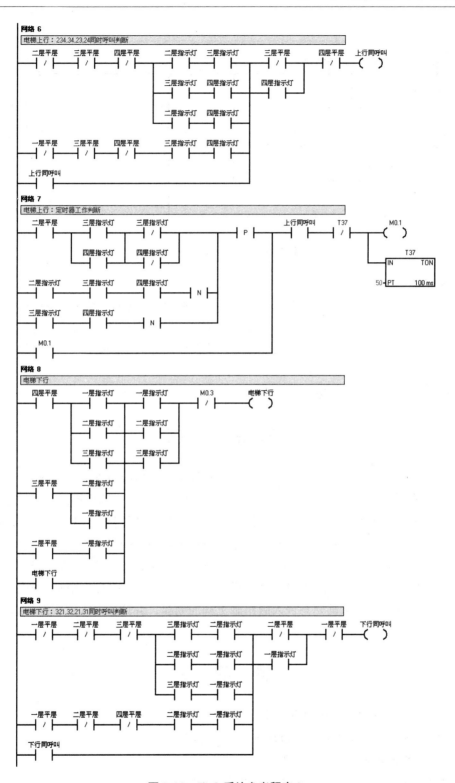

图 5-28　PLC 系统参考程序 2

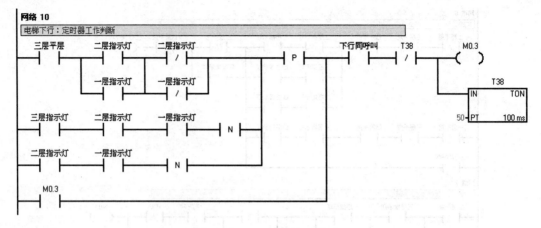

图 5-29   PLC 系统参考程序 3

温馨提示

似曾相识的感觉。虽然是一款嵌入版的组态软件，一个新的工程，但工程的制作方法、技巧，和通用版组态软件有着很多相似之处。 对比一下，归纳总结它们的相同点和不同之处，有针对性地以"不同之处"为主要目标，采取特定方式"攻击"，这样才能以尽可能少的投入，获得最大的学习效益。

顺便再做一做模块后的思考题，检测你对知识点的掌握情况。

本 章 小 结

本章先介绍了嵌入版组态软件，嵌入版组态软件与通用版组态软件的异同、嵌入版组态软件的功能、嵌入版工程的下载与上传等知识；然后以四层升降电梯组态监控系统为例，详细介绍了使用嵌入版组态软件完成工程设计、制作与调试的整个过程，内容包括嵌入版工程的建立与保存、数据对象的定义、图符的属性设置与动画效果、循环策略的使用、定时器策略构件的应用及属性设置、设备窗口组态(添加设备、属性设置、通道连接)，组态工程的下载，PLC 硬件电路设计与 PLC 程序设计，系统软、硬件联机统调细节与注意事项等。读者通过学习和训练，能够熟悉嵌入版组态工程的创建，并体会嵌入版软件与通用版软件的异同。

思 考 题

1. 什么是 MCGS 嵌入版组态软件？
2. MCGS 嵌入版组态软件与通用版组态软件有何异同？
3. MCGS 嵌入版组态软件由哪几部分组成？
4. MCGS 嵌入版组态软件对系统有哪些要求？
5. MCGS 嵌入版组态软件中的数据对象有哪些类型？如何定义数据对象？

6. MCGS 嵌入版组态软件的运行策略有哪些？各有何特点？

7. 嵌入版组态工程如何下载？

8. 电梯组态工程中，轿厢运行的动画效果是如何实现的？电梯开关门的动画效果是如何实现的？

9. 什么是启动策略？启动策略有何功能？

第6章 嵌入版 MCGS 组态工程案例

内容说明

本章列举了 3 个典型的嵌入版组态工程案例。针对每个工程案例，简单介绍了参考设计与制作过程。读者可对案例工程进行模仿练习，加深印象，以便更好地掌握组态工程的设计与制作技巧和方法，并达到熟能生巧的效果。

教学知识点

通过对本章中组态工程的练习，读者可以获取的教学知识如下。

教学新知识	备 注	教学新知识	备 注
新工程的建立与存盘		实时数据报表与历史数据报表的功能与制作	重点
数据对象的添加与定义	重点	实时曲线与历史曲线的功能与制作	重点
图符的属性设置与动画效果	重点、难点	数据对象的存盘属性与报警属性	重点、难点
运行策略的选择与应用	重点、难点	主控窗口属性设置，菜单组态	重点
定时器策略构件的应用及属性设置	重点	工程安全设置	重点
脚本程序编辑技巧	重点、难点	用户操作权限的配置	重点
设备窗口组态	重点、难点	嵌入版组态工程制作的细节	重点
组态工程与 PLC 硬件系统联机统调	重点、难点	TPC7062K 触摸屏	重点

教学方法

建议以学生为主体，规定时间，尽量独立自主完成模仿训练任务。教学过程中，教师则可适当为学生答疑解惑和辅导。

6.1 喷泉运行组态监控系统

【工程目标】

(1) 熟悉嵌入版 MCGS 软件组建工程的一般步骤。

(2) 掌握喷泉系统组态界面设计。

(3) 掌握硬件设备的连接与调试运行，MCGS 的设备组态方法，实现 PLC 控制系统和 MCGS 组态工程的通信与联机调试，完成喷泉监控系统设计。

【工程要求】

(1) 按下"启动"按钮，喷泉控制装置开始工作。

(2) 按下"停止"按钮，喷泉控制装置停止工作。

(3) 喷水花样。按下"启动"按钮后，第一组 L1 喷水 2s 停止；之后第二组 L2、L3、L4、L5 同时喷水 2s 停止。

之后第三组 L6、L7、L8、L9、L10、L11 同时喷水 2s 停止；3 组喷泉停止喷水 2s 后，同时喷水 3s 后全部停止；2s 后重新按照上述要求开始循环。花式喷泉池示意图如图 6-1 所示。

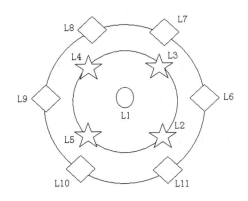

图 6-1　花式喷泉池示意图

【组态监控系统设计过程】

6.1.1　工程系统分析

在开始组态工程之前，先对该工程进行剖析，以便从整体上把握工程的结构、流程、需实现的功能及如何实现这些功能，主要包括以下几个方面。

1. 系统的硬件组成

(1) 系统的硬件设备：启动按钮、停止按钮以及电磁阀 YV1、YV2、YV3。

(2) 控制单元：西门子 S7-200PLC，CPU224 系列。

(3) 监控单元：计算机及 TPC7062K。

2. 喷泉监控系统框架结构

需要两个用户窗口、一个设备窗口及实时数据库。喷泉监控系统工程定义的名称为"喷泉监控系统.MCE"。共建立了两个用户窗口，分别为"封面"窗口和"主界面"窗口。

3. 喷泉监控系统工程中的变量

喷泉监控系统工程需要采集 3 个开关型数据：L1(第 1 组喷泉电磁阀 YV1)、L2(第 2 组喷泉电磁阀 YV2)、L6(第 3 组喷泉电磁阀 YV3)。同时需要传递两个开关型数据：启动和停止，用于通过组态画面控制系统的运行。

6.1.2 新建工程

打开 MCGS 嵌入版组态环境，选择"文件"菜单中的"新建工程"命令，选择 TPC 型号为"TPC7062K"，单击"确定"按钮。工程另存为 "喷泉监控系统"。

6.1.3 定义数据对象

在实时数据库中添加数据对象，如表 6-1 所示。

表 6-1 系统数据对象

序　号	对象名称	类　型	初　值	注　释
1	L1	开关型	0	第一组喷水柱喷水状态
2	L2	开关型	0	第二组喷水柱喷水状态
3	L6	开关型	0	第三组喷水柱喷水状态
4	启动	开关型	0	组态控制系统启动
5	停止	开关型	0	组态控制系统停止

6.1.4 制作组态工程画面

喷泉监控系统工程组态好后，最终运行效果如图 6-2 所示。界面含操作用的启动按钮及停止按钮，可以通过组态界面控制喷泉系统的启动及停止，也可以通过外部开关控制系统运行。

1. 封面制作

在 MCGS 嵌入版组态软件工作台上，单击"用户窗口"标签，再单击"新建窗口"按钮，生成"窗口 0"，选中"窗口 0"，单击"窗口属性"按钮，弹出"用户窗口属性"对话框，设置窗口名称为"封面"，单击"确认"按钮，退出。

2. 画面制作

(1) 按照 "封面窗口"的制作方法，制作主界面窗口。

(2) 喷泉广场示意图绘制。在主界面窗口中，使用工具箱的"椭圆"工具，绘制喷泉广场示意图。分别绘制 3 个大小不同的椭圆，并设置不同的颜色，如图 6-2 所示。

(3) 喷泉喷水管道的绘制。单击工具箱中"常用符号"按钮，打开常用图符工具箱。使用"竖管道"工具，绘制喷泉管道。第一组喷泉绘制 1 根管道，第二组喷泉绘制 4 根管道，第三组喷泉绘制 6 根管道，设置同一组管道大小和颜色相同，不同组的管道大小及颜色相异，同时调整 11 根管道的位置，如图 6-2 所示。

(4) 喷泉喷水水花的绘制。使用"常用图符"工具箱中的"星型"工具，绘制喷泉水花形状。在每根管道的上方绘制一定大小和颜色的水花，共计 11 个。

(5) 按钮的制作。使用工具箱中的"标准按钮"工具，制作喷泉系统启动、停止按钮。

完整的喷泉系统监控画面可参考图 6-2 所示。

6.1.5　动画连接

1. 按钮动画连接

(1) 启动按钮动画连接。

① 双击主画面"启动"按钮，弹出"标准按钮构件属性设置"对话框，打开"基本属性"选项卡，在"文本"框中输入文字"启动"，如图 6-3 所示。

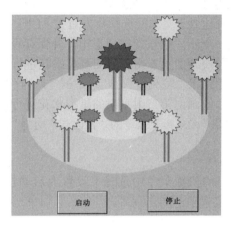

图 6-2　喷泉监控系统主界面　　　　　图 6-3　启动按钮属性设置 1

② 单击"操作属性"标签并进入该选项卡。再单击"抬起功能"按钮，然后选择"数据对象值操作"，操作方式为"按 1 松 0"，关联数据对象为"启动"，如图 6-4 所示。

(2) 停止按钮动画连接。用同样的方法设置停止按钮。不同之处：在文本框中输入的文字为"停止"，关联的数据对象为"停止"。

(3) 封面按钮动画连接。单击封面窗口中按钮，在"基本属性"选项卡中，文本框输入"进入"；单击"操作属性"标签进入该选项卡，选择"按下功能"按钮，选中"打开用户窗口"复选框，单击右侧下拉按钮▼，在弹出的下拉列表框中选择"主画面"选项，如图 6-5 所示。

图 6-4　启动按钮属性设置 2　　　　　图 6-5　进入按钮操作属性设置

2. 喷水水花动画连接

(1) 第一组水花动画连接。双击主画面上 L1 的星型图符，打开"动画组态属性设置"对话框，完成基本属性设置。

① 单击"属性设置"标签，打开该选项卡，选择"特殊动画连接"中的"可见度"和"闪烁效果"项。

② 单击"闪烁效果"标签，打开该选项卡。"表达式"文本框选择数据对象"L1"；"闪烁实现方式"选择"用图元可见度变化实现闪烁"；"闪烁速度"为"快"。

③ 单击"可见度"标签，打开该选项卡。"表达式"文本框选择数据对象"L1"；"当表达式非零时"选中"对应图符可见"单选按钮。单击"确认"按钮退出，并保存设置。

(2) 第二组水花动画连接。按照上述方法，对系统画面第二组喷泉的星型水花进行设置，属性设置中的"填充颜色"可进行修改，"闪烁效果"及"可见度"的"表达式"均为"L2"。

(3) 第三组水花动画连接。按照上述方法，对系统画面第三组喷泉的星型水花进行设置，属性设置中的"填充颜色"可进行修改，"闪烁效果"及"可见度"的"表达式"均为"L6"。

3. 设置启动窗口

返回工作台，选中封面窗口并右击，在弹出的快捷菜单中选择"设置为启动窗口"命令。

6.1.6　联机统调

1. 系统通信的建立

(1) 添加硬件设备。按照电梯系统项目中介绍的方法添加系统硬件设备。

(2) 通用串口父设备参数设置。双击"通用串口父设备 0-[串口通信父设备]"，弹出"设备属性设置"对话框，按实际情况进行设置，西门子默认参数设置为：波特率 9600，8 位数据位，1 位停止位，偶校验。参数设置完毕，单击"确认"按钮保存。

💡 **注意：**　若系统为在线模拟，串口端口号为 COM1，若将程序下载至人机界面，则串口端口号为 COM2。

(3) 增加通道并建立连接。双击[西门子 S7-200PPI]，弹出"设备编辑"窗口，选中"设备属性名"中的"内部属性"，单击 ▥ 按钮，弹出"西门子 S7-200PLC 通道属性设置"对话框，添加相应通道，添加通道内容及通道连接情况如表 6-2 所示。

表 6-2　系统通道连接

序　号	设备通道	读写类型	连接变量	备　注
1	M1.0	读写数据	启动	与系统启动按钮进行关联
2	M1.1	读写数据	停止	与系统停止按钮进行关联
3	Q0.1	读写数据	L1	驱动第一组喷泉喷水
4	Q0.2	读写数据	L2	驱动第二组喷泉喷水
5	Q0.3	读写数据	L6	驱动第三组喷泉喷水

(4) 设备在线调试。按照电梯项目中方法"启动设备调试"，可以在线调试"西门子 S7-200PPI"。如果"通信状态"调试数据为 0 则表示通信正常，否则设备通信失败。

2. 系统 PLC 控制程序设计

(1) 对系统控制要求进行分析，得出 I/O 分配表，如表 6-3 所示。

表 6-3　系统 I/O 分配表

输　入			输　出		
设　备	地　址	备　注	设　备	地　址	备　注
SB1	I0.0	启动按钮	喷水阀 YV1	Q0.1	第一组喷泉 L1
SB2	I0.1	停止按钮	喷水阀 YV2	Q0.2	第二组喷泉 L2、L3、L4、L5
启动按钮	M1.0	触摸屏启动	喷水阀 YV3	Q0.3	第三组喷泉 L6、L7、L8、L9、L10、L11
停止按钮	M1.1	触摸屏停止			

(2) 根据系统 I/O 分配情况，绘制其外部接线图，如图 6-6 所示。

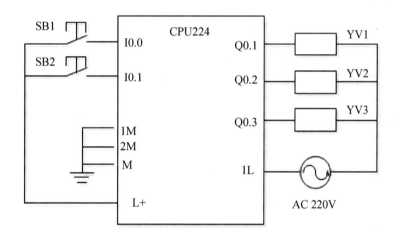

图 6-6　系统 I/O 接线图

(3) 系统的参考 PLC 程序，如图 6-7 所示。

3. 系统调试

(1) 打开 V4.0 Step 7 MicroWin SP3 软件，下载喷泉系统 PLC 程序并运行，调试 PLC 程序并修改，直至结果正确。

(2) 运行喷泉系统 PLC 程序，关闭 V4.0 Step 7 MicroWin SP3。

(3) 打开 MCGS 嵌入版开发环境，运行组态程序，进行系统调试。

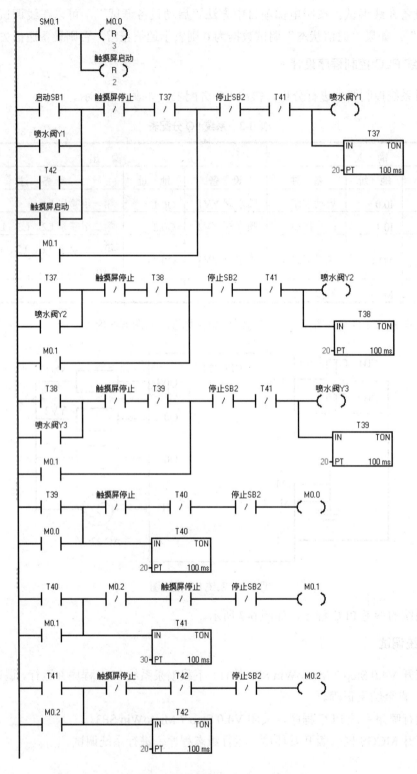

图 6-7　喷泉系统参考 PLC 程序

6.2 电机变频闭环调速组态监控系统

【工程目标】

(1) 掌握 MCGS 组建工程的一般步骤。

(2) 完成变频闭环调速系统组态界面的设计制作。

(3) 完成变频闭环调速系统 PLC 程序设计调试。

(4) 掌握 MCGS 与 PLC 通信方法，联机调试系统，完成监控工程设计。

【工程要求】

用 PLC、变频器实现交流异步电动机闭环调速系统运行，使用上位机 MCGS 组态软件实现系统的监控。

1. 系统组成及原理

利用 PLC、变频器和旋转编码器实现三相交流异步电动机变频闭环调速控制。

系统由变频器、三相交流异步电动机和同轴编码器及 PLC 组成。由 PLC 完成数据的采集和对变频器、电动机等设备的控制任务。系统采用编码器测速，其输出高频脉冲经 S7-200PLC 的高速计数器计数，经过 PLC 程序处理可得到精度很高的转速。利用 MCGS 良好的人机界面和通信能力，使工作人员可以在中央控制室的 PC 机上方便地浏览现场的工业流程，实现 PID 参数设置以及电机的启动和停止。系统组成框图如图 6-8 所示。

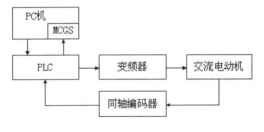

图 6-8 系统组成框图

2. PLC 系统控制要求

利用模拟量扩展模块 EM235 完成数据的采集、对变频器任务的控制，利用自身 PID 调节功能，调节给定转速与实际转速之间的误差，使系统达到稳定运行。

3. MCGS 监控工程技术要求

(1) 可通过上位机组态工程中的启动和停止按钮，实现变频闭环调速系统的运行和停止控制。

(2) 可以在上位机组态工程中设定系统 P、I、D 调节参数。

(3) 可以在上位机组态工程中监控系统电机运行状态。

(4) 可以在上位机组态工程中监控系统电机给定值及实际运行值。

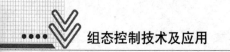
组态控制技术及应用

【组态监控系统设计过程】

6.2.1　工程系统分析

系统启动后，由电压调节器给定电压，经 PLC 程序处理后，在上位机组态监控画面中可以监控到给定转速值及实际转速值；PLC 程序进行 PID 运算，其参数在上位机组态监控画面中进行实时设定。

1．系统的硬件组成

(1) 系统的硬件设备：西门子 MM420 变频器、旋转编码器、三相交流异步电动机、0～10V 电压调节器、启动按钮、停止按钮。

(2) 控制单元：西门子 S7-200PLC、CPU224 系列。

(3) 监控单元：计算机及 TPC7062K。

2．初步确定组态监控工程的框架

(1) 需要一个用户窗口，一个设备窗口，实时数据库。

(2) 需要一个循环策略。

(3) 循环策略中使用脚本策略。

3．工程设计思路

工程制作→MCGS 工程设备组态→工程改进→PLC 程序编制→PLC 程序调试→PLC 程序运行→MCGS 系统工程运行→联机运行→监控工程完成

6.2.2　新建工程

打开 MCGS 嵌入版的组态环境，选择"文件"菜单的"建新工程"命令，弹出"新建工程设置"对话框，选择"TPC 类型"为"TPC7062K"，单击"确定"按钮。再将工程另存为"电机变频闭环调速监控系统"，保存路径为"E:\电机变频闭环调速监控系统"。

6.2.3　定义数据对象

在实时数据库中添加数据对象，具体内容如表 6-4 所示。

表 6-4　系统数据对象

序　号	对象名称	类　型	初　值	注　释
1	电机状态	开关型	0	电机运行状态显示。1 运行，0 停止
2	给定值	数值型	0	电机速度给定值
3	启动	开关型	0	按下启动按钮系统运行。1 启动，0 停止
4	启动 1	开关型	0	系统启动后，组态指示灯显示变量
5	停止	开关型	0	按下停止按钮系统停止运行
6	转速	数值型	0	从 PLC 读取的电机的实时转速信息

续表

序　号	对象名称	类　型	初　值	注　释
7	转速 1	数值型	0	组态窗口显示电机运行速度
8	P	数值型	0	比例系数
9	I	数值型	0	积分系数
10	D	数值型	0	微分系数

6.2.4　制作组态工程画面

变频闭环监控系统画面如图 6-9 所示。监控画面中启动按钮及停止按钮可以控制系统的运行及停止；电机状态显示用来显示下位机电动机的运行状态；转速给定值及转速实际值用来显示电机转速的给定值及实际值；参数设定部分用来设置系统 PID 调节的具体参数。

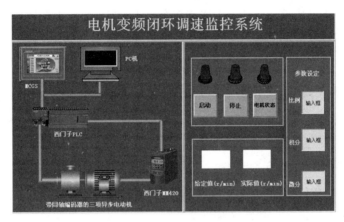

图 6-9　系统监控画面

1. 新建画面

在 MCGS 嵌入版组态软件工作台上，打开"用户窗口"选项卡，新建一个名为"电机变频闭环调速监控系统"的用户窗口，设置窗口为"最大化显示"，并设置为"启动窗口"。

2. 画面制作

(1) 标题制作。在"电机变频闭环调速监控系统"的"动画组态窗口"中，使用工具箱中的"标签"工具，制作一个内容为"电机变频闭环调速监控系统"的文字标签，并对文本框的字体、字型和边线进行设置。

(2) 主要设备制作。

① 使用工具箱中的"位图"工具。从计算机中装载 PLC 图片、变频器图片及 MCGS 触摸屏图片，并调整它们的大小及位置。

② 从对象元件库中选取"泵 8"和"计算机 8"图符到窗口，调整其大小和位置。

③ 使用常用图符工具箱中的"横管道"工具，将各个设备连接起来，并在各设备周围

添加说明性文字标签。

(3) 数据显示输出的制作。

① 使用绘图工具箱中的"标签"工具，绘制一定大小的文本框。打开其"标签动画组态属性设置"对话框的"属性设置"选项卡，选择"显示输出"项。设置静态属性中的填充颜色为"白色"；边线颜色为"没有边线"。字符的颜色、字型、大小读者自行设置。

② 在该数据显示框下方制作标签"转速给定值(r/min)"，如图 6-10 所示。

③ 使用同样的方法制作"转速实际值(r/min)"的标签及数据显示框。

(4) 按钮制作。

① 使用工具箱的"标准按钮"工具，制作"启动"按钮。

② 打开按钮图符的"属性设置"选项卡，文本框输入"启动"；文本颜色选择"蓝色"；字体选择"宋体"；字型选择"粗体"；字号选择"五号"，背景色选择"青色"。对齐方式均采用"中对齐"，文字效果选择"平面效果"，按钮类型选择"3D 按钮"。

③ 利用同样的方法制作"停止"按钮及"状态显示"按钮。

(5) 指示灯制作。从对象元件库中选取 3 个"指示灯 1"作为系统启动状态显示、停止状态显示及电机运行状态显示。调整合适的宽窄和长度，并摆放到合适位置，如图 6-11 所示。

图 6-10　数据显示输出

图 6-11　按钮及指示灯

(6) PID 参数设置区域的制作。

① 使用"标签"工具，制作"参数设定"、"比例"、"积分"及"微分"标签。其属性设置同上述"转速给定值(r/min)"标签。

② 使用绘图工具箱中"输入框"工具，绘制一定大小的输入框。

③ 双击该输入框，打开其"输入框构件属性设置"对话框。"基本属性"选项卡中选择"居中"；"垂直对齐"选项中选择"居中"；"边界类型"选项中选择"三维边框"；构件外观下的背景颜色选择"白色"；字符颜色选择"黑色"；字体选择"宋体"；字型选择"常规"；字号选择"五号"。用同样的方法制作 3 个矩形输入框，分别作为系统比例参数输入框、积分参数输入框及微分参数输入框。

(7) 系统画面美观性制作。

① 使用常用图符工具箱中的"凹槽平面"工具，绘制一定大小凹槽平面，并设置其排列在最后面。打开其"动画组态属性设置"对话框，静态属性的"填充颜色"为蓝色。

② 将启动按钮、停止按钮、电机状态及 3 个指示灯放置在该凹槽平面上。用同样的方法再绘制两个"凹槽平面"，并设置合适的颜色及大小，将其他控件放置在各自之上。效果如图 6-9 所示。

③ 按上述方法，再制作 3 个凹槽平面，调整其大小和颜色，并设置其排列在最后面。将制作好的凹槽平面分别放置在相应位置。

6.2.5 动画连接

1. 按钮动画连接

双击"启动"按钮，打开其"基本属性"选项卡，在文本框输入文字"启动"；单击"操作属性"标签并打开该选项卡。在"抬起功能"中，选择"数据对象值操作"，并选择操作方式为"按1松0"。关联数据对象为"启动"。

2. 指示灯动画连接

(1) 双击启动状态指示灯，打开"单元属性设置"对话框中的"动画连接"选项卡，选中"组合图符"，单击右侧出现的"＞"按钮，打开"填充颜色"选项卡，"表达式"选择数据对象"启动1"；填充颜色连接中，分断点"0"选择红色，分段点"1"选择绿色。单击"确认"按钮退出。

(2) 按照上述方法设置停止指示灯，不同之处是"表达式"为"停止"。

(3) 用同样方法设置电机状态指示灯，不同之处是"表达式"为"电机状态"。

3. 数据显示框动画连接

(1) 双击转速给定值显示框，打开"标签动画组态属性设置"对话框的"显示输出"选项卡。"表达式"文本框输入"给定值*1430/32000"，其他设置如图6-12所示。

(2) 同理，设置转速实际值显示框，不同之处是，"表达式"输入"转速1*1430/32000"。

4. 数值输入框动画连接

(1) 双击比例输入框，打开"输入框构件属性设置"对话框的"操作属性"选项卡，在对应数据对象的名称"P"；小数位数为"2"，其他使用默认数据，如图6-13所示。

(2) 用同样的方法设置积分参数和微分参数，不同之处是，对应数据对象名称分别为"I"和"D"。

图6-12 转速给定值属性设置

图6-13 输入框构件属性设置

6.2.6 脚本程序

1. 循环策略参数设置

在循环策略的"策略属性设置"对话框中将定时循环执行周期时间更改为"200ms"。

2. 添加脚本程序

(1) 在循环策略的"策略组态"窗口中，添加一个脚本程序策略。

(2) 打开脚本程序编辑器，在窗口中添加脚本程序段。参考脚本程序清单如下。

```
IF 电机状态=0 THEN
   转速1=0
ELSE
   转速1=转速
ENDIF
IF 启动=1 THEN 启动1=1
IF 停止=1 THEN 启动1=0
```

6.2.7 联机统调

1. 系统通信的建立

(1) 添加通用串口父设备和西门子 S7-200PPI 子设备。

(2) 设置通用串口父设备参数。

双击"通用串口父设备 0-[串口通信父设备]"，弹出"设备属性设置"对话框，按实际情况进行设置，西门子默认参数设置为：波特率 9600，8 位数据位，1 位停止位，偶校验。参数设置完毕，单击"确认"按钮保留。注意，若系统为在线模拟，串口端口号为 COM1，若将程序下载至人机界面，则串口端口号为 COM2。

(3) 增加相应的设备通道，并完成通道连接。添加通道名称、类型及通道连接情况如表 6-5 所示。

表 6-5 系统通道建立一览表

序 号	设备通道	读写类型	连接变量	备 注
1	Q0.0	只读数据	电机状态	与电机状态进行关联
2	M1.0	读写数据	启动	与系统启动按钮进行关联
3	M1.1	读写数据	停止	与系统停止按钮进行关联
4	VDF212	读写数据	P	存放系统比例设置参数
5	VDF216	读写数据	I	存放系统积分设置参数
6	VDF220	读写数据	D	存放系统微分设置参数
7	AIWUB002	只读数据	给定值	存放电机转速给定值
8	AQWUB000	只读数据	转速	存放电机转速实际值

(4) 设备在线调试。按照电梯项目中方法"启动设备调试"，可以在线调试"西门子 S7-200PPI"。

2. 系统 PLC 控制程序设计

(1) 在对系统设计要求、工艺过程分析的基础上，确定 PLC I/O 端子使用。系统 I/O 分配如表 6-6 所示。

表 6-6　系统 I/O 分配表

输　入			输　出		
设　备	地　址	备　注	设　备	地　址	备　注
SB1	I0.1	启动按钮	变频器 DIN1 端	Q0.0	变频器启动端子
启动按钮	M1.0	触摸屏启动	变频器 AIN 端	AQW0	模拟量输出通道
停止按钮	M1.1	触摸屏停止			
同轴编码器连接端	AIW0	模拟量输入 A 通道			
0~10V 可调电压	AIW2	模拟量输入 B 通道			

(2) 绘制 I/O 接线图，如图 6-14 所示。

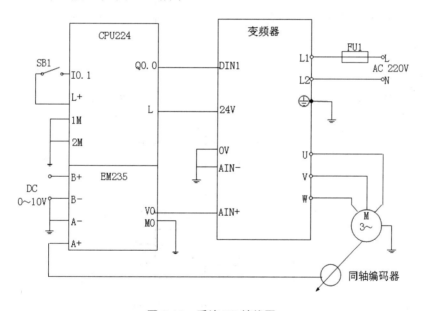

图 6-14　系统 I/O 接线图

(3) PLC 控制系统参考主程序如图 6-15 所示，参考子程序如图 6-16 所示，参考中断程序如图 6-17 所示。

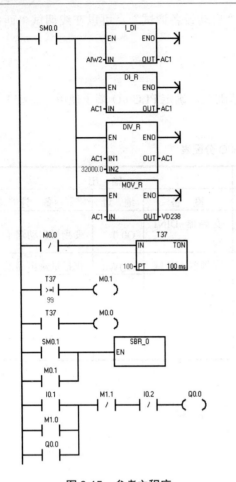

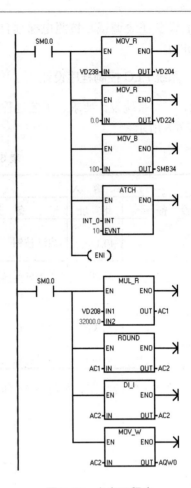

图 6-15　参考主程序　　　　　图 6-16　参考子程序

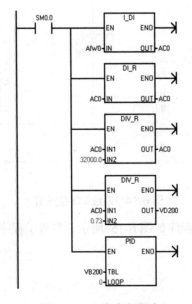

图 6-17　参考中断程序

3. 系统调试

(1) 打开 V4.0 Step 7 MicroWin SP3 软件，下载电机变频闭环调速监控系统 PLC 程序并运行，调试 PLC 程序并修改，直至结果正确。

(2) 运行电机变频闭环调速监控系统 PLC 程序，关闭 V4.0 Step 7 MicroWin SP3。

(3) 打开 MCGS 嵌入版开发环境，运行组态程序，进行系统调试。系统运行效果如图 6-18 所示。

图 6-18　系统运行效果

6.3　锅炉液位组态监控系统

【工程目标】

(1) 学习 MCGS 嵌入版组态软件的组态过程、操作方法和实现功能等环节。

(2) 掌握 MCGS 嵌入版组态软件的动画制作、控制流程的设计、脚本程序的编写、实时数据、历史数据、实时曲线、历史曲线、报警等多项目组态过程。

(3) 使用 MCGS 嵌入版组态软件设计实现对锅炉液位监控系统的模拟控制。

【工程要求】

(1) 锅炉运行时，燃烧正常指示灯亮；锅炉停止运行时，燃烧正常指示灯灭。

(2) 当锅炉水位达到高水位时，高水位指示灯亮，并关闭进水阀；当锅炉水位达到低水位时，低水位指示灯亮，并开启进水阀，水泵与进水阀同时动作。

(3) 当压力过高时，超压指示灯亮，锅炉停止运行，延时 10s，压力降低后，锅炉重新开始运行；当压力过低时，送风、排风、加煤、出渣(炉排)等功能自动运转，使压力升高，恢复正常工作状态。

(4) 进水、送风、排风、加煤、出渣等功能的开启和关闭，能够在手动和自动两种控制方式之间进行切换。

(5) 设置实时曲线、历史曲线、实时数据、历史数据等显示功能。

(6) 设置用户权限管理。

【组态监控系统设计过程参考】

6.3.1　工程系统分析

1. 系统的硬件组成

(1) 监控单元：计算机，MCGS 嵌入版组态软件环境。

(2) 硬件设备：TPC7062KS 触摸屏、数据通信线。

2. 初步确定组态监控工程的框架

(1) 需要 8 个用户窗口，一个主控窗口，实时数据库。

(2) 需要一个循环策略。

6.3.2　新建工程

双击组态环境快捷图标，选择"文件"菜单中的"新建工程"命令，弹出"新建工程设置"对话框，选择"TPC7062KS"，单击"文件"菜单中"工程另存为"命令，保存工程，文件名为"锅炉液位监控系统"。

6.3.3　定义数据对象

在锅炉液位监控系统工程中添加 24 个数据对象，如表 6-7 所示。

表 6-7　锅炉液位监控系统的数据对象

序　号	对象名称	初　值	类　型	序　号	对象名称	初　值	类　型
1	超压	0.0	数值型	13	计时条件	0	开关型
2	超压灯	0	开关型	14	计时状态	0	开关型
3	出渣	0	开关型	15	加煤	0	开关型
4	当前值	0.0	数值型	16	进水阀	0	开关型
5	低水位	0.0	数值型	17	开关	0	开关型
6	低水位灯	0	开关型	18	排风机	0	开关型
7	低压	0.0	数值型	19	燃烧正常灯	0	开关型
8	低压灯	0	开关型	20	设定值	0.0	数值型
9	复位条件	0	开关型	21	送风机	0	开关型
10	高水位	0.0	数值型	22	压力	0.0	数值型
11	高水位灯	0	开关型	23	液位组		组对象
12	锅炉水位	0.0	数值型	24	液位组1		组对象

锅炉液位监控系统工程中共建立了两个组对象变量,分别是液位组和液位组 1,组变量的"存盘属性"中数据对象存盘选择"定时存盘",存盘周期为 1s。在液位组中选择添加所需的组变量成员,如图 6-19 所示,而在液位组 1 中,只选择压力和锅炉水位两个成员。

图 6-19　液位组中的组变量成员

6.3.4　制作组态工程画面

1. 创建用户窗口

在工作台中,打开"用户窗口"选项卡,分别创建 8 个新的用户窗口,分别命名为"主画面"、"报警"、"实时曲线"、"历史曲线"、"实时数据"、"历史数据"、"锅炉手动"、"锅炉自动",如图 6-20 所示。

图 6-20　创建 8 个用户窗口

2. 主画面窗口的工程画面编辑

双击"主画面"窗口图标进入其"动画组态"窗口,从"对象元件库管理"中选择所需要的各种元件。窗口主要由 1 个锅炉体、1 个送煤机、1 个送风机、1 个排风机、1 个水泵、1 个进水阀、1 个炉排箱、2 个百分比填充、9 个标签、7 个按钮、11 个流动块、5 个指示灯组成。最后把元件放到相应的位置并进行整体的组合,然后再将窗口背景设置为合适的颜色。锅炉监控主窗口如图 6-21 所示。

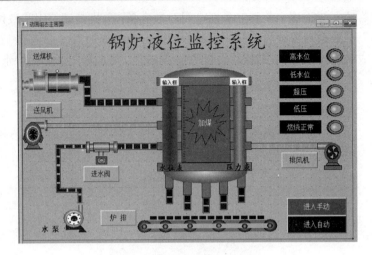

图 6-21　锅炉监控主画面窗口

3．锅炉自动和锅炉手动窗口的工程画面编辑

"锅炉手动"、"锅炉自动"窗口的制作基本同上，"锅炉手动"窗口与"主画面"窗口完全相同；"锅炉自动"窗口与"主画面"窗口稍有不同，各功能部件的控制按钮包括送煤机按钮、送风机按钮、进水阀按钮、炉排按钮、排风机按钮等，均改为标签构件。

6.3.5　动画连接

锅炉液位监控系统工程需要把各个图素与数据库中的相应变量建立联系，才能使画面动起来。以下是锅炉液位监控系统工程的监控主窗口的动态连接过程。

1．锅炉水位的属性设置

打开锅炉自动窗口的"动画组态"窗口，双击锅炉水位图符，弹出"动画组态属性设置"对话框，打开"大小变化"选项卡，具体设置参照图 6-22 所示。使用同样的方法，对锅炉左右两侧的压力表和水位表图符进行属性设置。

2．开关型构件的属性设置

打开锅炉手动窗口的"动画组态"窗口，双击"进水阀"图符，打开"单元属性设置"对话框的"动画连接"选项卡，具体设置如图 6-23 所示。其他开关型构件的设置与进水阀属性设置方法类似。注意：其关联的数据对象不同。

3．流动块构件属性设置

打开锅炉手动窗口的"动画组态"窗口，双击"进水阀右面的流动块"图符，打开"流动块构件属性设置"对话框的"流动属性"选项卡。"表达式"关联数据对象为"进水阀"；"当表达式非零时"选择"流块开始流动"。其余位置的流动块，如送煤机、送风机、排风机、出渣等的流动块，也做相似设置。注意：其关联的数据对象不同。

图 6-22　锅炉水位的属性设置

图 6-23　开关型构件的属性设置

6.3.6　参考控制流程程序

1. 添加定时器策略

(1) 将定时循环执行周期时间更改为"200ms"。

(2) 进入循环策略组态窗口。添加一个定时器策略。

(3) 打开定时器"基本属性"对话框，定时器属性做以下设置。设定值关联数据对象"设定值"；当前值关联数据对象"当前值"；计时条件关联数据对象"计时条件"；复位条件关联数据对象"复位条件"；计时状态关联数据对象"计时状态"。

2. 添加脚本程序策略

(1) 在循环策略的策略组态窗口中，新增一条脚本程序策略。

(2) 打开循环脚本编辑窗口，编辑脚本程序。参考脚本程序清单如下。

```
IF 开关=1 THEN
燃烧正常灯=1
IF 进水阀=1 THEN
锅炉水位 = 锅炉水位+!Rand(0.2,0.5)
压力=压力-!Rand(0.1,0.3)
ENDIF
IF 进水阀=0 THEN
锅炉水位=锅炉水位-!Rand(0.2,0.5)
压力=压力+!Rand(0.2,0.3)
ENDIF
IF 锅炉水位>=80 THEN
高水位灯=1
ELSE
高水位灯=0
ENDIF
IF 锅炉水位>=85 THEN
进水阀=0
ENDIF
```

```
IF 锅炉水位<=20 THEN
低水位灯=1
ELSE
低水位灯=0
ENDIF
IF 锅炉水位<=15 THEN
进水阀=1
ENDIF
IF 压力>=80 THEN
超压灯=1
开关=0
计时条件=1
复位条件=0
进水阀=0
ELSE
超压灯=0
ENDIF
IF 压力>=70 THEN
送风机=0
排风机=0
加煤=0
出渣=0
ENDIF
IF 压力=<40 THEN
低压灯=1
ELSE
低压灯=0
ENDIF
IF 压力<30 THEN
送风机=1
排风机=1
加煤=1
出渣=1
压力=压力+!Rand(0.2,0.4)
ENDIF
ELSE
燃烧正常灯=0
送风机=0
排风机=0
加煤=0
出渣=0
进水阀=0
IF 压力>=50 THEN
压力=压力-!Rand(0.2,0.3)
ENDIF
IF 当前值>=10 THEN
复位条件=1
开关=1
计时条件=0
ENDIF
ENDIF
```

6.3.7 其他功能组态

1. 实时数据表格与历史数据表格

(1) 添加实时数据表格。单击工具箱中 "实时数据" 工具，在窗口中拖曳出一个实时数据报表，放于合适的位置。在通过增加行或删除列，将表格设置为 7 行 2 列形式。然后在第一列中添加锅炉水位、压力、进水阀、送风机、排风机、加煤、出渣等 7 个名称，最后在下一列各自连接对应变量，实时数据表格设置完成。

(2) 添加历史数据表格。单击工具箱中的"历史数据"工具，在窗口中拉出一个历史数据报表放于合适的位置，再通过增加行或删除列的功能，在历史数据报表的第一行中添加以下 8 个变量：采集时间、锅炉水位、压力、进水阀、加煤、出渣、送风机、排风机。最后再合并单元格，设置数据来源为液位组，历史数据表格设置完成。

2. 实时曲线与历史曲线

(1) 实时曲线的设置。进入"实时曲线"窗口设置合适的背景色后，制作一个名为"实时曲线"的标签。使用工具箱中的"实时曲线"工具，在窗口中拉出一个合适大小的实时曲线图放于合适的位置，再进行曲线构件的属性设置。在"标注属性"选项卡中，设置时间格式为"MM:SS"，并且时间单位为"秒"。在"画笔属性"选项卡中，曲线 1 文本框选择"锅炉水位"，曲线 2 文本框选择"压力"，两个曲线颜色要有所区别，具体颜色读者自行选择。

(2) 历史曲线的设置。进入"历史曲线"窗口设置合适的背景色后，制作一个名为"历史曲线"的标签，再使用工具箱中"历史曲线"工具。在窗口中拉出一个合适大小的历史曲线图，放于适合的位置，进行历史曲线构件的属性设置。在"存盘数据"选项卡中，历史存盘数据来源选择"组对象对应的存盘数据"，在右侧下拉列表框选择"液位组 1"。在"标注属性"选项卡中，设置时间格式为"MM:SS"，时间单位为"秒"。在"曲线标识"选项卡中，可以根据读者个人喜好，对曲线的颜色和线型进行设置。

3. 报警制作

进入"报警"窗口用标签作标题名为"报警"，然后使用工具箱中的"报警显示"工具，制作实时报警。在"实时报警"中将"对应数据对象"设为"液位组 1"。然后再插入 4 个指示灯和 4 个标签，一起构成报警显示，报警窗口效果如图 6-24 所示。

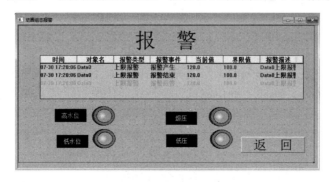

图 6-24 报警制作

4. 权限设置

为了保证整个系统能安全、稳定、可靠地运行，防止与工程系统无关的人员进入或退出，工程系统需要对系统的权限进行管理。通过菜单栏中的工具进入用户权限管理，新建两个用户名，命名为"a"和"b"，并设置密码分别为"a"和"b"；新建一个用户组命名为"工作组"，将"a"和"b"设置为"工作组"。然后在主控窗口的"基本属性"选项卡中，将"权限设置"设为"工作组"，设置"运行权限"为"进入登录，退出不登录"，如图 6-25 所示。

5. 主菜单制作

双击打开"主控窗口"，新增 4 个操作集，分别命名为"画面"、"曲线显示"、"数据显示"、"报警显示"。在"画面"下，新增 3 个操作项，分别命名为"主画面"、"锅炉手动"、"锅炉自动"。在"曲线显示"提示框中新增两个操作项，分别命名为"实时曲线"和"历史曲线"。在"数据显示"提示框下新增两个操作项，分别命名为"实时数据"和"历史数据"。在"报警显示"提示框下新增一个操作项，命名为"报警"，然后分别对它们的菜单属性进行设置。设"打开用户窗口"为各自对应的窗口，分别为"主画面"、"锅炉手动"、"锅炉自动"、"实时曲线"、"历史曲线"、"实时数据"、"历史数据"、"报警"，如图 6-26 所示。最后将"主控窗口"属性设置的"菜单设置"设为"有菜单"。

图 6-25　权限设置

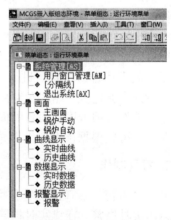

图 6-26　主菜单制作

6.3.8　调试运行

运行调试，测试工程各部分的工作情况，完成整个工程的组态工作。打开下载配置窗口，选择"模拟运行"，单击"通信测试"，测试通信是否正常。如果通信成功，在返回信息框中将提示"通信测试正常"，同时弹出"模拟运行环境"窗口在任务栏中显示。如果通信失败，在返回信息框中提示"通信测试失败"。单击"工程下载"按钮将工程下载到模拟运行环境中。如果工程正常，下载将提示"工程下载成功！"。成功后与触摸屏进行联机运行，单击"手动运行"按钮，模拟运行环境启动，即可看到工程正在运行，实现了锅炉液位监控系统功能。注意用户登录时需要用户名和密码。运行效果如图 6-27～图 6-32 所示。

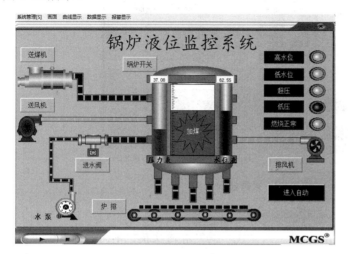

图 6-27　手动控制　　　　　　　　　　　　　图 6-28　实时数据

历 史 数 据

采集时间	水位	压力	加水	加煤	出渣	送风	排风
12-07-30 14:43:	61.3577	43.4979	1	0	0	0	0

返　回

图 6-29　历史数据

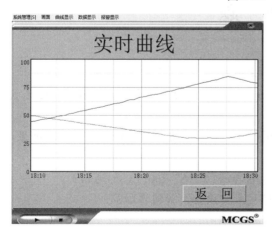

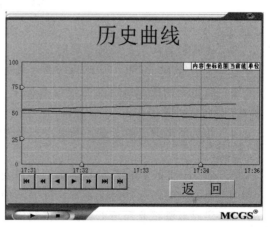

图 6-30　实时曲线　　　　　　　　　　　　　图 6-31　历史曲线

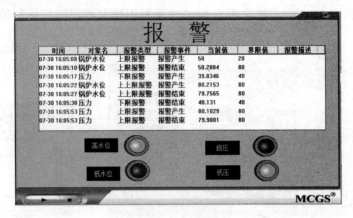

图 6-32　报警显示

温馨提示

照猫画虎很有意思吧！你真的画出了一只"虎"吗？有何收获？不同的项目，不同的特点，不同的挑战，不同的感受，总结一下吧！顺便再做一做章后的思考题，检测你对知识点的理解与掌握情况。

本 章 小 结

本章简明扼要地介绍了三个典型组态工程，即喷泉运行组态监控系统、电机变频闭环调速组态监控系统和锅炉液位组态监控系统的制作过程。读者通过学习和训练，可进一步掌握运行策略组态，报警机制，数据报表，曲线显示，菜单组态，工程安全机制、设备窗口组态，PLC 控制系统的硬件电路设计和 PLC 软件程序设计，组态工程与 PLC 软、硬件联机统调等的方法与技巧，达到熟能生巧的效果。

思 考 题

1. 旋转动画效果是如何实现的？
2. 喷泉组态工程中，水花的动画效果如何实现？
3. 电机变频闭环调速组态监控系统中，如何实现在上位机运行环境中设置 P、I、D 参数？
4. 电机闭环调速组态监控系统中，如何通过上位机设定电机速度给定值，读取并显示速度反馈值？
5. 你认识 TPC7062K 触摸屏吗？如何实现它与西门子 S7-200PLC 的通信？
6. 嵌入版组态软件的设备窗口能够添加哪些外部设备？如何添加？
7. 实时数据报表和历史数据表报制作过程有何不同？
8. MCGS 嵌入版组态软件中如何建立模拟设备？模拟设备可以产生哪几种曲线？
9. 如何通过 TPC 界面修改 PLC 内部存储器中的数据？
10. 利用网络口如何将嵌入版组态工程下载到 TPC 中？

第7章　嵌入版 MCGS 组态工程实践

内容说明

独立思考，强化训练也是教学的一个重要环节，是培养学生独立工作、决策、判断，并使用所学理论解决实际问题、巩固知识技能，从而获取实践经验的重要途径。本章为读者提供了 5 个典型的控制工程，读者自行完成工程的 PLC 系统和组态监控系统设计制作。在这里，读者可以充分发挥自己的想象力和创造力，学以致用，大胆地进行自我挑战，再接再厉，展现全新的自我。

教学方法

建议以学生为主体，规定时间，独立自主完成工程的设计与制作。教师对学生的作品进行点评。

7.1　零件的废品检测组态监控系统

【工程目标】

(1) 掌握 MCGS 组建工程的一般步骤。

(2) 掌握简单组态界面设计，图符、按钮的组态，完成零件废品检测控制系统演示工程的制作。

(3) 掌握硬件设备的连接与调试运行，MCGS 的设备窗口组态，实现 PLC 控制系统和 MCGS 组态工程的联机调试，完成零件废品检测监控系统制作。

【工程要求】

1. PLC 控制要求

(1) 初始状态。输送线电机 M1 和输送线电机 M2 均为静止状态；机械手处于原位；正品检测传感器 S1 和废品检测传感器 S2 为 OFF 状态；正品接货区货到位检测传感器 S3 和废品接货区货到位检测传感器 S4 为 OFF 状态；正品计数指示灯为熄灭状态。

(2) 启动操作。按下"启动"按钮，电机 M1 运转，输送线 A 启动运行，电动机 M2 运转，输送线 B 启动运行。零件筛选检测的控制过程具体如下。

① 零件先经过废品检测传感器 S2 的检测。当零件经过此检测传感器时，传感器 S2 有输出信号，则零件为废品。延时 2s 后，输送线电机 M1 和输送线电机 M2 都停止运行。此时，机械手启动将废品从输送线 A 上取走，放到输送线 B 上。

② 机械手的动作流程是：下降→夹紧→上升→旋转→下降→放松→上升→返回。当机械手回到原位时，输送线电机 M2 和输送线电机 M1 同时启动。

③ 在零件经过废品检测传感器的筛查，显示正常(及废品检测传感器无输出信号)时，

零件会继续在输送线 A 上运行，在经由后边的正品检测传感器 S1 的检测。若零件经过正品检测传感器时 S1，传感器 S1 有输出信号，则为正品零件。该零件最终会被运送到正品接货区。

④ 对每个检测出的正品零件的数量必须进行统计。当正品接货区的光电开关 S3 有信号输出时，正品计数器计数一次，统计数量每达到 30 个时，计数器清零，并重新开始正品计数，且正品计数指示灯点亮 2s 熄灭。

⑤ 废品零件经输送线 B 送到废品区，当废品接收区的光电开关有输出信号时(检测到零件时)，废品计数器对废品数量进行一次统计。

(3) 停止操作。按下停止按钮，输送线电机 M1 和输送线电机 M2 停止运行。机械手则在一个操作周期运行结束后回到初始位置，停止工作。

2．MCGS 组态监控工程技术要求

(1) 可以通过上位机组态工程，实现零件废品检测控制系统运行的实时监控。

(2) 可通过上位机组态运行环境中的启动按钮和停止按钮，控制硬件系统设备的启动与复位。

(3) 可在上位机组态运行环境中，显示正品统计数量和废品的统计数量，并能修改计数器的设定值。

7.2 自动门组态监控系统

【工程目标】

(1) 掌握 MCGS 组建工程的一般步骤。

(2) 掌握简单组态界面设计，图符、按钮和报警的组态，完成自动门控制系统演示工程的制作。

(3) 掌握硬件设备的连接与调试运行，MCGS 的设备组态方法，实现 PLC 控制系统和 MCGS 组态工程的联机调试，完成自动门监控系统制作。

【工程要求】

1．PLC 控制要求

(1) 保安在警卫室通过操作开门按钮、关门按钮和停止按钮控制大门。

(2) 当保安按下开门按钮后，报警灯开始闪烁，提示所有人员和车辆注意。5s 后，门开始打开，当门完全打开时，门自动停止，报警灯停止闪烁。

(3) 当保安按下关门按钮时，报警灯开始闪烁，5s 后门开始关闭，当门完全关闭时，门自动停止，报警灯停止闪烁。

(4) 在门运动过程中，任何时候只要保安按下停止按钮，门立刻停在当前位置，报警灯也同时停止闪烁。

(5) 关门过程中，只要门夹住人或物品，门立即停止运动，以防发生伤害。

2．MCGS 组态工程控制要求

(1) 可以通过上位机组态工程，实现自动门系统运行的实时监控。

(2) 可通过上位机组态中的"开门"按钮、"关门"按钮和"停止"按钮，实现对硬件系统设备的开门、关门、停止动作的控制。

7.3 双储液罐液位组态监控系统

【工程目标】

(1) 掌握 MCGS 组建工程的一般步骤。

(2) 掌握简单组态界面设计，图符、按钮、报警、报表和曲线的组态，完成双储液罐的液位控制系统演示工程的制作。

(3) 掌握硬件设备的连接与调试运行，MCGS 的设备组态方法，实现 PLC 控制系统和 MCGS 组态工程的联机调试，完成双储液罐的液位监控系统制作。

【工程要求】

储液罐的液位控制在工业过程控制领域中属于一种很常见的控制任务。储液罐液位控制工艺过程及控制要求具体如下。

1．PLC 控制要求

双储液罐液位控制系统的控制对象主要为两个储液罐。1 号储液罐的液体由泵输入，通过控制泵的启动与停止，实现 1 号储液罐自动加液。液体在 1 号储液罐内经过处理后，通过调节阀输送到 2 号储液罐，同时调节阀的打开与关闭，还可实现 1 号储液罐中液位高度的调节。液体在 2 号储液罐中再次处理后，由出水阀送达其他设备，而调节阀与出水阀的共同作用也实现了对 2 号储液罐液位高度的调节。本系统中液位的高度是由压力变送器检测获得。压力变送器送出标准 1～5VDC 电压或 0～20mADC 电流信号。

(1) 初始状态。水泵、调节阀和出水阀均处于关闭状态。

(2) 启动操作。启动开关闭合，系统开始运行。通过 PLC 的两路模拟量输入端子实时采集 1 号储液罐的液位值和 2 号储液罐的液位值。具体采集方式如下。

① 两个压力变送器量程的选择。

使用前，先对压力变送器进行零点和量程调整，确保：H_1=0m 时，1 号罐的压力变送器输出 4mA；H_1=12m 时，1 号罐的压力变送器输出 20mA。H_2=0m 时，2 号罐的压力变送器输出 4mA；H_2=8m 时，2 号罐的压力变送器输出 20mA。

② 通过编程对送入 PLC 的压力变送器的模拟量信号进行处理，将其对应换算成液位高度值。

(3) 只要 1 号罐中的液位值 H_1 低于 1 号罐液位下限值，则水泵自动打开；液位值 H_1 高于上限值，水泵自动关闭。

(4) 只要 2 号罐中的液位值 H_2 低于 2 号罐液位下限值，则调节阀自动打开；只要 2 号罐中的液位值 H_2 高于 2 号罐液位上限值，调节阀自动关闭。

(5) 系统启动后，若 2 号储液罐液位值不低于 0.5m，出水阀自动打开，运行过程中，

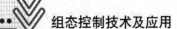

一旦 2 号储液罐液位值低于 0.5m，出水阀自动关闭。

2．MCGS 组态监控工程技术要求

可以通过上位机组态工程，实现双储液罐液位控制系统运行的实时监控。

(1) 液位监测。能够实时监测 1 号罐和 2 号罐中的液位高度，并在组态环境中实时跟踪显示。

(2) 液位控制。将 1 号储液罐的液位 H_1 控制在 1~12m，2 号储液罐的液位 H_2 控制在 1~8m。

(3) 液位报警。当液位超出以上控制范围时报警，并能查看实时报警数据，还能实现历史报警数据的浏览。

(4) 当液位低于 0.5m 时，采取必要的保护措施。

(5) 修改报警极限值。能在运行环境中，分别修改 1 号储液罐和 2 号储液罐的液位报警上下限值。

(6) 报表输出。生成液位参数的实时数据报表和历史数据报表，供查看和打印。

(7) 曲线显示。生成液位参数的实时变化趋势曲线和历史趋势曲线。

(8) 定义系统操作的用户，并进行用户权限配置。

(9) 可在上位机组态运行环境中，通过"启动"开关，给硬件系统启动命令。

3．参考用户窗口

储液罐的液位组态监控系统部分参考用户窗口如图 7-1～图 7-3 所示。

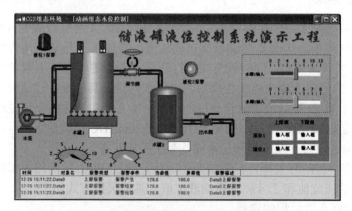

图 7-1　储液罐的液位监控系统参考组态画面

图 7-2　液位监控系统数据报表窗口

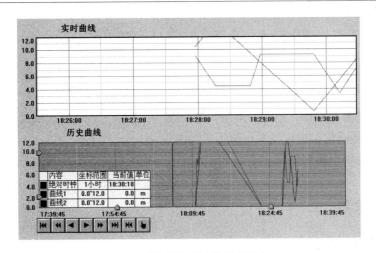

图 7-3 液位监控系统曲线显示窗口

7.4 嵌入式 TPC 与变频器的 RS485 通信及计划曲线控制

【工程目标】

(1) 建立 TPC7062 与台达 VFD-M 型变频器的 RS485 通信。

(2) 熟悉 TPC 与变频器的组态与调试运行过程。

(3) 掌握 TPC 对变频器启、停及运用计划曲线的控制。

【工程要求】

建立"嵌入式 TPC+变频器计划曲线控制"工程，使 TPC 通过台达 VFD-M 型变频器的 485 通信控制变频器运行，驱动一台三相异步电动机以图 7-4 设定的曲线运行。

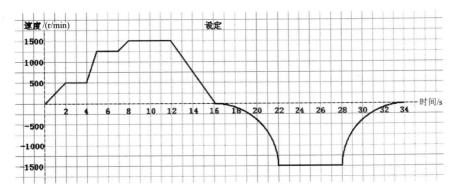

图 7-4 电动机运行曲线

7.5 双容水箱液位定值控制监控系统

【工程目标】

(1) 掌握组态界面设计，图符的组态；报警组态；数据报表与曲线的制作；运行策略组态；完成双容水箱液位定值控制系统演示工程的设计。

(2) 掌握设备窗口组态方法，实现 PLC 控制和 MCGS 软件的双容水箱液位定值控制监控系统设计。

【工程要求】

1. PLC 系统控制要求

(1) 液位测量与变送。将压力变送器送来的测量信号(1～5V 电压)通过相应的计算，转换成实际的液位信号(0～50cm)，并进行归一化处理。

(2) 设定值转换。将操作人员设定的液位值(0～50cm)，通过相应的计算转化成归一化的值(0.0～1.0)。

(3) 工作方式选择。有自动、手动两种工作方式可供选择，手动时由人为确定水泵的开度；自动时采用 PID 控制规律，即水箱液位定值控制采用 PID 控制。

(4) 输出值转换驱动泵的运行。将 PID 的运算结果值(0.0～1.0)通过计算转换成电流信号(4～20mA)驱动水泵的运行。

2. MCGS 监控工程技术要求

(1) 通信判断。判断设备通信是否正常；如正常，显示通信成功提示，否则提示通信失败。

(2) 液位监测。能够实时检测水箱中的液位，并在计算机中进行动态显示。

(3) 参数设定与修改。自动方式下，液位设定值及参数 P、I、D 都可以修改，并根据修改的数据实现相应的控制，泵的开度为控制算法的结果；手动方式下，液位设定值及泵的开度由人工输入。

(4) 控制方式的切换。能实现自动与人工手动控制方式的选择。

(5) 液位报警。报警事件记录功能，并且在发生报警时能自动弹出窗口进行报警提示。

(6) 曲线显示。生成显示液位设定值、液位测量值及泵的开度变化的实时曲线、历史曲线功能。

(7) 报表输出。生成液位参数的实时报表和历史报表，供显示和打印。

3. 参考用户窗口

双容水箱液位定值监控系统的参考用户窗口如图 7-5 所示。

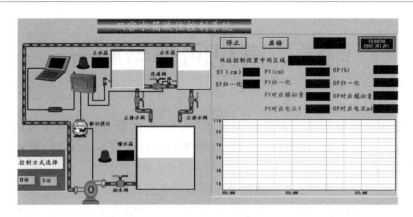

图 7-5　双容水箱监控系统参考组态画面

附录　常见问题与解答

【1】为什么打开工程时，系统会提示工程不存在？

解答：最常见的原因是工程放在桌面上了。桌面的默认路径是 C:\Documents and Settings\Administrator\桌面，中间包含空格。若放到移动存储设备(如 U 盘)的某个文件夹下，也会存在同样现象。

【2】为什么排列菜单中的"构成图符"项是灰色的？

解答：工具箱中的很多构件不能构成图符，例如，输入框、按钮等。如果出现上面的情况，是因为包含不能构成图符的构件。

【3】动画的动作变化非常慢，为什么？

解答：在"主控窗口的系统属性中，打开系统参数"，可以修改闪烁周期和动画刷新周期时间，适当减少时间可以加快变化速度。

【4】为什么在设备组态时，通用串口父设备的数据校验方式选择为"偶校验"？

解答：因为采用的通信协议是西门子 PPI 协议，此协议数据校验固定为偶校验。

【5】如何精确地调整标签或输入框的大小和位置？

解答：使用键盘的四个箭头键可以精确调整控件的大小，使用 Shift+箭头键可以精确调整控件的位置。

【6】如何使画面中的数字、文本显示等，根据值的不同用不同的颜色显示？

解答：可以用多个图形或文本相叠加的方法实现。例如，某个测量值 value 在 0～100 内用蓝色表示，大于 100 时用红色表示。方法：可以用两个同样大小的显示框，一个字体颜色选为蓝色，设置其属性中的可见度表达式为 value<100，对应图符不可见；另一个用红色，设置其属性中的可见度表达式为 value>100，对应图符可见。这样在系统运行时就会根据 value 值的不同，显示不同的颜色。

【7】曲线显示在工程组态下为了美观，可能会设置一些底色，比如可以将曲线的背景设置为黑色，将曲线的颜色设置为白色，但是打印时希望是白色底，黑色线，能否实现？

解答：不能实现这种功能，MCGS 是屏幕打印，所见即所得。

【8】我的劳动成果能够保存并在其他工程中利用吗？

解答：可以，选中需要保存的图元，再选择工具箱中的"保存元件构件"就会弹出对象元件管理库对话框、根据需要可以进行改名、分类等操作。在组态其他工程时就可以从元件库中调出。

【9】怎样将"*.bmp"文件或其他格式的图片文件粘贴到用户窗口的画面中？

解答：

方法①：先用扫描仪把图形扫进计算机，并保存为 bmp 格式，然后从工具箱中选取位图构件，单击右键在菜单中选择装载位图，将您保存好的位图调入，并调整大小和位置即可。

方法②：选择工具箱中的文件播放构件，设置其属性即可。目前，支持的文件有："*.bmp"、"*.jpg"、"*.avi"3 种文件格式。

【10】能够分解现有图库中的图并进行二次组合吗？

解答： 可以，将图从图库中提取出来后，单击"排列"菜单中的"分解图符"或"分解单元"选项即可。如果没有上述菜单项则说明该图元不是由图符或单元组成的，不能分解。

【11】为什么无法删除数据对象？

解答： 先用"工具"菜单中的"使用计数检查"命令检查变量使用情况，若此数据对象正在使用，则该数据对象无法删除。解决方法：去掉与该数据对象的所有关联，再用"使用计数检查"命令，进行删除工作即可。

【12】如何才能知道已经用了多少个点？

解答： 使用工具菜单中的"使用计数检查"命令即可。

【13】组对象有什么用处？

解答： 用来存储具有相同存盘属性的多个变量的集合，内部成员可包含多个其他类型的变量。组对象一般是作为数据来源。用于制作报表和进行数据的处理。用户把变量加入组对象后，只要对其进行处理即可，不需要处理每个对象，不仅节省了大量的时间而且有利于管理。

【14】变量名字能用中文吗？

解答： 可以。

【15】使用 EXIT 语句能够退出策略吗？

解答： EXIT 语句只能退出当前的脚本程序，不能退出当前的策略。

【16】历史数据库在哪里？历史数据库是什么类型的？能对其操作吗？

解答： 在主控窗口的属性设置中有一项是存盘参数，在这里选择数据库的存放位置。历史数据库是 Access 数据库或 ODBC 数据库，有相关软件就能对其进行修改。

【17】如何播放"*.avi"或"*.wav"文件？

解答： 用工具箱中的文件播放构件或者策略工具箱中的音响播放构件。

【18】如何提高设备的响应速度？

解答： 建议使用设备命令完成变量的操作，同时将设备的采集周期适当地设置小一些。

【19】卸载 MCGS 时如何保留我的图库并再次利用？

解答： 如果需要安装和卸载的 MCGS 版本相同，或系统元件库相同，那么在卸载之前，先将 MCGS 中 program 目录中的 Library.lib 复制到别处保存起来，安装新的 MCGS 后，用该文件将同名文件覆盖即可。

【20】在组态环境下能够打印用户窗口吗？

解答： 可以，单击"文件"菜单中的"打印"选项，就可以了。

【21】为什么报警信息不能保存下来？不能实时打印？

解答： 报警信息的存盘和实时打印由 MCGS 的实时数据库负责管理。但组态时，需要在数据对象属性对话框的"存盘属性"选项卡中进行设置，即选取"自动保存产生的报警信息"选项和"自动实时打印产生的报警信息"选项，否则，系统不保存，也不能实时打印报警信息。

【22】报表显示的数据小数位数长短不一，怎么办？

解答： 当连接的数据表列是数值型时，可以用格式化字符串来规范数据形式。格式化

字符串应写为："数字1 | 数字2"的样式。在这里，"数字1"指的是输出的数值应该具有小数位的位数，"数字2"指的是输出的字符串后面，应该带有的空格个数，在这两个数字的中间，用符号"|"分开。例如，"3 | 2"表示输出的数值有三位小数和附加两个空格。

【23】如何对任意几个表格单元进行运算？运算后的结果如何送入变量中？

解答： 选中表格单元，选择"表元连接"命令，弹出"数据单元属性设置"对话框，选中"表格单元输出到变量"复选框，在下面的输入框中填入变量名或从实时数据库中选择变量即可。

【24】怎样实现对带有小数位的数据进行四舍五入的处理？

解答： 可在数据对象属性对话框的"基本属性"选项卡中设置小数位数。

【25】数据报表的记录太多，无法在一页中显示，怎么办？

解答： 在历史报表的"数据库连接"选项卡中选中"显示多页记录"选项。

【26】如何制作一个横向的报表？

解答： 在历史表格的数据库连接设置属性框中去掉"每一行表格单元显示一条数据记录(水平填充记录)"选择。

【27】如何实现历史报表的定时打印？

解答： 首先建立一个循环策略并设置"在指定的固定时刻执行"中确定打印的时间。在该策略中添加一个"数据提取"构件和一个"脚本程序"构件，加入以下代码：

```
!setwindow(历史报表窗口，2) '窗口被打开且隐藏'
!setwindow(历史报表窗口，5) '刷新窗口'
!setwindow(历史报表窗口，4) '打印窗口'
!setwindow(历史报表窗口，3) '关闭窗口'
```

然后，建立历史报表窗口，加入历史报表构件，选择需要打印的数据即可实现定时打印。

【28】表格的内容在打印前能够修改吗？

解答： 自由表格中的数据不能修改，历史表格的数据可以修改。表元的数据允许在运行环境中编辑并可把编辑的结果输出到相应的变量中，此功能一般用于手动修改报表的当前数据，并且此功能只有在表元没有连接变量和数据源的情况下才有效。

【29】如果想用数据提取把统计后的结果输送到变量中，怎么办？

解答： 在数据提取的属性对话框"数据输出"中选择"输出到变量"。

【30】编辑脚本程序时，对字符串进行比较，总是弹出错误对话框？

解答： 字符串不能直接采用等于符号进行比较，必须用函数！StrComp(str1,str2)，观察返回值来判断是否相同。

【31】历史曲线能够实时刷新吗？

解答： 可以，在历史曲线构件的高级属性中选中"运行时自动刷新"复选框，并设置自动刷新时间即可。

【32】如何使历史曲线显示时，直接跳到某个时间？

解答： 使用函数 SetXStart(开始时间)，时间的格式为"yyyy-mm-dd hh:mm:ss"。

【33】数据提取常见问题。

解答： 数据提取和报警一样都是常用的功能。数据提取一般使用策略工具箱中的"存盘数据提取"和"存盘数据浏览"。其中，存盘数据提取，在提取方式上要特别注意拷贝，否则提取出来的数据表显示为空表。

【34】报警策略使用中的常见问题。

解答：使用报警策略，通常使用工具箱中的报警显示、报警策略、清空报警记录和报警变量设置配合完成基本的报警功能。需要注意的是，清空报警记录的函数!DelAllAlmDat 支持的变量类型不包括组对象。

【35】工程运行时，1 分钟窗口死机(数据没有变化，鼠标不能移动)，过几秒钟，重新恢复，如此反复，什么原因？

解答：可能在处理大量的数据。例如，有一个循环策略(存盘数据提取)，一分钟执行一次，可能就会导致出现此现象，建议将循环时间变长。

【36】工程运行退出时弹出错误对话框：内存 0x00007 处错误之类，刚开始偶尔出现，现在比较频繁，什么原因？

解答：在操作中造成内存冲突破坏，更换运行环境和组态环境即可。

【37】数据提取后，为什么只有"MCGS_Time"，却没有需要的数据？

解答：一般是没有符合要求的数据，情况主要有以下几种。

① 数据的存盘属性设置不对。

② 数据来源有问题。

③ 需要显示的数据在要求的时间范围内还没有提取出来，即时间范围设置不对。

【38】McgsE.ini 有何作用？

解答：McgsE.ini 存在于\harddisk\mcgsbin 目录下，存储系统存盘属性信息，包括：存盘路径、自动刷新周期、预留空间大小、存盘文件大小等，它的信息会出现在启动属性中(即开机时点击触摸屏后出现的窗口)。

参 考 文 献

[1]北京昆仑通态自动化软件科技有限公司. MCGS工控组态软件参考手册.

[2]张文明，刘志军. 组态软件控制技术[M]. 北京：清华大学出版社，2006.

[3]袁秀英. 组态控制技术[M]. 北京：电子工业出版社，2006.

[4]张文明，华祖银. 嵌入式组态控制技术[M]. 2版. 北京：中国铁道出版社，2011.

[5]李宁. 电气控制与PLC应用技术[M]. 北京：北京理工大学出版社，2011.

[6]何用辉. 自动化生产线安装与调试[M]. 北京：机械工业出版社，2012.

[7]吕景全. 自动化生产线安装与调试[M]. 北京：中国铁道出版社，2009.